面向"十二五"高职高专规划教材

Visual FoxPro 6.0
程序设计基础教程

主　编　宗哲玲　杨美霞

副主编　任学雯

航空工业出版社

北京

内 容 提 要

本书以 Visual FoxPro 6.0 为对象，结合全国计算机二级考试和高等学校计算机二级考试的考纲考题编写而成。本书以"基础理论"→"操作样例"→"技能训练"为主线组织编写，由简到难、循序渐进、系统全面地介绍了 Visual FoxPro 6.0 的语法结构、功能及应用。

全书共安排了 12 个单元，前 11 个单元由各个任务组成，每个任务又由相关知识与技能和技能训练两部分组成。这样不仅有助于强化读者对知识和技能的掌握，也有助于培养读者的软件实际应用能力。在第 12 单元编写了全国计算机等级考试二级公共基础知识解析部分，包括数据结构与算法、程序设计、软件工程、数据库设计基础等知识，并将其知识核心点作为提示逐一列出，方便读者快速掌握。

本书配有习题册《Visual FoxPro 6.0 程序设计实训教程》，并提供上机操作题的数据环境。

本书既可作为职业院校数据库基础课程教材，也可作为 Visual FoxPro 考级培训教材。

图书在版编目（C I P）数据

VisualFoxPro6.0 程序设计基础教程 / 宗哲玲，杨美霞主编. -- 北京：航空工业出版社，2011.1
ISBN 978-7-80243-298-7

I. ①V… II. ①宗… ②杨… III. ①关系数据库－数据库管理系统，Visual FoxPro 6.0－程序设计－教材
IV. ①TP311.138

中国版本图书馆 CIP 数据核字(2010)第 238615 号

Visual FoxPro 6.0 程序设计基础教程
Visual FoxPro 6.0 Chengxusheji JIchujiaocheng

航空工业出版社出版发行
（北京市安定门外小关东里 14 号　100029）
发行部电话：010-64815615　　010-64978486

北京忠信印刷有限责任公司印刷　　　　　全国各地新华书店经售
2011 年 1 月第 1 版　　　　　　　　　2011 年 1 月第 1 次印刷
开本：787×1092　　1/16　　印张：22　　字数：549 千字
印数：1—3000　　　　　　　　　　　　定价：39.80 元

编 者 的 话

Visual FoxPro 6.0 程序设计是高等院校以及高等职业学院广泛开设的一门程序设计语言课程，也是全国计算机等级考试和全国高等学校计算机二级考试科目之一。

本书特色

本书针对全国计算机二级考试和高等学校计算机二级考试，根据最新大纲，并结合最新的考试题目编写而成。全书以"基础理论"→"操作样例"→"技能训练"为主线，由简到难、循序渐进、系统全面地介绍了 Visual FoxPro 6.0 的语法结构及功能。

本书内容

全书共安排了 12 个单元，前 11 个单元由各个任务组成，每个任务又由相关知识与技能及技能训练两部分组成，第 12 单元编写了全国计算机等级考试二级公共基础知识解析部分，为参加计算机二级考试的复习提供方便。

第 1 单元主要介绍数据库与关系数据库的相关概念、Visual FoxPro 6.0 系统特点及集成工作环境、项目文件和项目管理器的使用。

第 2 单元主要介绍 VFP 语言规范，包括 Visual FoxPro 6.0 的命名规则、数据类型、常量和变量、常用函数、运算符与表达式等。

第 3 单元主要介绍表的操作，包括表的创建、打开、关闭，表结构的浏览与修改，表记录的浏览、修改、插入、删除等。

第 4 单元主要介绍数据库的基本操作，包括数据库的创建、打开、关闭、删除、修改，以及数据库表的特点，在数据库中新建、添加、删除表的方法，表的排序与索引，多工作区使用，表间关系与参照完整性等。

第 5 单元主要介绍如何利用查询设计器查找数据，以及如何通过视图查询和更新数据。

第 6 单元主要介绍关系数据库标准语言 SQL，主要包括常用的数据定义、数据操纵和数据查询语句。

第 7 单元主要介绍结构化程序设计，具体包括程序的建立与执行、程序的基本控制结构、模块化程序设计方法等。

第 8 单元主要介绍表单的设计，具体包括面向对象程序设计基础知识、创建表单的方法与要点，常用控件的功能和用法等。

第 9 单元主要介绍报表和标签设计，具体包括报表的类型、报表设计步骤、报表设计器的使用等。

第 10 单元主要介绍菜单设计与应用，包括菜单系统的组成结构、规划菜单的方法、下拉式菜单设计、快捷菜单设计。

第 11 单元主要介绍应用程序的开发，主要包括 VFP 应用系统的组成、用项目管理器组织应用系统的方法、应用程序的连编、主程序设计要点、应用程序向导和应用程序生成器等。

本书数据环境资料下载

本书上机题的数据环境资料，读者可以登录到 http://www.bjjqe.com 网站去下载。另外，如果您在学习和教学过程中有什么疑难，也可到该网站把您的问题提出来，我们会以最快的速度给予解答。

本书作者

本书由宗哲玲、杨美霞任主编，任学雯任副主编。尽管作者和本书编审人员已花费了很大精力，但由于时间仓促，水平有限，书中难免有疏漏之处，敬请广大专家与读者批评指正。

编 者

2010 年 12 月

目 录

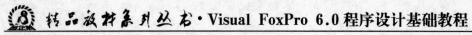

第 *1* 单元　数据库与 VFP 入门

随着计算机应用的普及和深入，人们对数据采集、存储、加工、处理、传播、管理的技术和方法的要求也越来越高。为了更好地组织、存储、获取和处理数据，数据库技术也就应运而生，并成为计算机领域的一个重要分支。近年来，数据库在计算机应用中的地位和作用日益重要，在电子商业、事务处理中占有主导地位。

数据库技术主要研究如何组织和存储数据，如何高效地获取数据和处理数据。本单元主要学习数据库及其关系数据库的基本概念，Visual FoxPro 6.0 系统特点和工作方式。

【学习任务】

◆　初步认识数据库
◆　认识关系数据库
◆　熟悉 VFP 6.0 集成环境
◆　熟悉项目管理器

【掌握技能】

◆　理解数据库的概念及相关术语的含义
◆　理解关系数据库的术语、完整性约束和关系操作
◆　掌握 VFP 6.0 的安装、启动和退出方法
◆　熟悉 VFP 6.0 的界面组成及操作方法
◆　了解 VEP 6.0 常用的设计器、向导和生成器
◆　了解 VFP 6.0 的主要文件类型
◆　掌握常用的系统环境的配置方法
◆　掌握项目的创建、打开与关闭及使用方法

任务 1.1　掌握数据库基本知识

当今，信息资源已经成为社会发展的重要基础和财富，其中代表真实世界的数据更是人们关注的焦点，数据库技术也由此进入了蓬勃发展的阶段。数据库管理系统已经作为数据管理最有效的手段被广泛应用于各行各业中。通过本任务的学习，初步认识数据库及其相关的概念。

相关知识

一、数据、信息和数据处理

1. 数据与信息

信息是现实世界中各种事物的存在特征、运动状态和各种事物间的相互关系等在人脑中的抽象反映，是可以传播和利用的一种知识。而数据是信息的载体，是对客观存在实体的一种记载和描述。

数据是对客观事物特征的一种抽象化的、符号化的表示，其本质就是对信息的一种符号化的表示。表示信息的符号是人为规定的，用来描述客观事物，如文字、数字、声音、图形、图像等。

反过来，数据经过加工处理又成为了新的信息。数据强调的是符号，而信息更强调数据中潜在的意义。信息以数据为载体而表现，信息是数据的内涵，数据则是表示信息的一种手段。也就是说，对信息的记载和描述产生了数据，对众多相关的数据加以分析和处理又将产生新的信息。

2. 数据处理

数据处理也称信息处理，它是对各种形式的信息进行收集、加工整理、存储、传播等一系列活动的总和，其目的是从大量的原始数据中提取出有价值、有意义的数据，来作为行为和决策的依据。

二、计算机数据管理技术的发展

随着计算机软、硬件技术与数据管理手段的不断发展，数据管理技术主要经历了 3 个阶段：人工管理阶段、文件系统管理阶段和数据库管理阶段。

1. 人工管理阶段

人工管理阶段在 20 世纪 50 年代中期以前，由于计算机刚诞生不久，主要用于科学计算。当时的硬件系统还没有大容量的存储设备，软件系统也没有操作系统和管理数据的软件。因此，在这一阶段进行处理数据时，就需要在程序中定义数据的逻辑结构，而且还需要进行存储结构、存取方法等物理结构的设计。当数据的物理组织或存储设备改变时，相应的程序必须要重新编制，即数据和程序一一对应，程序与数据不具有独立性。同一种数据在不同的程序中不能被共享，使得各应用程序之间存在着大量的重复数据，造成数据冗余，而且数据结构性差。

2. 文件管理阶段

文件管理阶段在 20 世纪 50 年代后期至 60 年代中后期，由于计算机软、硬件技术的发展，大容量存储设备的使用，操作系统的诞生，都为数据管理技术的发展提供了良好的条件。

利用操作系统中的文件管理软件，将数据组织在一个个独立的数据文件中，实现了"按文件名进行访问、按记录进行存取"的管理技术。文件系统是通过操作系统所提供的应用程序与数据文件之间的接口来实现对数据的管理，使得应用程序采用统一的存取方式来操作数据。应用程序与数据不再是直接的对应关系，使程序和数据之间有了一定的独立性。但是，文件系统只是简单地存放数据，数据的存放还是依赖应用程序的使用方法，不同的应用程序还是难于共享同一数据文件，使得数据的独立性较差。文件系统对数据存储也没有一个相应的模型约束，同一个数据项可能重复出现在多个文件中，导致数据的冗余度较大。

3. 数据库管理阶段

从 20 世纪 60 年代后期开始，计算机的性能有了很大的提高，克服文件系统的不足，实现计算机对数据的统一管理和数据共享，始终是人们研究的课题，由此数据库管理系统也就应运而生，从而把传统的数据库管理技术推向了一个新的阶段，即数据库系统阶段。其数据库管理方式是将大量的相关数据按照一定的逻辑结构组织起来，构成一个数据库，然后借助专门的数据库管理软件对这些数据资源进行统一的、集中的管理，从而不仅减少了数据的冗余度，节省了存储空间，而且还能够充分地实现数据共享，并且具有很好的维护性和扩充性，极大地提高了数据利用和程序运行的效率。当今，数据库技术已经成为各种管理信息系统和决策支持系统的核心。

三、数据库

数据库（Database）是存放数据的地方，在信息系统中，数据库是数据和数据库对象（如表、视图、存储过程与触发器等）的集合。数据库中的大量数据必须按一定的逻辑结构加以存储，数据库中的数据具有较高的数据共享性、独立性、安全性及较低的数据冗余度，能够有效地支持对数据进行各种处理，并可以保证数据的一致性和完整性。

四、数据库管理系统

数据库管理系统（DataBase Management System,DBMS）是管理数据库的一个软件工具，它是能够帮助用户创建、维护和使用数据库的软件系统。DBMS 建立在操作系统之上，实现对数据库的统一管理和操作，满足用户访问数据库的各种需要。其功能主要包括数据定义、数据操作、控制和管理及数据字典等。

1. 数据定义功能

数据库管理系统软件提供了专门的数据定义语言，用于描述数据库的结构。比如，关系数据库使用的标准语言 SQL，在数据定义语言中设置了 CREATE、ALTER、DROP 等命令分别用来创建、修改和删除关系数据库的二维表结构。

2. 数据操作功能

数据库管理系统软件提供了数据操作语言，支持用户对数据库中的数据进行查询、追加、删除、修改、更新、统计、排序等操作。不同的数据库管理系统软件实现数据操作的方法和命令格式不一定相同，但是大多数的关系数据库管理系统软件都支持 SQL 语言，可以通过 SQL 命令来实现各种数据操作功能。

3. 控制和管理功能

数据库管理系统软件还提供了必要的控制和管理功能，用于保障数据的安全性。通常包括对数据的备份、恢复和转储等，对用户身份检查和权限控制，在多个用户同时使用数据库时进行并发控制以及对数据库运行情况的监控和报告等。通常，数据库系统的规模越大，这类功能也就越强。

4. 数据字典功能

数据库管理系统软件通常提供数据字典功能，数据字典用于保存对数据库中各种数据的定义和设置信息，如表的属性、字段的属性、记录规则、表间关系、参照完整性等，主要用于对数据库中数据的各种描述进行集中的管理。用户可以利用数据字典功能为数据库中的表设置相应的属性和创建表之间的永久关系等。

数据库管理系统是用户和数据库之间的交互界面，用户只需要通过它就能实现对数据库的各种操作和管理。在它的控制下，用户对数据库进行操作时，可以不必考虑数据的具体存放位置、存储方式以及命令代码的执行细节等因素，就能够完成对各种数据的处理，并且能够保证数据的安全性、一致性和可靠性。

目前，广泛使用的数据库管理系统软件有 DB2、Oracle、Sybase、SQL Server、FoxPro、Access 等。

五、数据库应用系统

数据库应用系统是指系统开发人员利用数据库管理系统或其他编程语言开发出来的，面向某一类实际应用的应用软件，如图书管理系统、人事管理系统、医药管理系统等。

六、数据库系统

数据库系统（DataBase System）泛指引入数据库技术后的计算机系统。是一个实际可运行的存储、维护和应用系统提供数据的软件系统，是存储介质、处理对象和管理系统的集合体。它通常由软件、数据库和数据管理员组成。其软件主要包括操作系统、实用程序以及数据库管理系统。数据库由数据库管理系统统一管理，数据的插入、修改和检索均要通过数据库管理系统进行。数据管理员负责创建、监控和维护整个数据库，使数据能被任何有权使用的人有效使用。数据库管理员一般是由业务水平较高、资历较深的人员担任。

1. 数据库系统的组成

一个数据库系统通常由 5 个部分组成：计算机硬件系统、数据库集合、数据库管理系统、相关软件和各类人员。

（1）计算机硬件系统

计算机硬件系统是数据库系统的物质基础，需要有足够容量的内存和外存来存储大量的数据，同时还需要有足够快的处理器来快速响应用户的数据处理和数据检索请求。

（2）数据库集合

数据库指存储在计算机外存储器上的满足用户应用需要的结构化的相关数据集合。数据库不仅包含数据本身，而且还包含数据间的关系。在一个数据库系统中可以根据实际需要创建多个数据库。

（3）数据库管理系统

数据库管理系统主要提供对数据库中数据资源进行集中统一的管理和控制，可以将用户程序与数据库数据之间进行隔离。它是数据库系统的核心，其功能强弱直接影响数据库系统性能的优劣。

（4）相关软件

相关软件主要包括操作系统、应用开发工具软件、计算机网络软件以及为特定需要开发的数据库应用软件等。

（5）各类人员

数据库系统的人员主要指管理、开发、使用数据库系统的所有人员。通常包括数据库管理员、应用程序员和终端用户。数据库管理员主要负责数据库系统正常运转的日常管理和维护工作；应用程序员指为终端用户编写应用程序的软件人员；终端用户是指在数据库管理系统和应用程序的支持下，操作使用数据库系统的使用者。

2．数据库系统的特点

数据库系统的主要特点如下：

（1）实现数据结构化

数据库中的数据是按照一定的逻辑结构组织和存放的，其结构是由数据库管理系统所支持的数据模型来决定的。它不仅可以表示事物内部的各数据项之间的联系，也可以表示事物之间的联系。

（2）实现数据独立

在数据库系统中，数据与应用程序之间基本上是相互独立的，其相互依赖程度大大减小了。数据的修改对程序不会产生大的影响，反正，程序的修改也不会对数据产生大的影响。

（3）实现数据共享，减少数据冗余

数据库中的数据能够被多个用户、多个应用程序所共享，是数据库系统最重要的特点。在数据库系统中，通过数据库管理系统对数据进行集中管理和控制，可以避免不必要的数据冗余，节省存储空间、减少存取时间，有效避免数据之间的不相容性和不一致性。

（4）统一的数据管理和控制，加强了对数据的保护

数据库系统提供了统一的数据定义、删除、检索及更新手段，并统一控制数据的安全性、完整性和并发性，使数据的应用更加有效和可靠。

➢ **安全性控制**：为了防止非法操作造成数据被破坏或者泄密，数据库系统提供了安全措施，使得只有合法用户才能够进行其权限范围内的操作。

➢ **完整性控制**：数据的完整性包括数据的正确性、有效性和相容性。数据库系统提供了必要的功能，来保证数据在输入、修改等处理过程中始终符合原来的定义和规定的完整性要求。

➢ **并发性控制**：多个用户或多个应用程序同时使用同一个数据库、同一个数据表或同一条记录时，这样就不可避免地产生了并发操作。并发操作必须加以控制，否则将导致因相互干扰而出现错误结果。通常采用数据锁定的方式来处理并发操作，比如当某个用户访问并修改数据时，先将数据锁定，只有当这个用户完成对此数据的修

改操作之后才消除锁定，并允许其他用户访问此数据。类似于卫生间的使用。

七、现实世界的数据描述

现实世界是存在于人脑之外的客观世界。怎样使用数据来描述和解释现实世界，需要采用相应的处理手段。

1. 数据描述

现实世界是存在于人脑之外的客观世界。现实世界中的客观事物及其相互关系可以用对象和其性质来描述。

信息世界是现实世界在人头脑中的反映，客观事物在信息世界中称为实体，反映事物间关系的是实体模型或概念模型。

数据世界是信息世界中的信息数据化后对应的产物。现实世界中客观事物及其联系，在数据世界中用数据模型来描述。

在计算机中，信息处理的对象是现实世界中的客观事物，其处理过程经历 3 个阶段：一是对客观事物进行了解、熟悉阶段；二是抽象出描述客观事物的信息，再对其进行数据化；三是实现由数据库系统的存储和处理。如图 1-1 所示。

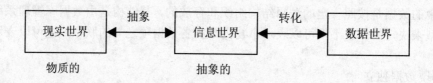

图 1-1　信息处理过程

2. 实体模型

人类用文字和符号来记载现实世界中客观事物在人们头脑中的反映。通常用下列术语来描述事物。

（1）实体

在现实世界中客观存在并可以相互区分的事物，在信息世界中称为实体。实体可以是具体的实际对象，如一名学生、一本书；也可以是抽象的概念或事件，如一门课、一场世界杯足球赛等。

（2）属性

在信息世界，用属性来描述实体的特征。一个实体可以由若干个属性来刻画。属性用型和值来表征，"型"即为属性的数据类型，"值"即为属性的具体内容。例如一个学生实体，可用学号、姓名、性别、年龄等属性来描述其特征，并且姓名的数据类型为字符型，年龄的数据类型为整型，而 26（学号）、刘力（姓名）、男（性别）、20（年龄）则为属性的值。

（3）实体型

实体型指出了具有相同属性的实体的共同特征，通常用实体名和属性名集合来表示。如学生信息表（学号，姓名，性别，出生日期，电话等）就是一个实体型。

（4）实体集

实体集是具有相同属性的实体的集合，如全体学生、全体教师。

（5）实体间联系

实体间的联系可以分为 3 类：

> **一对一联系（1∶1）：** 若对于实体集 A 中的每一个实体，实体集 B 中至多有一个实体与之联系，反之亦然，则称实体集 A 与实体集 B 具有一对一联系，记为 1∶1。如教室中的学生与座位之间。

> **一对多联系（1∶n）：** 若对于实体集 A 中的每一个实体，实体集 B 中有 n（n>0）个实体与之联系，反之，对于实体集 B 中的每一个实体，实体集 A 中至多只有一个实体与之联系，则称实体集 A 与实体集 B 具有一对多的联系,记为 1∶n。如班级与学生之间。

> **多对多联系（m∶n）：** 若对于实体集 A 中的每一个实体，实体集 B 中有 n（n>1）个实体与之联系，反之，对于实体集 B 中的每一个实体，实体集 A 中有 m（m>1）个实体与之联系，则称实体集 A 与实体集 B 具有多对多联系，记为 m∶n。如教师与学生之间。

八、数据库管理系统中的数据模型

人们喜欢用模型来刻画现实世界中的实际事物，比如沙盘、车模等都是具体的实物模型，通过模型很容易使人联想到现实生活中的事物。同样，数据模型也用来描述数据。

1. 数据模型

现实世界中的客观事物彼此是相互联系的。一方面，某一事物内部的诸多因素和属性可根据一定的组织原则相互联系，构成一个相对独立的系统；另一方面，某一事物同时也作为一个更为复杂的系统的一个属性或因素存在，并且与复杂系统中的其他因素或属性发生联系。这样，记录事物属性的数据与数据之间也就同样存在着一定的联系。具有联系性的相关数据总是按照一定的组织关系排列，从而构成一定的结构，对这种结构的描述就是数据模型。

数据模型是描述一个系统中的数据、数据之间联系，对数据的操作以及相关语义约束规则等一组完整性的概念集合。一般来说，一个数据模型由三个部分组成，即数据结构、操作集合和完整性约束规则。

数据结构是所研究的对象类型的集合，它是数据模型中最基本的部分。对象类型有两类：一类是指数据类型、内容、性质等；另一类是数据之间的联系。通过对这些对象的描述来确定符合所选模型的数据库的逻辑结构。

操作集合是指对数据库中各种对象的实例允许执行的操作的集合。数据库的操作主要包括增、删、改、查。数据模型要定义这些操作的确切含义、操作符号、操作规则以及实现操作的语言。

完整性约束规则是定义数据的约束条件，用于限定数据库的状态及变化，以保证数据的正确性、有效性和相容性。

2. 数据模型的分类

任何一个数据库管理系统都是基于某种数据模型的。从创建数据库技术以来，数据模型主要有 3 种，即层次模型、网状模型和关系模型。

（1）层次模型

层次模型表示数据间的从属关系结构，数据对象之间是一对一或一对多的联系。层次结构也称树型结构，其形状犹如一颗倒立的大树，层次数据模型如图 1-2 所示。其优点是结构简单，层次清晰，并且易于实现。适宜描述目录结构、家族关系、行政编制、书目章节等数据信息。其缺点是不能直接表示多对多的联系，难以实现复杂数据关系的描述。

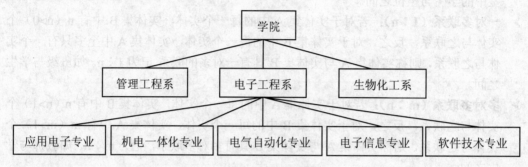

图 1-2　层次模型

（2）网状模型

网状模型是层次结构的拓展，表示多个从属关系的层次结构，呈现一种交叉关系的网络结构。在网状结构中，各数据对象之间建立的是一种层次不清的一对一、一对多或者多对多的联系，可以表示数据间复杂的逻辑关系。网状数据模型如图 1-3 所示。

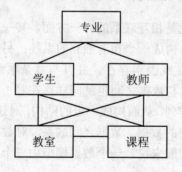

图 1-3　网状数据模型

（3）关系模型

关系模型是用二维表格表示数据对象与数据对象之间的联系。

关系模型的主要特点：

① 一个关系就是一张二维表，如表 1-1 所示。

② 二维表由结构和记录构成，表的结构由若干数据项组成，每一个数据项称为字段，字段不可再分，是最基本的数据单位；每个字段具有相同的属性，可根据需要设定字段个数；每一行称为一条记录，由事物的若干个属性构成。

③ 在一个二维表中，不允许有相同的字段名，也不允许有相同的记录。

表 1-1　学生情况表

学号	姓名	性别	出生日期	系部	贷款否	相片	简历
993503438	刘　昕	女	28-Feb-81	会计系	F	gen	memo
993503437	张　俊	男	14-Aug-81	会计系	T	gen	memo
993503433	王　倩	女	05-Jan-80	会计系	F	gen	memo
993501122	李　一	女	28-Jun-81	财政系	T	gen	memo
993502235	张　勇	男	21-Sep-79	金融系	T	gen	memo
993503412	李　竞	男	15-Feb-80	会计系	T	gen	memo
993506112	王　五	男	01-Jan-79	中文系	T	gen	memo
993504228	赵子雨	男	23-Jun-81	保险系	F	gen	memo
993511236	陈　艳	女	18-Mar-81	投资系	T	gen	memo
993503234	郭　哲	男	24-Aug-81	信息系	T	gen	memo
993502201	赵　海	男	12-Sep-79	金融系	T	gen	memo
993502202	张　丽	女	12-Jan-78	金融系	T	gen	memo

技能训练

一、基本技能训练

1．数据库系统的核心是＿＿＿＿＿＿＿＿＿＿。

2．在数据库管理系统提供的数据定义语言、数据操纵语言和数据控制语言中，＿＿＿＿＿＿ ＿＿＿＿＿＿负责数据的模式定义与数据的物理存取构建。

3．下列叙述中正确的是（　　　）。

　　A．数据库系统是一个独立的系统，不需要操作系统的支持

　　B．数据库技术的根本目标是要解决数据的共享问题

　　C．数据库管理系统就是数据库系统

　　D．以上三种说法都不对

二、国考真题训练

1．在数据管理技术发展的三个阶段中，数据共享最好是（　　　）。

　　A．人工管理阶段　　　　　　　　B．文件系统阶段

　　C．数据库系统阶段　　　　　　　D．三个阶段相同

2．数据库管理系统是（　　　）。

　　A．操作系统的一部分　　　　　　B．在操作系统支持下的系统软件

　　C．一种编译系统　　　　　　　　D．一种操作系统

3．数据库系统中对数据库进行管理的核心软件是＿＿＿＿＿＿＿＿＿＿。

三、全国高等学校计算机二级考试真题训练

1．数据库（DB）、数据库系统（DBS）和数据库管理系统（DBMS）三者之间的关系是

（　　）。
  A．DBS 包括 DB 和 DBMS   B．DBMS 包括 DB 和 DBS
  C．DB 包括 DBS 和 DBMS   D．DBS 就是 DB，也就是 DBMS
 2．（　　）是存储在计算机内的有结构的数据集合。
  A．网络系统   B．数据库系统
  C．操作系统   D．数据库
 3．设有属性 A、B、C、D，以下表示中不是关系的是（　　）。
  A．R(A)   B．R(A,B,C,D)
  C．R($A \times B \times C \times D$)   D．R(A,B)
 4．数据库管理系统能实现对数据库中数据的查询、插入、修改和删除等操作，这种操作称为（　　）。
  A．数据定义功能   B．数据管理功能
  C．数据操作功能   D．数据控制功能

四、答案

一、1．数据库管理系统 2．数据定义语言 3．B
二、1．C   2．B   3．数据库管理系统
三、1．A   2．D   3．C 4．C

任务 1.2 掌握关系数据库基本知识

  数据库是按照一定的组织方式将相关的数据组织在一起，存放在计算机存储器中，能为多个用户共享，并与应用程序彼此独立的一组相关数据的集合。

  数据库的性质由数据模型决定。层次数据库指数据库中的数据是依照层次模型进行组织和存储的；网状数据库指数据库中的数据是依照网状模型进行组织和存储的；关系数据库指数据库中的数据是依照关系模型进行组织和存储的。

  从 20 世纪 80 年代以来，关系数据库日趋完善，并在数据库系统中得到了广泛的使用。如 Oracle、SQL Server、MySQL 和 Visual FoxPro 等都是关系模型数据库管理系统。本次任务主要认识关系数据库的一些相关概念。

相关知识与技能

一、关系术语

1．关系

  关系就是一个没有重复行、没有重复列的二维表，每个关系都有一个关系名，在 VFP 6.0中，一个关系被称为一个表，表以文件的形式进行存储，其扩展名为.dbf。

2．元组或记录

在二维表中，每一行被称为一个元组。在 VFP 6.0 中，一个元组对应表中的一条记录。

3．属性或字段

在二维表中，每一列被称为一个属性，每一个属性都有一个属性名，各个元组则是不同属性值的集合。在 VFP 6.0 中，一个属性对应表中的一个字段，属性名对应字段名，属性值对应于各条记录的字段值。

4．域

域就是属性的取值范围，其类型和范围由各个元组属性的性质及其所表示的含义来确定。如表 1-1 中，"性别"属性的域范围为"男"或"女"。

5．关键字

在一个二维表中，能够唯一地标识一个元组的属性或属性组合，称该属性或属性组合为关键字。若一个二维表中有多个关键字，则称它们为候选关键字，可指定其中的一个为主关键字。

> 关键字的属性值不能取"空值"，否则将无法唯一地标识一个元组。

6．关系模式

对关系的描述称为关系模式，其格式为：

关系名（属性名 1，属性名 2，……，属性名 n）

如，R（A1，A2，……，An），其中 R 表示关系，A1，A2，……，An 表示属性。

一个关系对应的二维表的描述格式为：

表名（字段名 1，字段名 2，……，字段名 n）

如，职工表（职工编号，姓名，出生日期，职称），其中职工表是表名；职工编号、姓名、出生日期、职称是各字段的字段名。

7．关系数据库

关系数据库主要是由若干个依照关系模型设计的二维表组成，数据库中的二维表称为数据表或数据库表。每一个数据表具有相对的独立性，并具有独立的表文件名。有些数据表之间具有相关性，这种相关性是通过每一个数据表内部具有相同属性的字段建立的。这为实现数据资源提供了极大的便利。

二、关系的完整性约束

关系完整性指关系数据库中数据的正确性和相容性。关系完整性约束是对关系的某种约束条件。关系完整性约束通常包括实体完整性、域完整性和参照完整性，其中实体完整性和参照完整性是关系模型必须满足的完整性约束条件。

1．实体完整性

一个基本关系通常对应现实世界中的一个实体集。如课程关系表对应于课程的集合。实体需设定一个唯一的标识来进行区分。在关系模型中使用主关键字作为实体的唯一标识。主关键字的所有属性值都不能取空值。空值的含义是"不知道"或"无意义"。

实体完整性约束的目的是保证数据表中记录的唯一性，即在一个数据表中不允许有重复的记录。通过设置候选索引或主索引，来实现唯一性。在一个数据表中，候选索引可以有多个，而主索引只能有一个。在 VFP 6.0 中，将主关键字称为主索引，将候选关键字称为候选索引。

2．域完整性

域完整性约束的目的是确保各记录数据输入的正确性，其内容主要包括两方面：一是属性值的取值范围；二是属性的语义。在 VFP 6.0 中，域完整性约束主要通过设置字段类型及宽度、字段有效性规则（也叫域约束规则）、记录有效性规则等来实现。

所谓记录有效性用于检查整条记录的有效性，它实际上是一种字段间的约束。例如，对于一个商品销售表（商品名称、价格、订购数量、订购日期、发货日期），发货日期不能早于订购日期。

3．参照完整性

参照完整性约束是不同关系之间或同一关系的不同元组之间的约束。在 VFP 6.0 中，参照完整性约束是定义在表与表之间，对一个表的数据进行插入、删除、更新操作时，通过参照引用相互关联的另一个表中的数据，来检查对表的数据操作是否正确的约束条件。

例如，假定数据库中有两个表，学生表（学号、姓名、性别等）和选课表（学号、选课名称等）。显然，这两个表通过学号联系起来。如果更改了学生表中某个学生的学号，则选课表中该学生的学号要相应更新，否则就违反了参照完整性约束。

三、关系操作

关系的操作包括两大类：一类是传统的集合操作（或集合运算），包括：交、并、差。另一类是专门的关系操作（或关系运算），包括选择、投影和连接。

1．传统的集合操作

集合操作把关系看作元组的集合来进行传统的集合运算。在关系模型中，用得最多的集合操作是交、并和差，其操作结果仍为关系。

进行传统集合运算的前提条件是参与运算的两个关系 R 和 S 必须具有相同的结构关系。

（1）**关系的交**：指既属于关系 R 又属于关系 S 的元组组成的集合，关系的交记为 R∩S。

（2）**关系的并**：指由属于关系 R 或属于关系 S 的元组组成的集合，关系的并记为 R∪S。

（3）**关系的差**：指从属于关系 R 的元组中去掉属于关系 S 的元组得到的集合，关系的差记为 R-S。

2．专门的关系操作

（1）**选择运算**：是从一个关系中选择出所有满足指定条件的元组，组成新的关系的操作。其特点是选取关系的某些行。

（2）**投影运算**：是从一个关系中指定若干个属性，以组成新的关系的操作。其特点是指定关系的某些列。

（3）**连接运算**：是从两个关系的笛卡尔乘积中，选取满足条件的元组形成的关系操作。笛卡尔乘积（记 R×S）包含两个关系的所有元组的组合，而连接只包含那些满足条件的元组的集合。

举例说明：

➤ 假设有两个关系 R 和 S，分别如表 1-2 和表 1-3 所示。

<table>
<tr><td colspan="3">表 1-2　关系 R</td></tr>
<tr><td>学　号</td><td>姓　名</td><td>性　别</td></tr>
<tr><td>993503438</td><td>刘　昕</td><td>女</td></tr>
<tr><td>993503437</td><td>张　俊</td><td>男</td></tr>
</table>

表 1-3　关系 S

学　号	课程号	成绩
993503438	0001	92
993503437	0001	87
993503433	0009	74

➤ 关系 R 与关系 S 的笛卡尔乘积（R×S）如表 1-4 所示。

表 1-4　关系 R 与关系 S 的笛卡尔乘积（R×S）

学　号	姓　名	性　别	学　号	课程号	成　绩
993503438	刘　昕	女	993503438	0001	92
993503438	刘　昕	女	993503437	0001	87
993503438	刘　昕	女	993503433	0009	74
993503437	张　俊	男	993503438	0001	92
993503437	张　俊	男	993503437	0001	87
993503437	张　俊	男	993503433	0009	74

➤ 如果按条件"R.学号=S.学号"进行等值连接运算，则等值连接结果如表 1-5 所示。

表 1-5　按条件"R.学号=S.学号"进行的等值连接运算

学　号	姓　名	性　别	学　号	课程号	成　绩
993503438	刘　昕	女	993503438	0001	92
993503437	张　俊	男	993503437	0001	87

➤ 如果在等值连接运算中去掉重复的属性，即为自然连接，则条件为"R.学号=S.学号"的自然连接的结果如表 1-6 所示。

表 1-6　在条件"R.学号=S.学号"下的自然连接

学　号	姓　名	性　别	课程号	成　绩
993503438	刘　昕	女	0001	92
993503437	张　俊	男	0001	87

在对关系数据库进行实际操作时，往往是多种操作的综合应用。比如，对上表中的结果只需要学号、姓名、课程号和成绩属性，则可再进行投影运算，其结果如表 1-7 所示。

表1-7　关系运算的综合应用

学　号	姓　名	课程号	成　绩
993503438	刘　昕	0001	92
993503437	张　俊	0001	87

技能训练

一、基本技能训练

1. 在关系数据库中，用来表示实体之间联系的是_____。

2. 对关系进行选择、投影、连接运算后，其运算结果仍然是一个_____。

3. 有三个关系R，S和T如下：

R

A	B	C
a	1	2
b	2	1
c	3	1

S

A	B	C
d	3	2

T

A	B	C
a	1	2
b	2	1
c	3	1
d	3	2

其中关系T由关系R和S通过某种操作得到，该操作为（　　　）。

　　A. 选择　　　　　B. 投影　　　　　C. 交　　　　　D. 并

4. 有两个关系R，S如下：

R

A	B	C
a	3	2
b	0	1
c	2	1

S

A	B
a	3
b	0
c	2

由关系R通过运算得到关系S，则所使用的运算为（　　　）。

　　A. 选择　　　　　B. 投影　　　　　C. 插入　　　　　D. 连接

二、国考真题训练

1. 设有如下三个关系表

R

A
m
n

S

B	C
1	3

T

A	B	C
m	1	3
n	1	3

下列操作中正确的是（　　　）。

 A．$T=R \cap S$ B．$T=R \cup S$

 C．$T=R \times S$ D．$T=R/S$

2．有三个关系 R、S 和 T 如下：

R

A	B
m	1
n	2

S

B	C
1	3
3	5

T

A	B	C
m	1	3

由关系 R 和 S 通过运算得到关系 T，则所使用的运算为（　　　）。

 A．笛卡尔积   B．并   C．交   D．自然连接

3．有三个关系 R、S 和 T 如下：

R

B	C	D
a	0	k1
b	1	n1

S

B	C	D
f	3	h2
a	0	k1
n	2	x1

T

B	C	D
a	0	k1

由关系 R 和 S 通过运算得到关系 T，则所使用的运算为（　　　）。

 A．并   B．自然连接   C．笛卡尔积   D．交

三、全国高等学校计算机二级考试真题训练

1．在关系数据库中，任何检索操作的实现都是由（　　　）三种基本操作组合而成的。

 A．选择、投影和扫描   B．选择、投影和连接

 C．选择、运算和投影   D．选择、投影和比较

2．在关系数据库中，用来表示实体和实体之间联系的是（　　　）。

 A．层次模型   B．网状模型

 C．链指针   D．二维表

3．关系模型中的元组对应于数据库表中的（　　　）。

 A．字段   B．文件   C．记录   D．关键字

4．关系模型中，一个关键字（　　　）。

 A．可由多个任意属性组成

 B．至多由一个属性组成

 C．可由一个或多个其值能唯一标识该关系模式中任何元组的属性组成

 D．以上都不是

四、答案

一、1．关系   2．关系   3．D   4．B

二、1．C   2．D   3．D

三、1．B   2．D   3．C   4．C

任务 1.3 熟悉 Visual FoxPro 6.0 集成环境

Visual FoxPro 6.0 是 Microsoft 公司 Visual Studio 6.0 集成开发环境中的产品之一，简称 VFP 6.0。VFP 6.0 是可以运行在 Windows 95/ Windows 95/98/ NT/2000/2003/XP/Vista 平台的 32 位关系型数据库开发系统。它能够管理和操作数据库，也是一种高级程序设计语言。它是一种高效且简单易学的开发工具，具有功能强、可视化强、面向对象等特点，支持两种操作方式，即交互方式（包括菜单、工具栏和命令方式）和程序运行方式。

相关知识与技能

一、VFP 6.0 的主要特点

1. 强大的管理和查询功能

VFP 6.0 拥有近 500 条命令，200 余种标准函数，并采用快速查询技术，极大地提高了查询效率。

2. 提高了项目和数据库管理能力

VFP 6.0 利用项目管理器，可供用户对所开发项目中的数据、文档、源代码和类库等资源集中进行高效的管理，使开发和维护更加方便。

3. 完善了数据库表的概念，并增强了查询和视图设计功能

VFP 6.0 把数据库和表的概念进行了严格的区分。使用查询设计器创建和修改查询，使用视图设计器创建和修改视图。

4. 扩大了对 SQL 语言的支持

SQL 语言是关系型数据库标准语言，其查询语句不仅功能强大，而且使用灵活。VFP 6.0 支持 8 种 SQL 命令，因此，在 VFP 6.0 中既可以使用 VFP 6.0 自身的命令，又可以使用 SQL 命令。

5. 提供了丰富的可视化工具

VFP 6.0 提供了丰富的向导、设计器、生成器等可视化工具，从而为用户创建、修改和操作数据库提供了方便。

6. 支持面向对象程序设计

VFP 6.0 既支持传统的面向过程的程序设计，又支持面向对象的程序设计，这为用户编写程序提供了很大的便利。

7. 通过 OLE 实现应用集成

VFP 6.0 通过"对象链接与嵌入（Object Linking and Embedding）"技术实现了与其他应用软件的应用集成。

8．支持网络应用

VFP 6.0 既支持单机环境，又支持网络环境。

二、VFP 6.0 的安装、启动与退出

（一）安装 VFP 6.0

VFP 6.0 的功能强大，但它对系统工作环境的要求并不是很高。硬件环境：内存 16MB 以上，硬盘空间 90MB 以上，处理器 66MHz 以上。操作系统为 Windows 95 或更高版本。目前计算机的主流配置已远远高出了 VFP 6.0 对系统的要求。

用户可以通过 CD-ROM、网络、磁盘或 U 盘等来安装 VFP 6.0。这里只介绍通过 CD-ROM 进行安装的方法。

步骤 1▶　将 VFP 6.0 系统光盘插入 CD-ROM 驱动器，执行光盘中的 setup.exe 文件，安装向导被打开。

步骤 2▶　按照安装向导的提示，接受"最终用户许可协议"，并正确输入产品 ID 号。

步骤 3▶　在"典型安装"和"自定义安装"中选择安装类型，一般选择"典型安装"。如果选择"自定义安装"，还需选择需要安装的组件。

步骤 4▶　安装程序进行文件复制，复制完成后，安装结束。

步骤 5▶　安装向导提示安装 MSDN 库。用户可根据需要安装 MSDN 库，其中包含了 VFP 6.0 的联机帮助文档和应用示例。

（二）启动 VFP 6.0

➢ **方法 1**：单击"开始"按钮→选择"程序"子菜单→选择"Microsoft Visual FoxPro 6.0"子菜单→执行"Microsoft Visual FoxPro 6.0"命令

➢ **方法 2**：双击"我的电脑"→双击安装 VFP 6.0 的驱动器→双击目录"Program Files"→双击目录"Microsoft Visual Studio"→双击目录"Vfp 98"→执行 VFP6.EXE 文件。

➢ **方法 3**：任选一个 VFP 6.0 文件，双击它，VFP 6.0 会自动启动。

➢ **方法 4**：在桌面上创建 VFP 6.0 的快捷方式，以后可直接双击该快捷方式图标启动 VFP 6.0。

（三）退出 VFP 6.0

➢ **方法 1**：选择"文件"菜单→执行"退出"命令。

➢ **方法 2**：在 VFP 6.0 命令窗口中输入 QUIT，按回车键。

➢ **方法 3**：单击 VFP 6.0 系统的"关闭"按钮。

➢ **方法 4**：双击 VFP 6.0 主窗口左上角的"控制"菜单按钮。

➢ **方法 5**：按 Alt+F4 组合键。

正常退出 VFP 6.0，可以防止数据丢失。

三、VFP 6.0 的用户界面及操作方式

（一）VFP 6.0 的主窗口

正常启动 VFP 6.0 系统后，首先进入系统的主窗口，如图 1-4 所示。它是一个标准的 Windows 应用程序窗口，由标题栏、菜单栏、工具栏、工作区、命令窗口和状态栏组成。

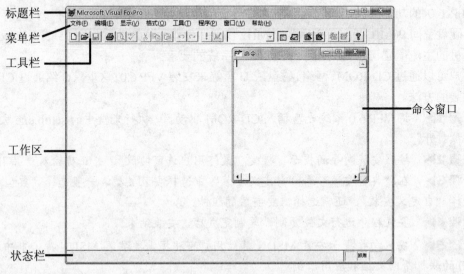

图 1-4　VFP 6.0 系统主窗口

（二）VFP 6.0 的操作方式

VFP 6.0 支持两种操作方式：交互操作方式和程序执行方式。交互操作方式主要用于读者学习 VFP，创建和管理数据库与表，程序调试等；程序执行方式主要用于应用程序开发。

1. 交互操作方式

交互操作方式又分为可视化操作方式和命令操作方式。可视化操作方式主要包括菜单操作、工具栏操作、辅助工具类（包括向导、设计器、生成器）操作。

（1）菜单操作方式

VFP 6.0 系统将若干命令做成了菜单接口，用户可以通过菜单中的菜单项进行操作，不需要记忆命令的具体格式，可直接执行菜单命令。这种方法无须编写程序，就可以完成数据库的操作和管理。

　　请注意，VFP 6.0 的主菜单栏是动态变化的，它会随着操作环境的改变而变化。例如，平时"表"主菜单项不会出现，只有在输入、浏览或修改表中数据时才会出现"表"主菜单项。单击该主菜单项，打开的下拉菜单中包含了一组操作记录的命令，如图 1-5 所示。

另外，某些下拉菜单项可能会呈浅灰色显示，这说明该命令在当前状态下不可用。一旦操作状态满足要求，这些命令将会变为黑色（表示可用）。如图 1-5 所示。

图 1-5　动态变化的菜单和菜单项的状态

（2）工具栏操作方式

为了方便用户操作，系统将菜单中的一些常用功能通过工具栏的方式放置在屏幕上，单击工具栏中的图标按钮就可以进行相关操作。

VFP 6.0 系统为用户提供了 11 个工具栏，用户可以根据需要显示或隐藏某个工具栏。其方法是：在工具栏区右击，从弹出的工具栏名称快捷菜单中选择希望显示或隐藏的工具栏；或者选择"显示"菜单中的"工具栏"命令→在"工具栏"对话框中选中或取消目标工具栏→单击"确定"按钮。如图 1-6 所示。

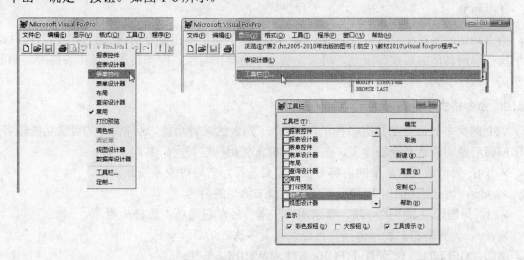

图 1-6　显示和隐藏工具栏

（3）辅助工具类操作方式

VFP 6.0 系统提供了许多便于操作的交互性可视化工具，它主要分为 3 类，即向导、设计器和生成器。用户利用这些工具可以方便、快速地创建表、表单、报表、数据库、查询等。

（4）命令操作方式

命令操作方式是指在命令窗口中输入一条命令就可以进行的操作。它为用户提供了一个直接操作的手段，利用这种方法可以直接使用系统的各种命令（包括 VFP 6.0 系统命令及 SQL 命令）和函数。通常，在测试一个命令和函数时，常用这种操作方式。

显示和隐藏命令窗口的方法：

➢ **方法1**：选择"窗口"菜单中的"命令窗口"命令可打开它，单击"命令窗口"的"关闭"按钮可关闭它。

➢ **方法2**：单击"常用"工具栏中的"命令窗口"按钮，可以显示或隐藏命令窗口。

➢ **方法3**：按 Ctrl+F4 组合键隐藏命令窗口，按 Ctrl+F2 组合键显示命令窗口。

2．程序执行方式

程序操作方式是指将多条命令编写成一个程序文件（或称命令文件），通过运行这个程序文件来执行程序中的命令。程序执行方式不仅运行效率高，而且可重复执行。

开发 VFP 应用程序要求同时进行结构化程序设计与面向对象对象程序设计。VFP 提供了大量的辅助设计工具，不仅可直接产生应用程序所需的界面，而且能够自动生成 VFP 的程序代码，从而大大减少了用户手工编写代码的繁琐操作。

（三）VFP 6.0 命令的基本格式及语法规则

为了熟练掌握各种命令的使用方法，必须先要了解命令构成的语法规则。

1．命令结构的一般格式

【格式】

<命令动词> [<若干子句>]

【说明】

命令动词用来指定计算机要完成的操作功能。子句是跟在命令动词后面的短语，可对命令的执行给出具体的要求和限制，用来说明命令的操作对象、操作结果、操作条件等，如范围子句、条件子句、表达式子句、字段名表子句等。

2．命令格式中的符号约定

VFP 的大多数命令都具有多种子句，每个子句表达某种功能，这样命令的可选功能较多。为了能够清楚的表达命令的含义，在书写时常常使用一些符号，其约定如下：

➢ **[ ]**：为可选项，其中的内容可根据需要选择，省略时取系统默认值。

➢ **< >**：为必选项，由用户根据要求必须来填写的内容。

➢ **|**：只能选取其中的一项，要求用户从本符号左右两项中选择一项。

➢ **…**：为省略符，表示该项目可继续重复多次。

例如，DELETE [<范围>] [FOR<条件> | WHILE<条件>]。

> 在实际操作时，不要将[ ]、＜＞、|、…符号输入在命令中，只需输入要求的内容即可。

3．命令的输入与编辑要求

可以在 VFP 提供的命令窗口或程序中按照命令的语法规则输入需要操作的命令，并以回车作为命令结束标志。命令的输入和编辑要求如下：

（1）命令动词与子句、子句与子句、子句内的各部分之间，至少要有一个空格分隔。

（2）每一条命令必须以命令动词开头，命令动词、各子句中的保留字及系统提供的函数都可以只写前面的四个字符，并且对其中的英文字符不区分大小写，即大小写等效。

（3）每条命令最多可包含 8192 个字符。每个汉字占 2 个字符，空格也占用字符数。若一条命令一行写不下，可在适当位置分行书写，但必须要在换行处加上续行符"；"并按回车，然后继续在下一行输入该命令的剩余部分。

（4）每行最多写一条命令，以回车作为命令结束标志。

（5）命令中使用的标点符号都必须是英文的标点符号，不能使用中文的标点符号。

（6）不要使用命令动词、子句中的保留字以及工作区的别名作为文件名、变量名，以免造成混淆。

四、VFP 6.0 的组成

为了用户方便地完成各种不同的任务，VFP 6.0 提供了丰富的菜单、工具栏、窗口、设计器、生成器、向导等，如表 1-8 所示。

表 1-8　VFP 6.0 组成一览表

菜　单	工具栏	窗　口	设计器	生成器	向　导
文件	常用	命令窗口	表设计器	表达式生成器	表向导
编辑	报表控件	浏览窗口	数据库设计器	参照完整性生成器	查询向导
显示	报表设计器	代码窗口	查询设计器	表单生成器	报表向导
格式	表单控件	调试窗口	视图设计器	文本框生成器	表单向导
工具	表单设计器	编辑窗口	表单设计器	组合框生成器	标签向导
程序	数据库设计器	通用字段编辑窗口	菜单设计器	编辑框生成器	本地视图向导
窗口	查询设计器	数据工作期窗口	报表设计器	命令组生成器	远程视图向导
帮助	视图设计器	属性窗口	标签设计器	表格生成器	分组/总计报表
表	布局	项目管理器窗口	数据环境设计器	列表框生成器	导入向导
数据库	打印预览		类设计器	自动格式生成器	交叉表向导
项目	调色板			选项按钮组生成器	Web 发布向导
查询					邮件合并向导
表单					交叉表向导
报表					文档向导
数据环境					一对多表单向导

菜 单	工具栏	窗 口	设计器	生成器	向 导
菜单					应用程序向导
类					

我们在前面已对 VFP 6.0 的菜单、工具栏和命令窗口进行了简单说明，因此，下面主要介绍一下 VFP 6.0 的设计器、生成器和向导。

（1）设计器

VFP 6.0 的设计器是创建和修改应用系统各种组件的可视化工具。利用各种设计器可轻而易举地创建和修改表、表单、菜单、数据库、查询、视图和报表等。常用的设计器及功能如表 1-9 所示。

表 1-9　VFP 6.0 常用设计器

常用设计器	功　能
表设计器	创建并修改自由表、数据库表、字段、索引，设置有效性规则及默认值等
数据库设计器	管理数据库中的表、视图及表间关系。该设计器活动时，显示"数据库"菜单和"数据库设计器"工具栏
查询设计器	创建并修改本地表查询。该设计器活动时，显示"查询"菜单和"查询设计器"工具栏
视图设计器	创建和修改视图并可更新数据。该设计器活动时，显示"视图设计器"工具栏
表单设计器	创建并修改表单或表单集。该设计器活动时，显示"表单"菜单、"表单设计器"工具栏、"表单控件"工具栏和"属性"窗口
菜单设计器	创建菜单或快捷菜单，该设计器活动时，显示"菜单"菜单
报表设计器	创建并修改打印数据的报表。该设计器活动时，显示"报表"菜单、"报表设计器"工具栏和"报表控件"工具栏
数据环境设计器	可以设置和修改表单或报表所使用的数据源
标签设计器	创建标签布局以打印标签
连接设计器	为远程视图创建并修改连接

（2）向导

向导是一种快捷设计工具。它通过一组对话框依次与用户对话，引导用户分步完成某些任务。由于它强调"快"，所以完成的任务相应地也简单。常用的向导及功能如表 1-10 所示。

表 1-10　VFP 6.0 中常用的向导

向 导	功 能	向 导	功 能
表向导	创建一个表	表单向导	创建一个表单
查询向导	创建查询	报表向导	创建一个报表

续表 1-10

向　导	功　能	向　导	功　能
本地视图向导	创建一个视图	分组/总计报表	创建一个具有分组和总计功能的报表
远程视图向导	创建远程视图	一对多表单向导	创建一个一对多表单
交叉表向导	创建一个交叉表查询	应用程序向导	创建一个 VFP 6.0 应用程序

（3）生成器

生成器也称构造器，主要用于在 VFP 6.0 应用程序的构件中生成并加入某些控件。例如，生成一个命令按钮组等。常用的生成器及功能如表 1-11 所示。

表 1-11　VFP 6.0 中常用的生成器

生成器	功　　能
表达式生成器	方便表达式的编辑
参照完整性生成器	控制如何在相关表中设置插入、更新或删除记录，确保数据的参照完整性
表单生成器	为表单添加字段新控件及设置指定的样式
文本框生成器	为文本框设置数据类型及格式，指定文本框的样式和值
组合框生成器	为组合框设置列表项、样式、布局和值
编辑框生成器	为编辑合框设置格式、样式和值
命令组生成器	为命令按钮组设置按钮及布局
表格生成器	为表格设置表格项、样式、布局和关系
列表框生成器	为列表框设置列表项、样式、布局和值
自动格式生成器	可对选定的控件设置一组样式
选项按钮组生成器	为选项按钮组设置按钮、布局和值
应用程序生成器	可根据选择创建一个完整的应用程序或创建一个框架

五、VFP 6.0 的主要文件类型

VFP 6.0 的数据和程序是以文件的形式进行组织、管理和存储的，常用的文件类型有项目、数据库、表、视图、查询、表单、报表、标签、程序、菜单和类等。不同类型的文件其扩展名不同。常用的文件类别及其相关联的文件扩展名如表 1-12 所示。

六、VFP 6.0 的系统环境配置

VFP 6.0 系统配置是指系统环境的设置。VFP 6.0 系统安装完毕并启动之后，系统中所有的配置都采用默认配置，若想调整就需要进行系统设置。系统设置的优劣直接影响系统的运行效率和操作的方便性。用户可以通过"选项"对话框或 SET 命令进行系统设置。

表 1-12　VFP 6.0 常用的文件类别

文件类型	扩展名	说　　明
内存变量文件	.MEM	用于保存设置的内存变量的值
表	.DBF	表文件
	.FPT	表文件的备注文件
	.CDX	表文件的复合索引文件
	.IDX	表文件的单索引文件
数据库	.DBC	数据库文件
	.DCT	数据库文件的备注文件
	.DCX	数据库文件的索引文件
查询	.QPR	查询程序文件
	.QPX	编译后的查询程序文件
程序	.PRG	程序文件
	.FXP	编译后的程序文件
表单	.SCX	表单文件
	.SCT	表单备注文件
菜单	.MNX	菜单定义文件
	.MNT	菜单定义文件的备注文件
	.MPR	生成的菜单程序文件
	.MPX	编译后的菜单程序文件
报表	.FRX	报表文件
	.FRT	报表文件的备注文件
标签	.LBX	标签文件
	.LBT	标签文件的备注文件
文本文件	.TXT	普通的文本文件
类	.VCX	可视类库文件
	.VCT	可视类库文件的备注文件
视图文件	.vue	视图文件，不是视图，视图是依赖数据库存在的虚拟表
项目	.PJX	项目文件
	.PJT	项目文件的备注文件
	.APP	生成的应用程序文件
	.EXE	可执行文件

（一）"选项"对话框

　　用户可通过执行"工具"菜单中的"选项"命令打开"选项"对话框，其选项卡和功能如表 1-13 所示。

表 1-13　"选项"对话框的选项下及其功能

选项卡	功　能
常规	警告声音、兼容性、调色板、数据输入及编程设置
显示	状态栏、时钟、命令结果、系统信息等的显示设置
数据	表打开方式、显示字段名、排序、备注块大小、字符串比较等的设置
表单	表单网格、大小、度量单位等的设置
区域	日期和时间格式、货币和数字格式的设置
控件	提供的可视类库和 ActiveX 控件选项的设置
文件位置	各种文件位置的设置，包括默认工作目录的设置
语法着色	对程序注解、关键字、数字、字符串、变量、操作符等各种程序元素字体和颜色的设置
项目	项目管理器选项设置
字段映像	从数据环境、数据库数据器或项目管理器向表单拖放表或字段时创建何种控件
远程数据	远程数据访问设置，包括远程视图默认值设置和连接默认值设置
调试	调试器显示及跟踪设置

（二）常用的设置

1. 设置默认目录

VFP 6.0 默认的工作目录是安装 VFP 6.0 系统时的目录，通常情况下是 C:\Progrom Files\Microsoft Visual Studio\VFP98。若不指定目录，用户保存的文件就存储在该目录下，这样很容易混淆用户文件和系统文件，不利于用户对用户文件进行管理。为了避免混乱，用户可以先创建一个目录，然后将其设置为默认目录，将所创建的表、数据库、表单、菜单、程序等文件存储在该目录下，便于用户管理。

【操作样例 1-1】设置默认目录。

【要求】

（1）在 D:\下创建一个"二级 VFP"的目录。

（2）把目录"D:\二级 VFP"设置为 VFP 6.0 的默认目录。

【操作步骤】

步骤 1▶ 双击"我的电脑"图标→双击驱动器 D: →右击工作区空白处→在快捷菜单中选择"新建"子菜单中的"文件夹"命令→输入文件夹的名称: 二级 VFP→单击鼠标左键确认（若想要设置为默认目录的文件夹已经存在，此步可省略）。

步骤 2▶ 选择"工具"菜单中"选项"命令，打开"选项"对话框。然后在"选项"对话框中选择"文件位置"选项卡，在"文件类型"列表中选择"默认目录"选项，如图 1-7 所示。

步骤 3▶ 单击"修改"按钮，打开"更改文件位置"对话框。在"更改文件位置"对话框中选中"使用默认目录"复选框，如图 1-8 所示。

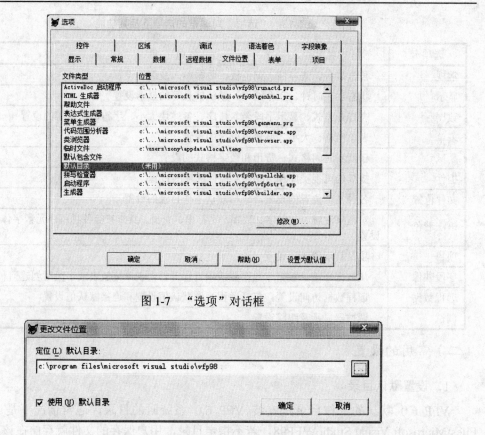

图 1-7　"选项"对话框

图 1-8　"更改文件位置"对话框

步骤 4▶ 单击"浏览"按钮　，打开"选择目录"对话框。在"选择目录"对话框中选择"驱动器"为"D:"，工作目录为"D:\二级 VFP"，如图 1-9 所示。

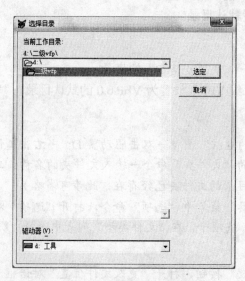

图 1-9　"选择目录"对话框

步骤 5▶ 单击"选定"按钮，返回"更改文件位置"对话框；单击"确定"按钮，返回"选项"对话框；单击"设置为默认值"按钮，单击"确定"按钮。

2. 设置日期和时间的显示格式

在默认情况下，VFP 6.0 的日期格式为美国日期格式（月/日/年），且年份只显示 2 位，用户可根据需要设置新的日期格式。

【操作样例 1-2】设置新的日期格式。

【要求】

设置系统的日期格式为按年、月、日显示，且年份用 4 位表示，年、月、日之间用减号（-）分隔，如 2010-2-14。

【操作步骤】

步骤 1▶ 选择"工具"菜单，单击"选项"命令，打开"选项"对话框。

步骤 2▶ 在"选项"对话框中打开"区域"选项卡，打开"日期格式"下拉列表框，选择"年月日"选项；选中"日期分隔符"复选框，在其后的文本框中输入符号"-"；选中"年份"复选框（表示显示日期时同时显示世纪，如 2010 年、1981 年等，否则显示日期时仅显示年份，如 10 年、81 年等），如图 1-10 所示。

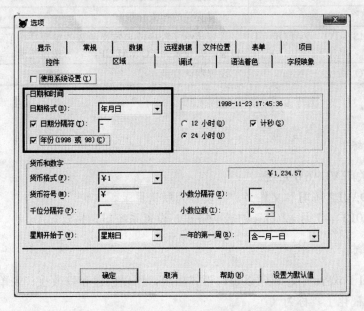

图 1-10 "区域"选项卡

步骤 3▶ 单击"设置为默认值"按钮，将所做设置作为默认设置并保存，然后单击"确定"按钮。

（三）保存设置

1. 仅在本次系统运行期间设置有效

在"选项"对话框中进行各种设置之后，单击"确定"按钮。此时所做的设置仅在本次

VFP 系统运行期间有效。退出 VFP 6.0 系统后，所做设置将丢失。

2. 在每次系统运行期间设置有效

在"选项"对话框中进行各种设置之后，首先单击"设置为默认值"按钮，再单击"确定"按钮。这样就可以把所做设置储存在 Windows 注册表中，以后每次启动 VFP 6.0 系统时所做的更改继续有效。

（四）常用的设置命令

用 SET 命令也可以进行系统设置。常用的设置命令及功能如表 1-14 所示。

表 1-14　常用的设置命令

命　令	功　能
SET CENTURY ON | OFF	设置是否显示日期中的世纪
SET DECIMALS TO 小数位数	设置显示的小数位数
SET DELETED ON | OFF	设置是否处理带删除标记的记录。如果设置为 ON，则不处理带删除标记的记录。
SET TALK ON | OFF	设置是否显示命令的结果
SET PATH TO 路径	设置文件的搜索路径
SET UDFPARMS TO VALUE | REFERENCE	设置传给子程序或自定义函数的参数是按值还是按引用方式传递。如设置为 TO VALUE，表示按值传递。
SET DEFAULT TO 路径	设置默认目录

技能训练

一、基本技能训练

1. 启动和关闭 VFP 6.0 系统。
2. 创建"D:\VFP 练习"文件夹，并设置为默认目录。
3. 按照"2010 年 7 月 12 日"的日期格式，设置系统日期格式。

二、国考真题训练

1. 在 Visual FoxPro 中，通常以窗口形式出现，用以创建和修改表、表单、数据库等应用程序组件的可视化工具称为（　　）。

    A. 向导　　　　　B. 设计器　　　　C. 生成器　　　　D. 项目管理器

2. 要想将日期型或日期时间型数据中的年份 4 位数字显示，应使用设置命令（　　）。

    A. SET CENTURY ON　　　　　B. SET CENTURY OFF
    C. SET CENTURY TO 4　　　　　D. SET CENTURY OF 4

三、全国高等学校计算机二级考试真题训练

1. 使用报表设计器生成的报表文件的默认扩展名是（　　）。

    A. FMT　　　　　B. FPT　　　　　C. FRM　　　　　D. FRX

2. 在 VFP 中，利用查询设计器设计的查询结果可以保存到（　　）中。

A．扩展名为.QPR 的文件中　　　B．扩展名为.VUE 的文件中

C．扩展名为.DBT 的文件中　　　D．扩展名为.DBC 的文件中

3. 数据库创建后将保存在扩展名为（　　）的数据库文件中。

A．.DBF　　　　B．.DBT　　　　C．.DBC　　　　D．.BAS

四、答案及操作提示

一、1. 开始→程序→Visual FoxPro 6.0→Visual FoxPro 6.0。

2. 参见正文。

3. 单击"工具"菜单中的"选项"命令→在"选项"对话框的"区域"选项卡中选择"日期格式"为"汉语"。

二、1. B　　　2. A

三、1. D　　　2. A　　　3. C

任务 1.4　认识项目文件和项目管理器

用户利用 VFP 6.0 开发应用程序时，需要创建表、数据库、查询、视图、报表、表单、菜单和程序等许多文件。为了方便、有效地管理这些文件，VFP 6.0 系统提供了项目文件及对应的"项目管理器"。

"项目管理器"是 VFP 6.0 处理数据和对象的主要组织工具，是 VFP 6.0 的核心。它可以将 VFP 系统中的各类文件集中进行管理，并将其编译成可独立运行的应用程序。同时，它也为用户提供了简单、方便、可视化的数据组织和编程环境。

相关知识与技能

一、创建一个新项目

1. 利用菜单方式创建项目

【操作样例 1-3】创建新项目。

【要求】

在"D:\ 二级 VFP"目录下，新建一个名为"学生管理"的项目文件，注意观察项目文件的文件类型。

【操作步骤】

步骤 1▶　选择"文件"菜单中的"新建"命令，或单击"常用"工具栏的"新建"按钮，打开"新建"对话框，如图 1-11 所示。

步骤 2▶　选中"文件类型"选项按钮组中的"项目"单选按钮，单击"新建文件"按钮，打开"创建"对话框。

步骤 3▶ 在"创建"对话框中输入新项目的名称：学生管理，然后单击"保存"按钮，如图 1-12 所示。

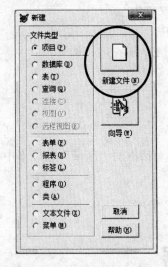

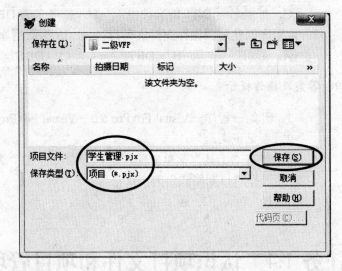

图 1-11 "新建"对话框   图 1-12 创建项目文件

此时 VFP 系统即在 D:\ 二级 VFP 目录中建立了一个名为"学生管理.pjx"的项目文件，并同时生成了一个名为"学生管理.PJT"的项目备注文件。与此同时，"项目管理器"对话框也被自动打开，如图 1-13 所示。

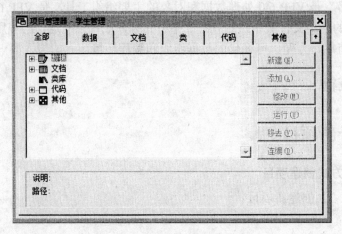

图 1-13 "项目管理器"对话框

2. 利用命令方式创建项目

【命令格式】

MODIFY PROJECT [<项目名>|?]

【命令功能】

创建指定项目名的项目文件或打开指定的项目文件。

【命令说明】

缺省文件名或使用?选项，将弹出"打开"对话框，要求用户选定一个已有的项目文件或输入新的待创建的项目文件名。

二、认识项目管理器

"项目管理器"对话框如图 1-13 所示，它由 6 个选项卡、6 个命令按钮和一个列表框组成。其中，5 个选项卡用于分类显示各种文件，"全部"选项卡用于集中显示该项目中的所有文件。

1. 各选项卡作用

表 1-15　"项目管理器"各选项卡的作用

选项卡	作　　用
数据	负责创建和管理项目中的数据库、自由表、查询及视图等数据文件
文档	负责创建和管理数据处理时所用的表单、报表、标签 3 类文件
类	负责创建和管理项目中所有的类文件
代码	负责创建和管理 VFP 源程序文件(.prg)、API 库和应用程序（.app）文件
其他	负责创建和管理项目中所有的菜单文件、文本文件和其他文件

2. 命令按钮

在项目管理器的右侧有一些命令按钮，它们是动态的，操作对象不同，命令按钮也会随之发生相应的变化。

- ➤ **"新建"按钮**：创建一个新文件或对象。
- ➤ **"添加"按钮**：把已有的文件添加到项目中。
- ➤ **"修改"按钮**：打开选定文件所对应的设计器或编辑窗口，以修改文件。
- ➤ **"浏览"按钮**：使用浏览窗口打开一个表。
- ➤ **"运行"按钮**：可执行选定的查询、表单、菜单或程序等文件。
- ➤ **"预览"按钮**：在打印预览方式下显示选定的表报或标签。
- ➤ **"打开"按钮与"关闭"按钮**：打开或关闭一个数据库。
- ➤ **"移去"按钮**：从项目中移去选定的文件或对象。系统会显示询问对话框，询问是将文件从磁盘删除，还是仅从项目中移去（此时文件仍存在）。
- ➤ **"连编"按钮**：连编一个项目、应用程序或连编可执行文件。

3. 列表框

列表框用于显示选定选项卡中的所有文件列表，采用目录树结构，其内容可详（展开列表）可略（折叠列表），使项目的内容一目了然。

三、项目管理器的使用

项目管理器是一个对话框，因此，用户可以像操作其他对话框一样移动其位置。此外，用户还可以展开或折叠项目管理器,以及使其像工具栏一样使用。

【操作样例1-4】项目管理器的使用。

【要求】

(1)掌握移动项目管理器位置的方法。

(2)掌握展开和折叠项目管理器的方法。

(3)掌握停放项目管理器和恢复其原状的方法。

(4)掌握关闭项目管理器的方法。

(5)掌握打开项目文件的方法。

(6)掌握在项目中创建一个自由表 student.dbf 的方法。

【操作步骤】

步骤 1▶ 将鼠标指针移至项目管理器标题栏区域,按住鼠标左键并拖动,即可移动项目管理器的位置。

步骤 2▶ 单击项目管理器左上角的 (展开)或 (折叠)按钮,可以展开和折叠项目管理器,如图 1-14 所示。

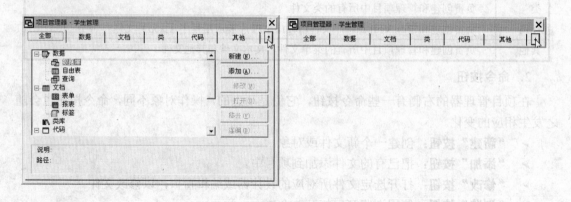

图 1-14 展开和折叠项目管理器

步骤 3▶ 双击项目管理器的标题栏或拖动标题栏到 VFP 主窗口顶部,可使其像工具栏一样显示在主窗口顶部,如图 1-15 上图所示,此操作被称为停放项目管理器。

项目管理器处于停放状态时,可单击选项卡标签打开其内容列表,如图 1-15 下图所示。

步骤 4▶ 双击项目管理器工具栏右侧空白处,取消其停放状态,使其恢复原状。

步骤 5▶ 单击项目管理器右上角的"关闭"按钮 ,或双击项目管理器左上角的 图标,关闭项目管理器。由于新建项目为一个空项目,即不包含任何文件,因此,此时系统将给出一个提示对话框,询问用户是删除还是保留此项目文件,如图 1-16 所示。由于我们后面还要使用该项目文件,故此处应单击"保持"按钮。

步骤 6▶ 要打开某个项目文件,可选择"文件"菜单中的"打开"命令,或单击"常用"工具栏中的"打开"按钮 ,此时系统均会打开"打开"对话框。在"文件类型"下拉列表中选择"项目"选项,在文件列表中单击要打开的项目文件,单击"确定"按钮,即可打开所选项目文件。如图 1-17 所示。

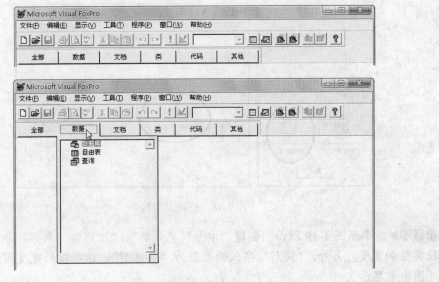

图 1-15 停放项目管理器

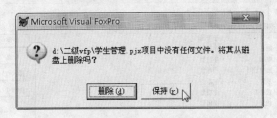

图 1-16 关闭项目管理器时的提示对话框

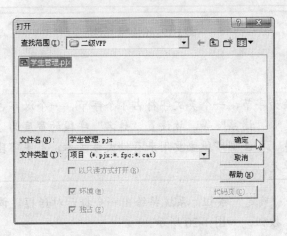

图 1-17 打开项目文件

步骤 7▶ 为了便于后面学习和讲解，我们接下来首先为项目创建一个 student.dbf 自由表。为此，可继续执行下面的操作。首先打开项目管理器器的"数据"选项卡，在内容列表中单击"自由表"，然后单击"新建"按钮，打开"新建表"对话框，如图 1-18 左图所示。

步骤 8▶ 单击"新建表"按钮，打开"创建"对话框，输入表名 student.dbf，然后单击"保存"按钮，如图 1-18 右图所示。

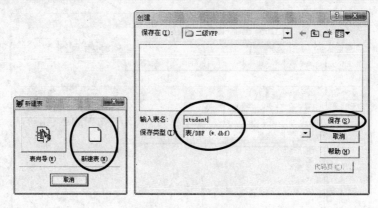

图 1-18　创建表结构

步骤 9▶ 参照图 1-19 所示，创建"学号"、"姓名"、"性别"、"系部"等字段，并设置各字段类型和宽度。另外，"简历"字段的类型为"备注型"，该字段的宽度固定为 4，不能修改（图中未显示）。

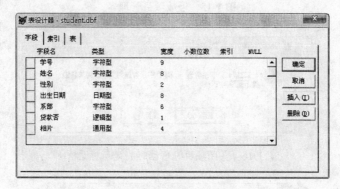

图 1-19　创建表结构

 提示

　　此处的宽度单位为字节，一个英文字符占 1 个字节，一个汉字占 2 个字节。考虑到我国的人名有复姓，如"诸葛"等，故设置"姓名"字段的宽度为 8。另外，通用型字段主要用来保存图片，备注型字段主要用来存储大量文本。有关字段类型的详细讲解，可参见本书的第 3 单元。

步骤 10▶ 单击"确定"按钮，系统将给出一个提示对话框，询问是否立即输入数据记录。此处单击"是"按钮，如图 1-20 所示。

图 1-20　提示对话框

步骤 11▶　接下来系统将打开图 1-21 左图所示记录输入窗口, 请参照表 1-1 所示内容输入各记录, 结果如图 1-21 右图所示。

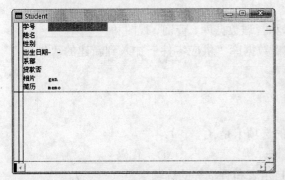
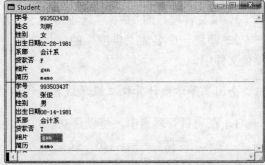

图 1-21　记录输入窗口

输入记录时请注意如下几点:

①　一个字段输满后, 光标会自动跳到下一个字段;

②　按↑、↓、→或←方向键可在各字段之间, 或日期的各部分之间移动;

③　日期的输入方法为 "月-日-年", 如 2-28-81、8-14-81 等。离开该字段后, 系统会自动不足世纪和月、日前的 0, 如 02-28-1981、08-14-1981 等。

④　"相片" 字段和 "简历" 字段暂不输入。

⑤　如果某个字段内容输错的话, 可直接单击该字段, 然后修改其内容。

步骤 12▶　输入结束后, 单击记录输入窗口右上角的关闭按钮 ，关闭该窗口, 则 student.dbf 表就被建好了。在项目管理器中依次单击 "自由表" 和 "student" 表前面的 "+", 展开其内容, 结果如图 1-22 所示。

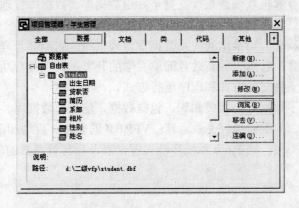

图 1-22　创建好 student.dbf 表后的项目管理器

技能训练

一、基本技能训练

1. 在 VFP 中, 使用项目管理器创建的项目文件的默认扩展名是 (　　　)。

    A. APP　　　　　B. EXE　　　　　C. PJX　　　　　D. PRG

2. 新建一个名"图书管理"的项目文件。

二、国考真题训练

1. 项目管理器的"数据"选项卡用于显示和管理数据库、查询、视图和_____。

2. 新建一个名为"供应"的项目文件，将数据库"供应零件"加入到新建的"供应"项目文件中。

三、全国高等学校计算机二级考试真题训练

1. 在项目管理器中，可以建立表单文件的选项卡是（　　）。
　　A. 数据　　　　　B. 文档　　　　　C. 类　　　　　D. 代码
2. 项目管理器用于显示和管理数据库、自由表和查询等的选项卡是（　　）。
　　A. 数据　　　　　B. 文档　　　　　C. 代码　　　　　D. 其他

四、答案及操作提示

一、1. C
　　2. "新建"→"文件类型"："项目"→输入新项目的名称→"保存"
二、1. 自由表
　　2. 参见正文
三、1. B　　　　2. A

单元小结

数据库系统是在计算机软硬件系统支持下，由数据库、数据库管理系统、数据库应用系统和用户构成的数据处理系统。

VFP 6.0 是 Microsoft 公司推出的关系数据库管理系统，它能够管理和操作数据库，也是一种高级程序设计语言。它是一种高效且简单易学的开发工具，具有功能强、可视化强、面向对象等特点，而且支持交互方式和程序运行方式。

本单元主要学习了数据库的相关知识，包括数据、信息、数据库、数据库管理系统、数据库系统、数据模型、关系模型、关系运算；VFP 6.0 的安装、启动和退出方法，VFP 6.0 的操作界面和主要文件类型，VFP 6.0 系统环境设置，以及项目管理器的功能和基本用法。

第 **2** 单元　熟悉 VFP 语言规范

任何语言都有其规定的语言规范，程序设计语言也不例外。VFP 6.0 程序设计语言规定了它自己的语言规范，只有掌握了它，用户才能够熟练地运用 VFP 6.0 系统。本单元就来学习 VFP 6.0 数据类型、常量、变量、表达式、控制结构、过程和函数等基本要素。

【学习任务】

◇　认识 VFP 6.0 的数据类型、常量与变量
◇　认识运算符和表达式
◇　熟悉 VFP 的常用标准函数

【掌握技能】

◇　掌握有关 VFP 6.0 各种数据量的定义
◇　掌握 VFP 6.0 中各种运算符及表达式的使用
◇　了解和掌握常用函数的使用方法
◇　掌握 MESSAGEBOX() 函数的使用方法

任务 2.1　了解 VFP 6.0 的数据类型、常量和变量

相关知识与技能

一、数据类型

在 VFP 中，所有的数据都具有数据类型，数据类型决定了数据的存储方式和运算方式。在 VFP 中，常用的字段数据类型有 11 种，分别是：字符型（C）、数值型（N）、浮动型（F）、双精度型（B）、整型（I）、货币型（Y）、日期型（D）、日期时间型（T）、逻辑型（L）、备注型（M）和通用型（G）；常量、内存变量、函数和表达式的数据类型有 6 种，分别是：字符型、数值型、日期型、货币型、日期时间型和逻辑型。

二、常量

常量是指在程序运行过程中始终保持不变的数据量。常量的数据类型有 6 种，且数据类型不同，其采用的定界符也不同。所谓定界符就是标定常量起始界限的符号，例如，字符型常量的定界符为 “""”、“'”或 “[]”。

1. 数值型常量

数值型常量就是常数，用来表示数量的大小，可以是整数或实数。数值型常量由 0～9、小数点和正负号构成，在内存中占用 8 个字节的存储空间，取值范围是-0.9999999999E+19～0.9999999999E+20，无定界符。书写格式可采用一般记法，如 3.14、-4.8，也可采用科学计数法，如 用 3.5E12 表示 3.5×10^{12}，用 2.76E-12 表示 2.76×10^{-12}。

2. 货币型常量

货币型常量用来表示货币值，书写格式为在数字前加上货币符号"$"，在内存中占用 8 个字节的存储空间，采用 4 位小数，取值范围是 -922337203685477.5807～922337203685477.5807。有前置符$，无定界符。例如，$265.68，表示货币值 265.6800。

3. 字符型常量

字符型常量是用定界符单引号（'）、双引号（"）或方括号（[ ]）括起来的字符串。字符型定界符的作用是确定字符串起始界限的符号，它自身不作为字符串的内容。如果某种定界符本身是字符型常量的内容，则应选择另一种定界符。例如，"I'm a student."

不包含任何字符的字符串称为空串。空串和只包含空格的字符串是不同的。一个英文字符、空格或数字占一个字节的内存空间，一个汉字占两个字节的内存空间。

> 字符串的两端必须加定界符，否则系统会把字符串作为变量名。
>
> 定界符只能是半角字符，不能是全角字符。
>
> 左、右定界符必须成对匹配。
>
> 定界符可以嵌套，但同一种定界符不能互相嵌套。

4. 逻辑型常量

逻辑型常量只有逻辑真和逻辑假两个值。逻辑真用.T.、.t.或.Y.、.y.表示，逻辑假用.F.、.f.或.N.、.n.表示。逻辑型常量的定界符是一对小圆点，占一个字节的内存空间。

5. 日期型常量

日期型常量是用一对花括号{}定界符括起来的日期型数据。定界符内包括年、月、日 3 个部分，各部分之间用分隔符分隔。常用的日期型分隔符有斜杠（/）、连字符（-）、句点（.）和空格，系统默认的分隔符为斜杠（/）。

日期型数据占用 8 个字节的内存空间，取值范围是{^0001-01-01}～{^9999-12-31}。空日期可以用{}、{ }、{/}、{:}、{-}、{.}之一表示。

在 VEP 中，日期常量的格式有严格日期格式和传统日期格式之分，其特点如下：

（1）严格日期格式

严格日期格式采用{^yyyy-mm-dd}形式。其中，^表示该日期是严格的，y 表示年，m 表示月，d 表示日，年月日分别占 4 位、2 位、2 位。例如，{^2012-10-5}、{^12-8-9}等都是合法的严格日期格式。

默认情况下，STRICTDATE 变量的值为 1，表示用户在命令中必须使用严格的日期格式。否则，系统将给出一个提示对话框。

无论日期常量使用何种日期格式，其显示结果均为 VEP 默认的美国日期格式，即 mm/dd/yy。

例如，在命令窗口输入下列命令：

?{^1989-7-12}&& 命令中使用严格日期格式，在工作区显示 07/12/89（默认日期格式）

?{89-7-12}　　&& 该命令无法执行，不符合严格日期格式，屏幕出现提示对话框。

（2）传统日期格式

VFP 6.0 系统默认的日期格式为美国日期格式{mm/dd/yy}，即年月日各占 2 位。如果日期常量要使用传统日期格式，必须执行 SET STRICTDATE TO 0 命令，此时系统将不进行严格日期格式检查，并且无效日期作为空日期。换句话说，此时既可以使用传统日期格式，也可以使用严格日期格式。

表 2-1 列出了常用的日期格式设置命令。

表 2-1　常用的日期格式设置命令

命　令	功　　能
SET STRICTDATE TO 1 l 0	设置是否采用严格日期格式，1：采用严格日期格式，默认；0：不进行严格日期格式检查，若无效日期作为空日期
SET CENTURY ON l OFF	设置是否显示日期中的世纪，ON：年占 4 位，OFF：年占 2 位
SET MARK TO [日期分隔符]	设置日期格式中的分隔符，默认的 "/" 或 "-"
SET DATE TO MDY l YMD l DMY	设置日期数据采用的格式，Y 表示年、M 表示月、D 表示日

【操作样例 2-1】熟悉日期的设置、输入与显示。

【要求】

（1）进一步搞清楚严格日期格式和传统日期格式的区别。

（2）进一步搞清楚在什么情况下必须使用严格日期格式。

（3）进一步搞清楚如何通过命令设置日期的输入和输出格式。

【操作命令】

```
?{^1989-7-12}           && 命令中使用严格日期格式，在屏幕上显示 07/12/89
SET STRICTDATE TO 0     && 设置不进行严格日期格式检查，日期无效时
                        && 按空日期处理
?{89-7-12}              && 命令可执行，但不符合默认日期格式（89 为月，7 为日，
                        && 12 为年），作空日期处理，在屏幕上显示  /  /
SET CENTURY ON          && 设置日期显示结果中，年份用 4 位表示
?{^1989-7-12}           && 严格日期格式，日期有效，在屏幕上显示 07/12/1989
SET DATE TO YMD         && 设置日期格式为年月日顺序
?{89-7-12}              && 符合设定的日期格式，在屏幕上显示 1989/07/12
SET MARK TO "-"         && 设置日期格式中用 "-" 作为分隔符
```

?{89-7-12}	&& 符合设定的日期格式，在屏幕上显示 1989-07-12
SET STRICTDATE TO 1	&& 设置进行严格日期格式检查，日期无效出现提示对话框
?{89-7-12}	&& 该命令无法执行，不符合严格日期格式，屏幕出现
	&& 提示对话框
SET DATE TO MDY	&& 设置日期格式为月日年顺序
?{^1989-7-12}	&& 在屏幕上显示 07-12-1989 日期格式
SET MARK TO	&& 恢复分隔符为默认值
?{^1989-7-12}	&& 在屏幕上显示 07/12/1989 日期格式
SET CENTURY OFF	&& 设置年份用 2 位表示
?{^1989-7-12}	&& 在屏幕上显示 07/12/89 日期格式

6. 日期时间型常量

日期时间型常量是用一对花括号{ }定界符括起来的日期型数据和时间数据，严格的日期时间型常量格式为{^yyyy-mm-dd,[hh[:mm[:ss]] [a l p]]}。在时间部分中 hh 表示时，默认值为12；mm 表示分，默认值为 0；ss 表示秒，默认值为 0；a 表示上午，p 表示下午，系统默认为 AM，即上午。省略时间部分默认为午夜零点时间，即 12:00:00AM。

日期时间型数据占用 8 个字节的内存空间，日期的取值范围是{^0001-01-01}～{^9999-12-31}，时间的取值范围是 00:00:00AM～11:59:59PM。日期部分与日期型常量相似，也有传统和严格格式之分。日期时间型空值可以用{-,}、{-,: }等表示。

三、变量

变量是指在命令操作或程序运行过程中其值允许变化的量，它包括字段变量和内存变量。字段变量依附于表而存在，随着表的打开和关闭而在内存中存储和释放；内存变量则是一块临时的存储单元，它独立于表而存在，使用时可以随时建立，程序运行完毕就自动释放，其作用是提供数据运算和传递。

内存变量的数据类型包括字符型、数值型、日期型、货币型、日期时间型和逻辑型。某个内存变量的具体数据类型由它所存储的数据的数据类型决定。内存变量包括用户自定义的内存变量和系统内存变量，用户自定义的内存变量又包括简单的内存变量和数组，如图 2-1 所示。

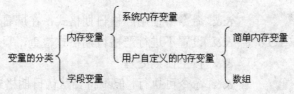

图 2-1　变量的分类

（一）字段变量

表的每一个字段都是一个字段变量。字段变量在建立表结构时定义，修改结构时可重新定义或删除字段变量。它是一个多值变量，字段变量的值就是当前表中当前记录的值，它会随着记录的不同而变化。字段变量有 13 种数据类型，可根据需要进行设置。

字段变量与内存变量同名时，字段变量优先。若要引用内存变量，则在内存变量名前加 M.或 M->以示区别。

（二）系统变量

系统变量是 VFP 系统提供的一批系统内存变量，它们以下划线开头，分别用于控制外部设备，屏幕输出格式，或处理有关计数器、日历、剪贴板等方面的信息。通过 DISPLAY MEMORY 命令可以显示变量的当前值。学会使用系统变量会带来许多方便。例如，_CALCVALUE 用于存储计算器中的数据，_DIARYDATE 用于存储当前日期，_CLIPTEXT 接受文本并送入剪贴板。

【操作样例 2-2】系统变量的使用。

【要求】

调用计算器计算 30+50，并将计算结果在屏幕上输出。

【操作步骤】

步骤 1▶　ACTIVATE WINDOW CALCULATOR　　&& 激活计算器
步骤 2▶　使用计算器计算 30+50 的值　　　　　&& 计算器中显示结果 80.00
步骤 3▶　?_CALCVALUE　　　　　　　　　　&& 通过该变量查询计算结果 80.00

（三）简单内存变量

简单内存变量是独立于数据库以外、存储在内存中的临时变量，表示一块临时的存储单元。它通常用于存放在数据处理过程中所需的原始数据、中间结果或最终结果，并可以随时建立和使用。在 VFP 系统中，由于用户主要学习的是用户自定义的内存变量，因此，我们通常把简单内存变量略称为内存变量。内存变量在使用前必须为其命名和赋值。

1．内存变量的命名

内存变量名以字母、汉字或下划线开头，其后由字母、数字、汉字或下划线组成，最多 128 个字符，不可与系统保留字同名。

2．内存变量的建立

VFP 系统是通过给内存变量赋值的方式来建立内存变量的。建立内存变量有 2 种方式，一是使用赋值语句建立单一的内存变量，二是使用 STORE 赋值命令建立多个内存变量。

（1）内存变量赋值命令

【命令格式 1】

<内存变量名>=<表达式>

【命令格式 2】

STORE <表达式> TO <内存变量名表>

【命令功能】

先计算<表达式>的值，然后将计算结果赋给内存变量。

【命令说明】

➢ **"="命令**：是将右侧表达式的值赋给左侧的单一变量，一次只能给一个变量赋值。

➢ **STORE 命令**：一次可以给多个变量赋予相同的值，各个内存变量名之间用逗号分隔。

➢ 内存变量的值和数据类型可以通过重新赋值来改变。

【操作样例 2-3】内存变量的赋值。

【要求】

（1）建立 4 个内存变量分别为 a、b、c、d，同时赋予相同的值 5。

（2）再分别将 b 重新赋予逻辑真值，c 赋予日期 2010 年 2 月 14 日，d 赋予字符串"计算机二级"。

（3）在屏幕输出变量的值。

【操作命令】

```
STORE 5 TO a,b,c,d          && 同时建立 4 个内存变量，并赋予初值 5
?a,b,c,d                    && 输出 4 个内存变量的值
b=.T.                       && 通过重新赋值，改变内存变量的数据类型和值
c={^2010-2-14}
STORE "计算机二级" TO d
?a,b,c,d                    && 4 个内存变量的值及数据类型发生了变化
```

屏幕显示结果：

5	5	5	5
5	.T.	02/14/10	计算机二级

（2）表达式值显示命令

【命令格式】

?|??<表达式表>

【命令功能】

先计算<表达式>的值，并将其显示在屏幕上。

【命令说明】

➢ ?表示从屏幕下一行的第 1 列起显示表达式的值。

➢ ??表示从当前行的当前列起显示表达式的值。

➢ <表达式表>表示可同时显示多个表达式的值，表达式之间用逗号隔开，命令执行时遇逗号就空一格。

例如，?a	&& 在屏幕上输出 5
??d	&& 紧接着 5 输出"计算机二级"

（四）数组

数组是按一定顺序排列的一组内存变量的集合。数组中的各个内存变量称为数组元素，每个数组元素可以通过数组名及相应的下标来访问。VFP 6.0 系统允许定义一维数组和二维数组，数组必须"先定义再使用"。数组的命名规则遵循内存变量的命名规则。

1. 数组的定义

【命令格式】

DIMENSION | DECLARE <数组名 1>(<下标 1>[,<下标 2>])
　　　　　　[,<数组名 2>(<下标 1>[,<下标 2>])…]

【命令功能】

定义一维或二维数组，及其下标的上界。

【命令说明】

➢ 系统规定数组下标从 1 开始。

➢ 数组下标使用圆括号或中括号，下标可以是常量、变量和表达式。

➢ 定义数组时，系统将各数组元素的初值赋予.F.。

➢ 二维数组各元素在内存中按行顺序存储，也可用一维数组来表示。

例如，命令 DIMENSION x(3),y(2,3)分别定义了数组名为 x 的一维数组和数组名为 y 的二维数组。数组 x 有 3 个数组元素，分别为 x(1)、x(2)、x(3)；数组 y 有 6 个数组元素，分别为 y(1,1)、y(1,2)、y(1,3)、y(2,1)、y(2,2)、y(2,3)。二维数组 y 也可用一维数组表示，其元素分别是 y(1)、y(2)、y(3)、y(4)、y(5)、y(6)，对应元素等价，如 y(2,1)可用 y(4)表示。

2. 数组的赋值

数组的赋值遵循的规则：

（1）数组定义后，数组中的每个数组元素被自动赋予逻辑值.F.。

（2）给数组赋值的命令与简单内存变量相同。

（3）在赋值命令中，如果只写出数组名，未标明下标，则数组中的所有元素同时被赋予同一个值；如果标明数组名及下标，则给指定的数组元素赋值。

（4）允许同一数组中的各个数组元素存储不同类型的数据，即每个数组元素的数据类型由该数组元素存放的数据类型来决定。

【操作样例 2-4】数组的定义与赋值。

【要求】

（1）先清除所有定义的内存变量，再定义一个一维数组 x(3)和一个二维数组 y(2,3)。

（2）将字符串"数据库"赋给数组 y 的第 5 个元素，将.T.赋给数组 y 第 2 行第 3 列的元素，将"Visual"赋给数组 x 的每一个元素。

（3）显示两个数组各元素的值。

【操作命令】

```
CLEAR                        && 清除屏幕上的内容
RELEASE ALL                  && 清除所有定义的内存变量
DIMENSION x(3),y(2,3)        && 定义一维数组 X 和二维数组 Y
STORE "数据库" TO y(5)        && 给数组 Y 的第 5 个元素赋新值
STORE .T. TO y(2,3)          && 给数组 Y 的指定元素赋新值
x="Visual"                   && 给数组 X 的每个元素赋新值
DISPLAY MEMORY LIKE *        && 显示内存变量
```

屏幕显示结果：

```
X                  Pub       A
        (    1)              C     "Visual"
        (    2)              C     "Visual"
        (    3)              C     "Visual"
Y                  Pub       A
        (  1,  1)            L     .F.
        (  1,  2)            L     .F.
        (  1,  3)            L     .F.
        (  2,  1)            L     .F.
        (  2,  2)            C     "数据库"
        (  2,  3)            L     .T.
```

3. 数组与表之间的数据交换

见第 3 单元任务 3.2。

（五）内存变量常用命令

1. 内存变量的显示

【命令格式】

LIST | DISPLAY MEMORY [LIKE <通配符>]
[TO PRINTER [PROMPT] | TO FILE<文件名>]

【命令功能】

显示当前已经定义的内存变量信息，包括变量名、作用范围、数据类型和值。

【命令说明】

➢ 当显示内容较多时，LIST 会自动滚屏显示，DISPLAY 则为分屏显示。

➢ **LIKE 子句**：表示将选择与通配符相匹配的内存变量。缺省则表示显示全部内存变量，并显示当前内存变量总的个数、所占字节数和系统变量信息。通配符有？和*，？表示任意一个字符，*表示任意多个字符，如【操作样例 2-4】。

➢ **TO PRINTER**：将屏幕显示的内容输出到打印机，使用 PROMPT 选项将出现"打印"对话框，供用户进行打印设置。

➢ **TO FILE**：表示将显示内容存入某个文本文件。

2．内存变量的保存

定义好的内存变量，会因退出 VFP 系统或关机而丢失，用户可以将其以文件的形式保存到磁盘中，需要时再进行恢复。

【命令格式】

SAVE TO <内存变量文件名> [ALL[LIKE | EXCEPT <通配符>]]

【命令功能】

将指定的内存变量保存到指定的内存变量文件中。

【命令说明】

内存变量文件的扩展名为.MEM。

3．内存变量的恢复

【命令格式】

RESTORE FROM <内存变量文件名> [ADDITIVE]

【命令功能】

将保存在内存变量文件中的内存变量调入内存中。

【命令说明】

省略 ADDITIVE，表示先清除当前所有的内存变量，然后再调入；选择 ADDITIVE，表示保留内存中已有内存变量，再把内存变量文件中保存的内存变量追加到内存中。

4．内存变量的释放

释放内存变量就是当内存变量不再使用时，收回它所占用的内存空间。

【命令格式 1】

RELEASE <内存变量表>

【命令格式 2】

RELEASE ALL [EXTENDED]

【命令格式 3】

RELEASE ALL [LIKE | EXCEPT<通配符>]

【命令格式 4】

CLEAR MEMORY

【命令功能】

从内存中清除指定的内存变量，释放其所占用的存储空间。

【命令说明】

➢ **内存变量表**：表示可以释放多个内存变量，各内存变量间用逗号分隔。

➢ **ALL**：表示释放所有的内存变量。在程序中释放公共变量时，需要使用 EXTENDED

选项。

➤ **EXCEPT**：表示释放与通配符不匹配的内存变量。

➤ **CLEAR MEMORY**：表示无条件地释放所有内存变量。

【操作样例 2-5】内存变量的保存、恢复及释放。

【要求】

（1）释放所有内存变量。

（2）为内存变量 n1 和 n2 赋予相同的值 20，为内存变量 name、age、birthday、true 分别赋予"李斌"、21、1989 年 9 月 20 日、逻辑真，然后在屏幕上显示各内存变量的值。

（3）将所有内存变量保存到内存变量文件 var1.mem 中，将非 n 字符开头的所有内存变量保存到内存变量文件 var2.mem 中，将 n1、n2 保存到内存变量文件 var3.mem 中。

（4）先释放 age 和 true 内存变量，显示现有内存变量；再释放所有内存变量。

（5）用内存变量文件 var1.mem 恢复内存变量，并显示。

（6）用内存变量文件 var2.mem 恢复内存变量，并显示。

（7）保留原有内存变量，从内存变量文件 var3.mem 中追加内存变量，并显示。

【操作命令】

```
（1）CLEAR ALL                    && 释放所有内存变量
（2）STORE 20 TO n1,n2            && 为内存变量赋值
     name="李斌"
     age=21
     birthday={^1989-9-20}
     true=.T.
     DISPLAY MEMORY LIKE *        && 显示所有内存变量
```

屏幕显示结果：

```
N1          Pub    N   20              (        20.00000000)
N2          Pub    N   20              (        20.00000000)
NAME        Pub    C   "李斌"
AGE         Pub    N   21              (        21.00000000)
BIRTHDAY    Pub    D   09/20/89
TRUE        Pub    L   .T.
```

```
（3）SAVE TO var11                && 将所有内存变量保存到内存变量文件中
     SAVE TO var2 ALL EXCEPT n*   && 保存所有非 n 开头的内存变量
     SAVE TO var3 ALL LIKE n?     && 保存 n1 和 n2
（4）RELEASE age,true             && 释放指定的内存变量
     DISPLAY MEMORY LIKE *
```

屏幕显示结果：

```
N1          Pub    N   20              (        20.00000000)
N2          Pub    N   20              (        20.00000000)
NAME        Pub    C   "李斌"
BIRTHDAY    Pub    D   09/20/89
```

```
     CLEAR MEMORY                 && 无条件释放所有变量
```

```
            DISPLAY MEMORY LIKE *              && 此时无内存变量显示
(5) RESTORE FROM var1                          && 从内存变量文件恢复内存变量
            DISPLAY MEMORY LIKE *
```

屏幕显示结果:

```
NAME        Pub     C   "李斌"
N1          Pub     N   20              (           20.00000000)
N2          Pub     N   20              (           20.00000000)
AGE         Pub     N   21              (           21.00000000)
BIRTHDAY    Pub     D   09/20/89
TRUE        Pub     L   .T.
```

```
(6) RESTORE FROM var2
            DISPLAY MEMORY LIKE *
```

屏幕显示结果:

```
AGE         Pub     N   21              (           21.00000000)
BIRTHDAY    Pub     D   09/20/89
TRUE        Pub     L   .T.
```

```
(7) RESTORE FROM var3 ADDITIVE    && 在原有内存变量基础上追加新的内存变量
            DISPLAY MEMORY LIKE *
```

屏幕显示结果:

```
AGE         Pub     N   21              (           21.00000000)
BIRTHDAY    Pub     D   09/20/89
TRUE        Pub     L   .T.
N1          Pub     N   20              (           20.00000000)
N2          Pub     N   20              (           20.00000000)
```

技能训练

一、基本技能训练

1. 下列数据中, 不属于字符型常量的是（　　　）。

   A. {75.75}　　　B. [75.75]　　　C. "75.75"　　　D. '75.75'

2. VFP 内存变量的数据类型不包括（　　　）。

   A. 数值型　　　B. 货币型　　　C. 备注型　　　D. 逻辑型

3. 从内存中清除内存变量的命令是（　　　）。

   A. RELEASE　　　B. DELETE　　　C. ERASE　　　D. DESTROY

二、国考真题训练

1. 在 Visual FoxPro 中, 表示时间 2009 年 3 月 3 日的常量应写为_____。

2. 常量{^2009-10-01,15:30:00}的数据类型是_____。

3. 说明数组后, 数组元素的初值是（　　　）

   A. 整数 0　　　B. 不定值　　　C. 逻辑真　　　D. 逻辑假

4.如果内存变量和字段变量均有变量名"姓名",那么引用内存变量的正确方法是(   )。

  A. M.姓名   B. M_>姓名   C. 姓名   D. A 和 B 都可以

三、全国高等学校计算机二级考试真题训练

1. 在命令窗口中执行命令 X=5 后,则默认该变量的作用域是 (   )。

  A. 全局   B. 局部   C. 私有   D. 不定

2. 在下面的数据类型中,默认为.F.的是 (   )。

  A. 数值型   B. 字符型   C. 逻辑型   D. 日期型

3. 数组 M(3,4)含 12 个数组元素,其数组元素 M(2,3)的下标还可以用 (   ) 表示。

  A. 4   B. 3   C. 7   D. 12

4. 定义数组 M(3,7)后,数组各元素的默认值为 (   )。

  A. 不确定   B. NULL   C. .F.   D. .T.

5. 下列数据中,不属于数值型常量的是 (   )。

  A. -10000   B. 10000   C. 10, 000   D. 1E5

四、答案

一、1. A   2. C   3. A

二、1. {^2009-03-03} 2. 日期时间型   3. D   4. A

三、1. A   2. C   3. C   4. C   5. C

任务 2.2 认识运算符与表达式

  运算符也称操作符,是表示数据之间运算方式的符号。根据所处理的数据类型将其分为算术运算符、字符运算符、日期运算符、关系运算符和逻辑运算符 5 种。运算符的优先级:算术运算符→字符串运算符→关系运算符→逻辑运算符,级别逐渐降低。

  表达式是指用运算符将常量、变量、函数,连接起来的一个有意义的式子。常量、变量、函数是最基本的表达式。

  在编写程序时,表达式无所不在。表达式中的变量、对象和函数都需要名称。在 VFP 6.0中,其命名规则如下:

> 只能以字母、汉字或下划线开头。

> 其后由字母、数字、汉字或下划线组成,最多 128 个字符。

> 自由表的字段名或索引名只能是 10 个字符。

> 不可与系统保留字同名。

相关知识与技能

一、算术表达式

  算术表达式是用算术运算符将数值型的常量、变量、函数连接起来的有意义的式子,其运算结果仍然是数值型数据,主要用于常规的算术运算。

1．算术运算符

算术运算符如表 2-2 所示。

表 2-2　算术运算符

算术运算符	说明	优先级
()	括号	高
**或^	乘方	
*、/、%	乘、除、取余	
+、-	加、减	低

【操作样例 2-6】在命令窗口输入下列命令，熟悉算术运算符的使用。

```
?(3+5)/2                        && 结果为 4
?5-SQRT(4*9)/2                  && 结果为 2.0000，SQRT()是算数平方根函数
```

2．取余运算

取余运算与取余函数 MOD()的作用相同，其运算遵循公式：

被除数=商×除数+余数

其中，要求余数的正负号要与除数一致。

取余运算与乘、除具有相同的优先级，若在表达式中乘、除、取余同时存在，则从左向右进行运算。

【操作样例 2-7】在命令窗口输入下列命令，掌握取余运算。

```
?10%3           && 10=3×3+1，结果为 1
?10%-3          && 10=(-4)×(-3)+(-2)，结果为-2
?-10%3          && -10=(-4)×3+2，结果为 2
?-10%-3         && -10=3×(-3)+(-1)，结果为-1
```

二、字符表达式

字符表达式是用字符运算符将字符型的常量、变量、函数连接起来的有意义的式子，其运算结果是字符型数据或逻辑型数据，主要用于字符串的连接或比较。字符运算符如表 2-3 所示。

表 2-3　字符运算符

字符运算符	说明	运算结果数据类型
+	将前后两个字符串首尾连接形成一个新的字符串	字符型
-	连接两个字符串，并且将前字符串尾部的空格移动到连接后的新字符串的尾部	字符型
$	判断第 1 个字符串是否为第 2 个字符串的子字符串，即包含比较运算	逻辑型

【操作样例 2-8】在命令窗口输入下列命令，掌握字符串运算。

```
?"Visual "+"FoxPro"        && 显示结果为 Visual FoxPro
```

?"Visual "-"FoxPro"	&&	显示结果为 VisualFoxPro
?"女"$"男女"	&&	显示结果为.T.
?"男"$"男女"	&&	显示结果为.T.
?"人"$"男女"	&&	显示结果为.F.

三、日期表达式与日期时间表达式

日期（或日期时间）表达式是用日期（或日期时间）运算符将日期型（或日期时间型）或数值型的常量、变量、函数连接起来的有意义的式子，其运算结果是日期型（或日期时间型）数据或数值型数据，主要用于日期或日期时间的运算。日期（或日期时间）运算符如表 2-4 所示。

表 2-4   日期时间运算符

日期（或日期时间）运算符	说　明	运算结果数据类型
+	添加一个天数或秒数	日期型或日期时间型（两个日期不能相加）
-	减少一个天数或秒数	日期型或日期时间型 数值型（两日期相减）

日期（或日期时间）表达式遵循格式：

日期 1=日期 2±天数

日期时间 1=日期时间 2±秒数

【操作样例 2-9】在命令窗口输入下列命令，掌握日期时间运算。

?{^2010-7-16}-4	&&	显示结果为 07/12/10
?{^2010-7-16}+4	&&	显示结果为 07/20/10
?{^2010-7-16}-{^2010-8-26}	&&	显示结果为-41
?{^2010-7-16 10:45 a}+20	&&	显示结果为 07/16/10 10:45:20 AM
?{^2010-7-16 10:45 p}-20	&&	显示结果为 07/16/10 10:44:40 PM
?{^2010-7-16 10:50 a}-{^2010-7-16 10:45 a}	&&	显示结果为 300

四、关系表达式

关系表达式是用关系运算符将相同数据类型的数据进行比较的有意义的式子，其运算结果是逻辑型数据，主要用于比较运算。关系运算符的优先级相同，运算符如表 2-5 所示。

表 2-5   关系运算符

关系运算符	说　明	关系运算符	说　明
<	小于	<=	小于等于
>	大于	>=	大于等于
=	等于	!=,#,<>	不等于
==	精确比较		

【说明】

关系运算符仅对两个相同类型的数据表达式进行比较，比较的对象可以是数值型、字符型、日期型、逻辑型、货币型和备注型等，比较的结果为逻辑型。

- **数值型和货币型数据的比较**：按数值的大小进行比较，如-2*3<5。
- **日期和日期时间型数据的比较**：按年、月、日、时、分、秒的顺序进行比较，其中年、月、日、时、分、秒又分别按其数值的大小进行比较。越早的日期或时间越小，越晚的日期或时间越大，如{^2010-8-26}>{^2010-7-16}。
- **逻辑型数据的比较**：逻辑真大于逻辑假，即.T.>.F.。
- **字符型数据的比较**：可以分为 ASCII 字符的比较、汉字或全角字符的比较及字符串的比较。
- **ASCII 字符的比较**：按其码值的大小进行比较。如 a>A，即 65>97。
- **汉字或全角字符的比较**：按机内码的大小进行比较，汉字比较与按拼音比较的结果相同，如"张"<"赵"。
- **字符串的比较**：按从左向右的顺序逐个进行比较。
- **"=="精确比较**：用于确定两个字符串是否完全相同，即每个位置上的字符相同，并且长度也相同。
- **精确匹配设置开关命令**：SET EXACT ON/OFF。当处于 ON 状态时："="运算符，先在较短的字符串尾部填充空格，使得两个字符串的长度相等，再进行比较；当处于 OFF 状态时（默认）：只要右边的字符串与左边的字符串的前面部分相匹配，即为逻辑真。

【操作样例 2-10】在命令窗口输入下列命令，掌握比较运算。

```
?4*5<10                          && 显示结果为.F.
?100>=25*4                       && 显示结果为.T.
?3+2=3*2                         && 显示结果为.F.
?3/2<>3%2                        && 显示结果为.T.
?{^2012-8-26}>{^2010-7-16}       && 显示结果为.T.
?"ABC">"ABD"                     && 显示结果为.F.
?"软件技术"="软件"                && 显示结果为.T.
?"软件"="软件技术"                && 显示结果为.F.
?"软件技术"=="软件技术"           && 显示结果为.T.
SET EXACT ON
?"软件技术"="软件"                && 显示结果为.F.
?"软件技术　"="软件技术"          && 显示结果为.T.
?"软件技术"="软件技术　"          && 显示结果为.T.
?"软件技术"=="软件技术"           && 显示结果为.T.
?"软件技术"=="软件技术　"         && 显示结果为.F.
?"软件技术"=="软件技术"           && 显示结果为.T.
```

五、逻辑表达式

逻辑表达式是用逻辑运算符将逻辑型的常量、变量、函数组成的有意义的式子，其运算结果仍是逻辑型数据，主要用于简单的逻辑较运算。逻辑运算符如表 2-6 所示（其左右的点可以省略）。

表 2-6　逻辑运算符

算术运算符	说　明	优先级
()	括号	高
.NOT.	逻辑非	
.AND.	逻辑与	
.OR.	逻辑或	低

【操作样例 2-11】在命令窗口输入下列命令，掌握逻辑运算。

```
?.NOT.10>100 .OR.5*4!=4*5              && 显示结果为.T.
语文=85
?语文>=0.AND.语文<=100                 && 显示结果为.T.
```

> 　　逻辑运算符的运算顺序为.NOT.→.AND.→.OR.。运算符的优先级：算术运算符→字符串运算符→关系运算符→逻辑运算符，优先级依次降低。

六、表达式生成器

在编写程序时，表达式的书写是比较繁琐的。为了提高书写表达式的速度，VFP 6.0 提供了一个表达式生成器工具，如图 2-2 所示。它可以方便地生成所需要的表达式。

【说明】

- ➢ "表达式"编辑框：用于编辑表达式。
- ➢ "函数"列表框：系统提供了 4 类函数，分别放置在相应的下拉列表中，用户可以直接选择使用。
- ➢ "变量"列表框：列出了当前可以使用的内存变量、数组和系统变量。通过双击可以选择表达式所需要的变量。
- ➢ "字段"列表框：显示了当前可以使用的字段变量。通过双击可直接选用表达式所需字段。
- ➢ "来源于表"列表框：可以选择当前打开的表或视图。
- ➢ "选项"按钮：可以设置表达式生成器的参数。
- ➢ "检验"按钮：用于检验生成的表达式是否有效。

> ➤ **"确定"按钮**：完成表达式生成，并关闭"表达式生成器"对话框。
> ➤ **"取消"按钮**：放弃对表达式的更改，并关闭"表达式生成器"对话框。

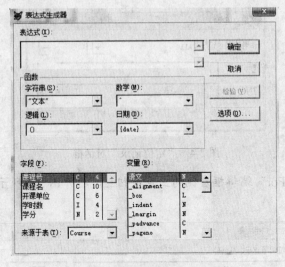

图 2-2 "表达式生成器"对话框

【操作样例 2-12】熟悉表达式生成器的用法。

【要求】

将记录定位到 student.dbf 表中"性别"为女，且 80 年出生的记录。

【操作步骤】

步骤 1▶ 执行如下命令，打开表及记录浏览窗口。

```
USE student    && 打开 student.dbf 表
BROWSE         && 打开记录浏览窗口，此时当前记录为第一条记录，且
               && 主菜单栏中出现"表"菜单项，如图 2-3 所示
```

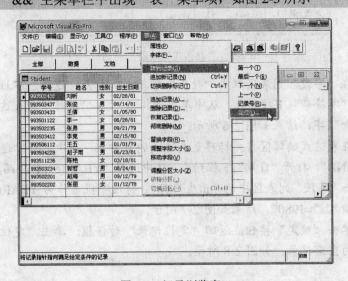

图 2-3 记录浏览窗口

步骤 2▶ 参见图 2-3 所示，选择"表"→"转到记录"菜单中的"定位"命令，打开图 2-4 所示"定位记录"对话框。

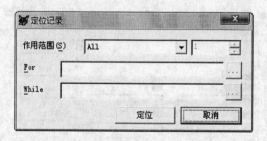

图 2-4 "定位记录"对话框

步骤 3▶ 单击"For"编辑框右侧的三点按钮 ，打开图 2-5 所示"表达式生成器"对话框。

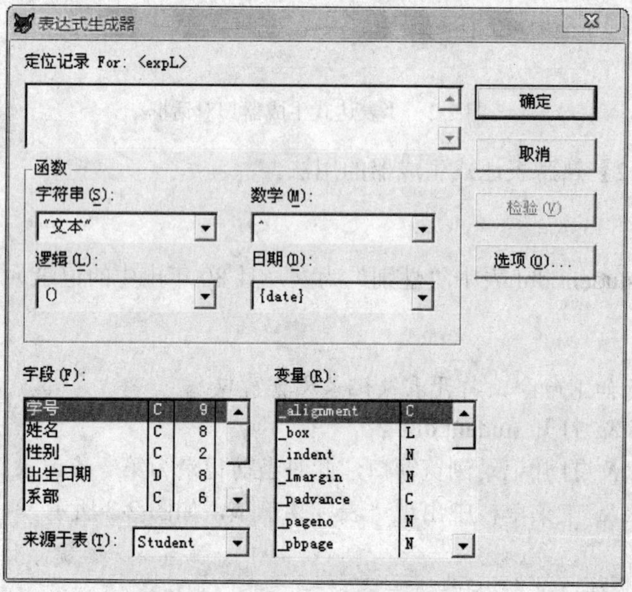

图 2-5 "表达式生成器"对话框

步骤 4▶ 在"字段"列表区双击"性别"字段名；打开"逻辑"下拉列表，从中单击选择"="；打开"字符串"下拉列表，从中单击选择""文本""；然后在表达式编辑框中的双引号之间输入"女"字，结果如图 2-6 所示。

步骤 5▶ 在表达式编辑区将光标移至表达式的最右侧，再次打开"逻辑"下拉列表，从中单击选择"AND"；打开"日期"下拉列表，从中选择"YEAR(expD)"函数，此时"expD"被自动选中；双击"字段"列表区中的"出生日期"，将该字段名作为 YEAR()函数的表达式；在表达式最右侧输入"=1980"，结果如图 2-7 所示。

步骤 6▶ 单击"确定"按钮，返回"定位记录"对话框；单击"定位"按钮，则第 3 条记录将被设置为当前记录，如图 2-8 所示。

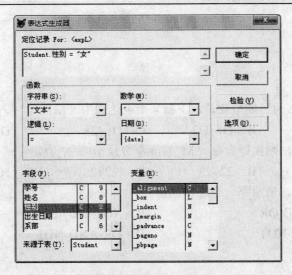

图 2-6 生成表达式的前半部分

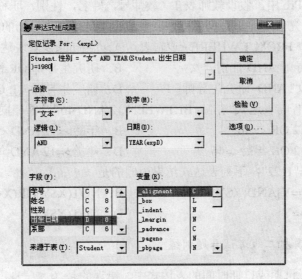

图 2-7 创建好完整表达式后画面

图 2-8 改变当前记录

技能训练

一、基本技能训练

1. 已知 D1 和 D2 为日期型变量，下列 4 个表达式中非法的是（　　）。
   A. D1-D2　　　　　B. D1+D2　　　　　C. D1+28　　　　　D. D1-38
2. 设 M=[22+28]，则执行命令 ?M 后屏幕将显示（　　）。
   A. 50　　　　　B. 22+28　　　　　C. [22+28]　　　　　D. 50.00
3. 在逻辑运算中，依照哪一个运算原则（　　）。
   A. NOT-AND-OR　　　　　　　　B. NOT-OR-AND
   C. AND-OR-NOT　　　　　　　　D. OR-AND-NOT

二、国考真题训练

1. 在 Visual FoxPro 中，假设教师表 T（教师号，姓名，性别，职称，研究生导师）中，性别是 C 型字段，研究生导师是 L 型字段。若要查询"是研究生导师的女老师"信息，那么 SQL 语句"SELECT * FROM T WHERE <逻辑表达式>"中的<逻辑表达式>应是（　　）。
   A. 研究生导师 AND 性别="女"　　　　B. 研究生导师 OR 性别="女"
   C. 性别="女" AND 研究生导师=.F.　　　D. 研究生导师=.T. OR 性别=女
2. 在 SQL 语句中，与表达式"年龄 BETWEEN 12 AND 46"功能相同的表达式是（　　）。
   A. 年龄>=12 OR <=46　　　　　　　　B. 年龄>=12 AND <=46
   C. 年龄>=12 OR 年龄<=46　　　　　　D. 年龄>=12 AND 年龄<=46
3. 设 X="11",Y="1122"，下列表达式结果为假的是（　　）。
   A. NOT(X==Y)AND(X$Y)　　　　　　　B. NOT(X$Y)OR(X<>Y)
   C. NOT(X>=Y)　　　　　　　　　　　D. NOT(X$Y)

三、全国高等学校计算机二级考试真题训练

1. 下面 4 个关于日期或日期时间的表达式中，错误的是（　　）。
   A. {^2002.09.01 11:10:10AM }-{^2001.09.01 11:10:10AM }
   B. {^01/01/2002}+20
   C. {^2002.02.01}+{^2001.02.01}
   D. {^2000/02/01}-{^2001/02/01}
2. 当一个表达式中同时含有算术运算符、逻辑运算和关系运算时，运算优先级由低到高的顺序为（　　）。
   A. 逻辑运算—关系运算—算术运算
   B. 算术运算—关系运算—逻辑运算
   C. 逻辑运算—算术运算—关系运算
   D. 算术运算—逻辑运算—关系运算

四、答案

一、1. B　　　2. B　　　3. A
二、1. A　　　2. D　　　3. D
三、1. C　　　2. A

任务 2.3　熟悉 VFP 6.0 的常用函数

VFP 6.0 为用户提供了非常丰富的标准函数。灵活运用这些标准函数，可以简化运算、方便操作。

函数是系统内部编制好的，为实现某一特定功能，方便用户使用的一段程序。函数有函数名、参数、函数值及其函数类型 4 个要素。

➤ **函数名**：标注函数的作用。

➤ **参数**：是函数的自变量，需要写在括号内，一般可以为常量、变量、函数或表达式。参数的个数可以是没有、一个或多个，超过一个时需要用逗号隔开。

➤ **函数值**：是函数运算后的返回结果。

➤ **函数的类型**：就是函数值的类型，使用函数时需要考虑函数的类型，避免发生数据不一致的错误。

函数的一般格式：

函数名（<参数名表>）

在 VFP 6.0 中，常用的标准函数包括数值型函数、字符处理函数、日期处理函数、逻辑型函数和其他函数。

相关知识与技能

一、数值函数

1. 绝对值函数 ABS( )

【格式】

ABS(<数值表达式>)

【功能】

返回指定<数值表达式>的绝对值。返回值类型为数值型。

【示例】

?ABS(5*4-6*8)	&& 显示结果为 28
?ABS(-365)	&& 显示结果为 365

2. 平方根函数 SQRT()

【格式】

SQRT(<数值表达式>)

【功能】

计算并返回<数值表达式>的平方根。<数值表达式>的值必须大于或等于零，返回值类型为数值型。

【示例】

?SQRT(5^2-4*2*3)   && 显示结果为 1.00

3. 圆周率函数 PI()

【格式】

PI()

【功能】

返回数值常量 π 的近似值。返回值类型为数值型。

【示例】

?PI()*3**2   && 显示结果为 28.2743

4. 取整函数 INT()

【格式】

INT(<数值表达式>)

【功能】

计算<数值表达式>的值，并返回整数部分。返回值类型为数值型。

【示例】

?INT(-36.56)   && 显示结果为-36
?INT(29.76)   && 显示结果为 29

此函数不进行四舍五入运算，而只是取整数部分。

5. 四舍五入函数 ROUND()

【格式】

ROUND(<数值表达式 1>,<数值表达式 2>)

【功能】

计算<数值表达式 1>、<数值表达式 2>的值，并按照<数值表达式 2>的取整值，保留小数的位数。返回值类型为数值型。

【示例】

?ROUND(368.754,2)	&& 显示结果为 368.75
?ROUND(368.754,1)	&& 显示结果为 368.8
?ROUND(368.754,0)	&& 显示结果为 369
?ROUND(368.754,-1)	&& 显示结果为 370
?ROUND(368.754,-2)	&& 显示结果为 400
?ROUND(368.754,3/2)	&& 显示结果为 368.8

6. 取上限整数函数 CEILING()

【格式】

CEILING(<数值表达式>)

【功能】

返回大于或等于<数值表达式>的最小整数。返回值类型为数值型。

【示例】

?CEILING(PI())	&& 显示结果为 4
?CEILING(-2.5)	&& 显示结果为-2

7. 取下限整数函数 FLOOR()

【格式】

FLOOR(<数值表达式>)

【功能】

返回小于或等于<数值表达式>的最大整数。返回值类型为数值型。

【示例】

?FLOOR(PI())	&& 显示结果为 3
?FLOOR(-2.5)	&& 显示结果为-3

8. 最大值函数 MAX()

【格式】

MAX(<数值表达式 1>，[<数值表达式 2>，…])

【功能】

计算各数值表达式的值，并返回最大值。返回值类型为数值型。

【示例】

?MAX(3.5,-2.3,5)	&& 显示结果为5
?MAX("上海","天津","北京")	&& 显示结果为"天津"
?MAX({^2010-05-01},{^1989-07-12})	&& 显示结果为 05/01/10

表达式的类型可以是数值型、字符型、日期型或日期时间型、货币型。

9. 最小值函数 MIN()

【格式】

MIN(<数值表达式>，[<数值表达式 2>，…])

【功能】

计算各数值表达式的值，并返回最小值。返回值类型为数值型。

【示例】

| ?MIN(INT(3/2),3/2) | && 显示结果为1 |

10. 取余函数 MOD()

【格式】

MOD(<数值表达式 1>,<数值表达式 2>)

【功能】

先计算各表达式的值，然后将<数值表达式 1>作为被除数，<数值表达式 2>作为除数，进行取余运算。返回值类型为数值型。

【说明】

余数的正负号与除数相同。与%运算符的功能相同。

【示例】

?MOD(10,3)	&& 显示结果为1
?MOD(10,-3)	&& 显示结果为-2
?MOD(-10,3)	&& 显示结果为2
?MOD(-10,-3)	&& 显示结果为-1

11. 指数函数 EXP()

【格式】

EXP(<数值表达式>)

【功能】

返回 e 的 x 次方的值，其中 x 为<数值表达式>的值，e 约等于 2.71828。返回值类型为数值型。

【示例】

?EXP(5)　　　　　　　　　　　&&　显示结果为 148.41

12．随机数函数 RAND()

【格式】

RAND([<数值表达式>])

【功能】

返回一个 0~1 之间的随机数，其中[<数值表达式>]可以省略。返回值类型为数值型。

【示例】

?RAND()　　　　　　　　　　　&&　显示结果不确定
?INT(RAND()*10)　　　　　　　&&　显示结果不确定，随机显示 10 以内的一个整数

二、字符函数

1．求字符串长度函数 LEN()

【格式】

LEN(<字符表达式>)

【功能】

返回<字符表达式>值的长度，即字符串的长度。函数值为数值型。

【示例】

?LEN("中国 2010 年上海世博会")　　&&　显示结果为 20
?LEN("Visual FoxPro")　　　　&&　显示结果为 13

2．取空格函数 SPACE()

【格式】

SPACE(<数值表达式>)

【功能】

返回长度为<数值表达式>的值的空格串。函数值为字符型。

【示例】

?LEN(SPACE(5))　　　　　　　　&&　显示结果为 5

3．大写字母转换为小写字母函数 LOWER()

【格式】

LOWER(<字符表达式>)

【功能】

将<字符表达式>中的大写字母转换为小写字母,其他字符保持不变。函数值为字符型。

【示例】

?LOWER("aBc123")   && 显示结果为"abc123"

4. 小写字母转换为大写字母函数 UPPER()

【格式】

UPPER(<字符表达式>)

【功能】

将<字符表达式>中的小写字母转换为大写字母,其他字符保持不变。函数值为字符型。

【示例】

?UPPER("aBc123")   && 显示结果为"ABC123"

5. 求子串位置函数 AT()

【格式 1】

AT(<字符表达式 1>,<字符表达式 2>[,<数值表达式>])

【格式 2】

ATC(<字符表达式 1>,<字符表达式 2>[,<数值表达式>])

【功能】

指出<字符表达式 1>的值在<字符表达式 2>的值中,第<数值表达式>值次出现的起始位置。若<字符表达式 2>的值不包含<字符表达式 1>的值,则函数的返回值为 0。省略<数值表达式>,系统默认为 1。

【说明】

AT 与 ATC 的功能相似,但在子串比较时 AT 区分大小写,ATC 不区分大小写。

【示例】

?STORE "This is Visual FoxPro 6.0 中文版" TO c
?ATC("fox",c)   && 显示结果为 16
?AT("fox",c)   && 显示结果为 0
?AT("is",c,3)   && 显示结果为 10

6. 取子串函数

【格式 1】

LEFT(<字符表达式>,(<数值表达式>)

【功能】

从<字符表达式>值中的最左端取一个指定长度为<数值表达式>值的子串作为函数值。

【格式 2】

RIGHT(<字符表达式>,(<数值表达式>)

【功能】

从<字符表达式>值中的最右端取一个指定长度为<数值表达式>值的子串作为函数值。

【格式 3】

SUBSTR(<字符表达式>,(<数值表达式 1>,(<数值表达式 2>)

【功能】

从<字符表达式>值中的<数值表达式 1>值的位置，截取长度为<数值表达式 2>值的子串作为函数值。省略<数值表达式 2>，则截取长度从指定位置到字符串尾。

【示例】

```
?LEFT("中国 2010 年上海世博会",4)          && 显示结果为"中国"
?RIGHT("中国 2010 年上海世博会",10)        && 显示结果为"上海世博会"
?SUBSTR("中国 2010 年上海世博会",5,6)      && 显示结果为"2010 年"
?SUBSTR("中国 2010 年上海世博会",11)       && 显示结果为"上海世博会"
```

每个汉字占 2 个字节。

7．删除前端空格函数 LTRIM()

【格式】

LTRIM(<字符表达式>)

【功能】

删除<字符表达式>值的前端所有空格。

【示例】

```
?LTRIM("      上海世博会")                 && 显示结果为"上海世博会"
```

8．删除后端空格函数 RTRIM()

【格式】

RTRIM(<字符表达式>)

【功能】

删除<字符表达式>值的后端所有空格。

【示例】

?RTRIM("　上海世博会　")　　　　　&& 显示结果为"　上海世博会"

9. 删除前后两端空格函数 ALLTRIM()

【格式】

ALLTRIM(<字符表达式>)

【功能】

删除<字符表达式>值的前后两端所有空格。

【示例】

?ALLTRIM("　上海世博会　")　　　　　&& 显示结果为"上海世博会"
?ALLTRIM("　上海　世博会　")　　　　&& 显示结果为"上海　世博会"

10. 子串替换函数 STUFF()

【格式】

STUFF(<字符表达式 1>,<起始位置>,<长度>,<字符表达式 2>)

【功能】

在<字符表达式 1>的值中,用<字符表达式 2>值替换由<起始位置>和<长度>指定的子串。如果<长度>为 0, 表示将<字符表达式 2>插入到<字符表达式 1>中由<起始位置>指定的位置。

【示例】

?STUFF("世博中心",5,0,"文化")　　　　&& 显示结果为"世博文化中心"
?STUFF("世博文化中心",5,4,"")　　　　&& 显示结果为"世博中心"

11. 宏代换函数&

【格式】

&<字符型内存变量>

【功能】

用该内存变量的值去替换宏代换符号&和内存变量名。

【说明】

➢ 宏代换符号&与字符型内存变量之间不能有空格。
➢ 字符型内存变量可以是字符型数组名称或是字符型数组元素名称。
➢ 宏代换函数后面有字符时,应与后面的字符用空格或圆点(.)分界,即宏代换函数的作用范围是从符号&起,直到遇见空格或圆点为止。
➢ 宏代换函数可嵌套使用,系统对嵌套的宏代换函数从外向内逐层代换。

【示例】

```
num='SQRT(ABS(-100))'
?&num-1                      && 显示结果为 9.00
x="2010"
t="-"
y="&x.&t.2"
?y                           && 显示结果为 2010-2
?&y                          && 显示结果为 2008
```

三、日期和时间函数

1. 系统日期函数 DATE()

【格式】

DATE()

【功能】

返回当前系统日期。

【示例】

```
&& 设当前系统日期为 2010 年 7 月 12 日
?DATE()                      && 显示结果为 07/12/10
```

2. 系统时间函数 TIME()

【格式】

TIME()

【功能】

返回当前系统时间。

【示例】

```
&& 设当前系统时间为上午 9 点 29 分 22 秒
?TIME()                      && 显示结果为 09:29:22
```

3. 系统日期时间函数 DATETIME()

【格式】

DATETIME()

【功能】

返回当前系统日期和时间。

【示例】

&& 设当前系统日期时间为 2010 年 7 月 12 日上午 9 点 32 分 12 秒
?DATETIME()　　　　　　　&& 显示结果为 07/12/10 09:32:12 AM

4. 求年函数 YEAR()

【格式】

YEAR(<日期表达式>|<日期时间表达式>)

【功能】

从指定的日期表达式或日期时间表达式返回年份，函数的返回值类型为数值型。

【示例】

&& 设当前系统日期为 2010 年 7 月 12 日
?YEAR(DATE())　　　　　　&& 显示结果为 2010

5. 求月函数 MONTH()

【格式】

MONTH(<日期表达式>|<日期时间表达式>)

【功能】

从指定的日期表达式或日期时间表达式返回月份，函数的返回值类型为数值型。

【示例】

&& 设当前系统日期为 2010 年 7 月 12 日
?MONTH(DATE())　　　　　　&& 显示结果为 7

6. 求日函数 DAY()

【格式】

DAY(<日期表达式>|<日期时间表达式>)

【功能】

从指定的日期表达式或日期时间表达式返回日，函数的返回值类型为数值型。

【示例】

&& 设当前系统日期为 2010 年 7 月 12 日
?DAY(DATE())　　　　　　　&& 显示结果为 12

7. 求时函数 HOUR()

【格式】

HOUR(<日期时间表达式>)

【功能】

从指定的日期时间表达式中返回小时部分，函数的返回值类型为数值型。

8. 求分函数 MINUTE()

【格式】

MINUTE(<日期时间表达式>)

【功能】

从指定的日期时间表达式中返回分钟部分，函数的返回值类型为数值型。

9. 求秒函数 SEC()

【格式】

SEC(<日期时间表达式>)

【功能】

从指定的日期时间表达式中返回秒部分，函数的返回值类型为数值型。

【示例】

&& 设当前系统日期时间为 2010 年 7 月 12 日上午 9 点 40 分 5 秒
?HOUR(DATETIME())&& 显示结果为 9
?MINUTE(DATETIME())&& 显示结果为 40
?SEC(DATETIME())&& 显示结果为 5

四、数据类型转换函数

1. 数值转换为字符串函数 STR()

【格式】

STR(<数值表达式>[,<长度>[,<小数位数>]])

【功能】

将<数值表达式>的值按设定的<长度>和<小数位数>转换为字符串，函数值是字符型。如果省略<长度>和<小数位数>，表示将<数值表达式>的整数部分转换为字符串。

【说明】

➢ 转换时根据需要进行四舍五入运算。

➢ **理想长度**：是指<数值表达式>值的整数部分的位数加上<小数位数>的值。

➢ 若<长度>大于或等于<数值表达式>值的整数部分的位数（包括负号），而小于理想长度，则整数部分保留，并自动调整小数位数，使其与<长度>相符。

➢ 若<长度>小于<数值表达式>值的整数部分的位数，则返回一串星号（*）。

➢ 若<长度>大于理想长度，则字符串前加前导空格，使其长度与<长度>相符。

➢ <长度>的默认值为 10，<小数位数>的默认值为 0。

【示例】

?STR(12345.6789)	&& 显示结果为 12346
?STR(-12345.6789,8,2)	&& 显示结果为-12345.7
?STR(12345.6789,10,2)	&& 显示结果为　12345.68
?STR(12345.6789,4,2)	&& 显示结果为****

2. 字符串转换为数值函数 VAL()

【格式】

VAL(<字符表达式>)

【功能】

将由数字符号组成的<字符表达式>的值转换为数值型数据，函数值是数值型。

【说明】

➢ 若<字符表达式>值中出现非数字字符，则只转换前面的数字部分。

➢ 若<字符表达式>值的首字符不是数字符号，则函数返回数值 0。

➢ 忽略<字符表达式>值的前导空格。

【示例】

?VAL("54"+"63")	&& 显示结果为 5463.00
?VAL("54"+"AB")	&& 显示结果为 54.00
?VAL("AB"+"63")	&& 显示结果为 0.00
?VAL("　54"+" 63")	&& 显示结果为 54.00

3. 字符型转换为日期函数 CTOD()

【格式】

CTOD(<字符表达式>)

【功能】

将由月/日/年格式组成的<字符表达式>的值转换为日期型数据，函数值是日期。

【示例】

?CTOD("10-12-05")	&& 显示结果为 10/12/05

4. 日期型转换为字符函数 DTOC()

【格式】

DTOC(<日期表达式>)

【功能】

将<日期表达式>的日期值转换为字符型数据，函数值是字符型。

【示例】

?DTOC({^2010-7-12})　　　　　&& 显示结果为 07/12/10

五、测试函数

1. 表文件首测试函数 BOF()

【格式】

BOF(<工作区号>|<表别名>)

【功能】

判断指定<工作区号>中当前打开的表文件的指针是否指向表文件首部,若是,函数返回.T.,否则返回.F.。

【说明】

➢ 表文件的首、尾及数据部分如图 2-9 所示。

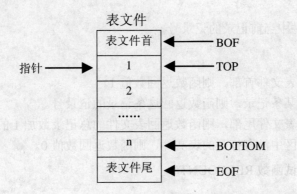

图 2-9　表文件指针

➢ 表文件最上方的记录称为首记录,记为 TOP;最下方的记录称为尾记录,记为 BOTTOM。

➢ 在首记录之前设置了一个叫 BOF 的文件起始标识;在尾记录之后设置了一个叫 EOF 的文件结束标识。

➢ VFP 6.0 为每一个打开的表文件设置了一个指针。打开表文件时,记录指针指向首记录;指针指向某个具体的记录,则该记录即为当前记录;指针指向表文件首部,则 BOF()为真;指针指向表文件尾部,则 EOF()为真。

2. 表文件尾测试函数 EOF()

【格式】

BOF(<工作区号>|<表别名>)

【功能】

判断指定<工作区号>中当前打开的表文件的指针是否指向表文件尾部,若是,函数返回.T.，否则返回.F.。

【操作样例 2-13】熟悉表文件首尾测试函数。

USE student	&& 打开表文件
?BOF()	&& 此时指针指向首记录，并不是表文件首部，显示结果为.F.
SKIP -1	&& 指针上移
?BOF()	&& 此时指针指向表文件首部，显示结果为.T.
GO BOTTOM	&& 指针指向尾记录
?EOF()	&& 此时指针指向尾记录，并不是表文件尾部，显示结果为.F.
SKIP	&& 指针下移
?EOF()	&& 此时指针指向表文件尾部，显示结果为.T.

3. 记录号测试函数 RECNO()

【格式】

RECNO(<工作区号>|<表别名>)

【功能】

返回当前表文件中当前记录的记录号。

【说明】

➢ 若指针指向表文件首部，则函数返回数值1。
➢ 若指针指向某条记录，则函数返回这条记录的记录号。
➢ 若指针指向表文件尾部，则函数返回表文件的总记录数加1的值。
➢ 若当前工作区中没有打开的表文件，则函数返回数值0。

4. 记录个数测试函数 RECCOUNT()

【格式】

RECCOUNT(<工作区号>|<表别名>)

【功能】

返回当前工作区中打开的表文件的记录总个数。

【操作样例 2-14】记录号测试函数、记录个数测试函数。

USE student	&& 打开表文件
?RECNO()	&& 当前指针指向第1条记录，显示结果为1
SKIP -1	&& 指针上移
?BOF()	&& 此时指针指向表文件首部，显示结果为.T.
?RECNO()	&& 显示结果为1
GO BOTTOM	&& 指针指向尾记录
?RECNO()	&& 显示结果为12
SKIP	&& 指针下移
?EOF()	&& 此时指针指向表文件尾部，显示结果为.T.

```
?RECNO()              && 显示结果为 13
?RECCOUNT()           && 显示结果为 12
```

　　当指针移至表文件首时，当前记录号不是 0，而是 1。因此，我们不能依据 RECNO()值是否为 1 来判断指针是指向表文件首还是第 1 条记录，而只能依靠 BOF()函数是否为真来判断。

　　当指针移至表文件尾时，当前记录号为表记录数加 1。例如，student.dbf 表共有 12条记录，因此，当指针移至表文件尾时，RECNO()值为 13。

5. 值域测试函数 BETWEEN()

【格式】

BETWEEN(<被测表达式>,<下限表达式>,<上限表达式>)

【功能】

判断<被测表达式>的值是否在另外两个表达式的值之间，函数返回值为逻辑值。

【说明】

若<被测表达式>的值在另外两个表达式的值之间，则函数返回.T.，否则返回.F.。

【示例】

```
?BETWEEN(89,0,100)            && 显示结果为.T.
?BETWEEN(100,0,100)           && 显示结果为.T.
?BETWEEN(120,0,100)           && 显示结果为.F.
```

6. 条件测试函数 IIF()

【格式】

IIF(<逻辑表达式>,<表达式 1>,<表达式 2>)

【功能】

首先判断<逻辑表达式>的值，如果为逻辑真，则函数返回<表达式 1>的值；如果为逻辑假，则函数返回<表达式 2>的值。

【示例】

```
x=55
?IIF(x>=60,"及格","不及格")     && 显示结果为"不及格"
x=90
?IIF(x>=60,"及格","不及格")     && 显示结果为"及格"
```

7. 测试是否找到记录函数 FOUND()

【格式 1】

FOUND(<工作区号>|<表别名>)

【功能】

当利用查询命令查找记录时，利用此函数判断在指定工作区中打开的表中是否找到了需要的记录，若找到，返回.T.，否则返回.F.。

【示例】

```
USE student              && 打开表文件
LOCATE FOR  性别="男"     && 查找"性别"为"男"的记录
?FOUND()                 && 显示结果为.T.，说明找到了性别为男的记录
DISPLAY                  && 显示当前找到的记录
```

8. 数据类型测试函数

【格式 1】

VARTYPE(<表达式>)

【功能】

判断<表达式>的数据类型，返回代表<表达式>数据类型的一个字母。

【格式 2】

TYPE(<字符表达式>)

【功能】

判断<字符表达式>中数据的数据类型，返回代表<表达式>数据类型的一个字母。

【说明】

代表数据类型的字母如表 2-7 所示。

表 2-7　代表数据类型的字母

字母	数据类型	字母	数据类型
C	字符型或备注型	Y	货币型
N	数值型	G	通用型
D	日期型	O	对象型
L	逻辑型	X	NULL 值
T	日期时间型	U	未定义

【示例】

```
?VARTYPE(DATE())              && 结果为 D
?TYPE("DATE()")              && 结果为 D
?VARTYPE(DTOC(DATE()))        && 结果为 C
?TYPE("DTOC(DATE())")        && 结果为 C
?VARTYPE(PI())               && 结果为 N
?TYPE("PI()")               && 结果为 N
```

| ?TYPE("m") | && 结果为 U |

9. 空值测试函数 EMPTY()

【格式】

EMPTY(<表达式>)

【功能】

判断<表达式>的值是否为"空"值，如果是，函数返回.T.，否则返回.F.。

【说明】

不同数据类型的"空"值规定如表 2-8 所示。

六、信息对话框函数

VFP 提供了 MESSAGEBOX()函数用于设置信息对话框。通过信息对话框函数可以显示提示信息、等待用户单击按钮，并返回一个整数，以说明用户单击了哪一个按钮。

表 2-8　不同数据类型的"空"值规定

数据类型	空　值
数值型、整型、货币型、浮点型、双精度型	0
字符型	空串、空格、回车、换行、制表符
日期型、日期时间型	空日期
逻辑型	.F.
备注型	空内容
通用型	.F.

【格式】

MESSAGEBOX (<字符表达式 1>[,<数值表达式>[,<字符表达式 2>]])

【功能】

用于显示一个信息对话框，按下一个按钮，函数返回一个数值。

【说明】

➤ **<字符表达式 1>**：设置对话框中要显示的提示信息。

➤ **<数值表达式>**：由 n1+n2+n3 组成，其中，n1 表示要显示什么按钮，n2 表示要显示什么提示图标，n3 表示默认选择哪一个按钮，其默认值均为 0。按钮、图标、默认值具体如表 2-9 所示。

表 2-9　按钮、图标、默认值设置表

类　型	数　值	说　明
按钮（n1）	0	仅显示"确定"按钮
	1	显示"确定"和"取消"按钮
	2	显示"终止"、"重试"和"忽略"按钮
	3	显示"是"、"否"和"取消"按钮
	4	显示"是"和"否"按钮
	5	显示"重试"和"取消"按钮
图标（n2）	0	不显示图标
	16	显示"停止"图标 ❌
	32	显示"问号"图标 ❓
	48	显示"叹号"图标 ⚠
	64	显示"信息"图标 ℹ
默认按钮（n3）	0	默认选择第 1 个按钮
	256	默认选择第 2 个按钮
	512	默认选择第 3 个按钮

➢ **<字符表达式 2>**：设置对话框标题栏中的显示文本。缺省时，系统显示"Microsoft Visual FoxPro"。

用户可以根据操作时按下的按钮来获取函数的返回值，按钮不同，函数的返回值也不同，如表 2-10 所示。在程序设计时，可以根据不同的函数值设置相应的动作。

表 2-10　函数 MESSAGEBOX()的返回值表

按下的按钮	函数返回值	按下的按钮	函数返回值
确定	1	忽略	5
取消	2	是	6
终止	3	否	7
重试	4		

【操作样例 2-15】

【要求】

利用 MESSAGEBOX()函数显示一个信息对话框，提示信息为"删除当前记录吗？"，对话框标题文本为"删除记录"，对话框中要设置"是"和"否"按钮，默认按钮设置为"否"，并且设置与对话框提示信息相符的图标。

【操作提示】

?MESSAGEBOX("删除当前记录吗？",4+32+256,"删除记录")

对话框如图 2-10 所示:

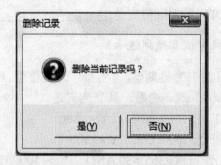

图 2-10 "删除记录"提示对话框

技能训练

一、基本技能训练

1. 假定 X 为 N 型变量, Y 为 C 型变量, 则下列选项中符合 VFP 语法要求的表达式是 (   )。

    A. .NOT.X>=Y   B. Y*2>10

    C. X.100   D. STR(X)-Y

2. 下列函数中, 错误的是 (   )。

    A. MIN(56,99/12/10)   B. ABS(99/12/10)

    C. CTOD(10/12/99)   D. EXP(10/12/99)

3. 假设 A="Visual FoxPro", 则表达式 LOWER(LEFT(A,3)+SUBSTR(A,5,1)) 的值为 (   )。

    A. visa   B. VISA   C. vfp   D. VFP

4. 逻辑表达式? ROUND(123.456,0)<INT(123.456) 的结果是 (   )。

    A. .F.   B. .T.   C. F   D. T

二、国考真题训练

1. 在下面的 Visual FoxPro 表达式中, 运算结果不为逻辑真的是 (   )。

    A. EMPTY(SPACE(0))   B. LIKE('xy*','xyz')

    C. AT('xy','abcxyz')   D. ISNULL(.NULL.)

2. 计算结果不是字符串 "Teacher" 的语句是 (   )。

    A. AT（"MyTeacher",3,7)   B. SUBSTR（"MyTeacher",3,7)

    C. RIGHT（"MyTeacher",7)   D. LEFT（"MyTeacher",7)

3. 下列函数返回类型为数值型的是 (   )。

    A. STR   B. VAL

    C. DTOC   D. TTOC

4. 在 Visual FoxPro 中，LOCATE ALL 命令按条件对某个表中的记录进行查找，若查不到满足条件的记录，函数 EOF( )的返回值应是＿＿＿＿＿＿＿＿＿＿＿＿。

三、全国高等学校计算机二级考试真题训练

1. 设字段变量"工作日前"为日期型，"工资"为数值型，则要想表达"工龄大于 30 年，工资高于 1500、低于 1800"这一命题，其表达式是（   ）。

    A．工龄>30.AND.工资>1500. AND.工资<1800

    B．工龄>30.AND.工资>1500. OR.工资<1800

    C．INT((DATE()-工作日前)/365)>30.AND.工资>1500. AND.工资<1800

    D．INT((DATE()-工作日前)/365)>30.AND.工资>1500. OR.工资<1800

2. 表达式 VAL（SUBS（"高等学校 2 级考试",9,1)）*LEN("数据库")的结果是（   ）。

    A．10   B．12   C．14   D．15

3. 命令？STR（1000.50）执行后的显示结果应为（   ）。

    A．1000   B．1000.50   C．1000.5   D．1001

4. 在以下四组函数运算中，结果相同的是（   ）。

    A．LEFT（"Visual FoxPro",6）与 SUBSTR（"Visual FoxPro",1,6）

    B．YEAR(DATE())与 SUBSTR（ DTOC DATE(),7,2）

    C．VARTYPE("36-5*4") 与 VARTYPE(36-5*4)

    D．假定 A="this",B="is a string",则 A+B 与 A-B

四、答案

一、1. D   2. C   3. A   4. A

二、1. C   2. A   3. B   4. .T.

三、1. C   2. B   3. D   4. A

单元小结

本单元主要介绍了 VFP 6.0 的基本语言规范，包括常量、变量、函数、运算符及其表达式。它是学习后继单元的基础，务必全面掌握。

第 **3** 单元 表的操作

VFP 6.0 数据库管理系统对数据的所有处理都是在表的基础上进行的。表是处理数据、建立关系数据库和应用程序的基础，用于存储收集来的各种信息。

在 VFP 6.0 中，表有两类，一类是不属于任何数据库的表，我们称之为自由表；一类是属于某个数据库的表，我们称之为数据库表。对于自由表而言，我们只能对其执行最基本的一些操作，如更改其结构，修改其内容。但是，我们无法为其设置显示控制符、默认值、主关键字、字段有效性规则、记录有效性规则等。

在本单元中，我们将主要学习自由表的创建、修改和维护，这些操作大多同时适合数据库表。对于针对数据库表的一些操作，我们将放在第 4 单元进行讲解。

【学习任务】

◆ 表的创建
◆ 表的基本操作

【掌握技能】

◆ 创建表的各种方法
◆ 熟悉表设计器
◆ 了解字段属性
◆ 表数据的输入要点
◆ 表的各种关闭方法
◆ 表的各种打开方法
◆ 表结构的显示与修改
◆ 使用浏览窗口浏览和编辑记录
◆ 记录的交互修改和显示命令
◆ 记录指针的定位命令
◆ 记录的追加、插入和替换命令
◆ 记录的删除与恢复命令
◆ 数组与表之间的数据交换命令
◆ 表文件的复制与删除命令

任务 3.1   掌握表的创建方法

在 VFP 6.0 中，对表的操作是最基本的操作，只有表创建完毕后，才可以对表进行浏览、修改等操作。因此，我们将在本任务中学习如何创建表、为表输入数据和关闭表。

相关知识与技能

一、创建表的方法

在 VFP 6.0 中，用户可使用如下方法来创建表：

（1）选择"文件"菜单中的"新建"命令，或单击"常用"工具栏中的"新建"按钮，打开"新建"对话框，然后设置要创建的"文件类型"为"表"。单击"新建文件"按钮，打开"创建"对话框，输入表名，单击"保存"按钮，即可打开表设计器。

（2）在项目管理器中打开"数据"选项卡，在内容列表中单击"自由表"，然后单击"新建"按钮，打开"新建表"对话框。单击"新建表"按钮，打开"创建"对话框，输入表名，然后单击"保存"按钮。

（3）使用 CREATE 命令，该命令的格式、功能及说明如下：

【命令格式】

CREATE [<表文件名> | ?]

【命令功能】

创建新的表文件，并打开表设计器。

【命令说明】

➢ <表文件名>可带有盘符和路径，指明文件存储的位置。省略盘符和路径，表示在默认目录下建立表文件。表文件的扩展名默认为.dbf，可省略。若缺省表文件名或使用?选项，将弹出"创建"对话框，要求设定要建立的表文件名及其存储位置。

➢ 当输入的表文件已经存在时，系统会出现图 3-1 所示提示对话框，询问是否覆盖。选择"是"表示覆盖，选择"否"表示保留原有表文件，需要重新输入新的表文件名。

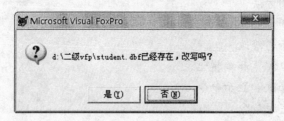

图 3-1 询问是否覆盖表文件的提示对话框

➢ 若表结构中定义了备注型或通用型字段，则系统会自动产生一个与表文件主名相同，但扩展名为.FPT 的备注文件。

二、熟悉表设计器

无论使用哪种方法来创建表，系统均会打开如图 3-2 所示的表设计器。由图 3-2 可以看出，表设计器中包括了 3 个选项卡，分别为"字段"、"索引"和"表"。下面首先简单介绍一下"字段"选项卡。

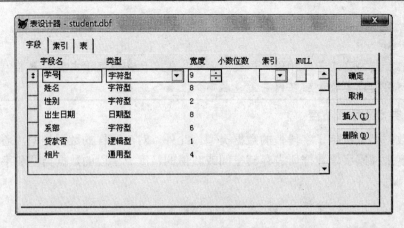

图 3-2　表设计器

> **"字段名"列文本框**：用于输入字段名。
> **"类型"列下拉列表框**：用于在类型列表中选取字段类型。
> **"宽度"列微调框**：可微调或输入字段的宽度。当固定宽度时，微调框不出现。
> **"小数位数"列微调框**：用于输入或微调小数位数。仅数值型、浮点型和双精度型允许设定小数位数。
> **"索引"列下拉列表框**：设置是否将记录按该字段进行排序（即将该字段作为普通索引），缺省为"无"，还可选择"升序"或"降序"。创建的索引自动加入"索引"选项卡列表，并使用字段名作为索引表达式。有关索引的详细使用方法，请参见第 4 单元。
> **"NULL"列按钮**：设置该字段是否可接受 NULL 值，缺省表示不接受，单击该按钮，按钮上将显示一个对勾，表示可接受 NULL 值。所谓 NULL，表示缺值或无明确的值，它与零、空字符串、空格等具有不同的含义。例如，价格为 NULL（空值）说明还没有定价，而价格为零表示免费。
> **移动按钮**：在字段名列的左侧有一列按钮，其中只有当前正在编辑的字段按钮上标有上下双箭头，向上或向下拖动它可改变字段的次序。单击某个字段左侧的空白按钮或单击字段的任意一列，可设置当前字段。
> **删除按钮**：删除当前选定的字段。
> **插入按钮**：在选定字段之前插入新的字段。

三、了解字段属性

实际上，建立表结构就是定义各个字段的属性，基本的字段属性包括：字段名、字段类型、字段宽度和小数位等。

1. 字段名

字段名用来标识字段，必须以字母或汉字开头，可由字母、汉字、数字和下划线组成，长度不超过 10 个字符。

> 字段名可与内存变量名相同，但是，由于字段名优先级高于内存变量名。因此，如果此时要使用内存变量，应在内存变量名前加上 m->或 m.。

2. 字段类型和字段宽度

字段的数据类型决定了字段值的数据类型。此外，对于同样的数据类型，还可以通过设置不同的宽度来控制字段数据所占存储空间或数值的精度。字段的数据类型和字段宽度定义如表 3-1 所示。

表 3-1　字段类型和宽度定义

类　型	代号	宽度限制	存储字节	用途与说明
字符型	C	≤254 个字符	实际定义宽度	存储字符序列。每个英文字符占 1 个字节，每个汉字占 2 字节
数值型	N	≤20 位	8	存储各种数值
逻辑型	L	固定 1	1	存储真和假
日期型	D	固定 8	8	存储日期
日期时间型	T	固定 8	8	存储日期和时间
货币型	Y	固定 8	8	存储货币型数据
整数型	I	固定 4	4	存储整数
浮点型	F	≤20 位	8	储存较精确的数值
双精度型	B	≤20 位	8	储存高精确的数值
备注型	M	固定 4	只受存储空间限制	数据保存在与表的主名同名的备注文件中，其扩展名为.FPT
通用型	G	固定 4	只受存储空间限制	存储图形、电子表格、声音等多媒体数据。数据也存储于扩展名为.FPT 的备注文件中

> 备注型和通用型字段的宽度固定为 4 个字节，用于表示数据在备注文件（.FPT）中的存储地址。备注文件会随着表的打开自动打开，但其被毁坏或丢失则表就无法打开了。

3. 小数位

只有数值型、浮点型和双精度型才有小数位。

> 小数点和正负号都须在字段宽度中占一位。

根据上述规定，我们在任务 1.4 中创建的 student.dbf 表的表结构如表 3-2 所示。

表 3-2　student.dbf 表的结构

字段名	类　型	宽　度	小数位
学号	C	9	
姓名	C	8	
性别	C	2	
出生日期	D	8	
系部	C	6	
贷款否	L	1	
相片	G	4	
简历	M	4	

为简明起见，student.dbf 表的结构也可表示成：学号 C（9），姓名 C（8），性别 C（2），出生日期 D，系部 C（6），贷款否 L，相片 G，简历 M。

四、表数据的输入要点

定义好表的结构后就可以向表中输入数据了。为表输入数据的方法有两种，一是利用表编辑器或浏览器，从键盘直接输入；二是使用命令从其他表文件或数据文件获取。下面首先简要介绍一下从键盘为表输入数据的要点。

（1）如果输入的数据宽度等于字段宽度，光标将自动跳转到下一个字段；如果小于字段宽度，可按 Enter 键、Tab 键或→键跳转到下一个字段。

（2）对于有小数的数值型字段，输入的整数部分宽度等于所定义的整数部分宽度时，光标自动转向小数部分；如果整数部分的宽度小于定义宽度，可按→键转到小数部分。

（3）日期型数据必须与日期格式相符，默认按美国日期格式 mm/dd/yy 输入。如果输入非法日期，则会提示出错信息。可通过命令 SET DATE ANSI 设置中国日期格式，通过命令 SET CENTURY ON 设置世纪，通过 SET DATE AMERICAN 命令返回到美国日期格式。

（4）逻辑型字段只接受 T、F、Y、N 这 4 个字母之一（大小写皆可）。T 与 Y 表示真，F 与 N 表示假，默认为 F。输入时不需输入逻辑型数据的定界符"."。

（5）在最后一条记录的任何位置输入数据，系统将自动提供下一条记录。

（6）备注型字段通常用来存储超长文字，通用型字段通常用来存储图片，下面将通过样例进行说明。

【操作样例 3-1】为 student.dbf 表添加相片和简历。

【要求】

（1）了解备注型数据的输入和格式设置方法。

（2）了解通用型数据的输入方法和特点。

【操作步骤】

步骤 1▶　执行命令：USE student，打开数据库，此时将在状态栏显示打开的表名、当前记录号和表的记录数等信息，如图 3-3 所示。

| Student (d:\二级vfp\student.dbf) | 记录:1/12 | Exclusive | | NUM | |

图 3-3　打开表后的状态栏

步骤 2▶　选择"显示"菜单中的"浏览（**B**）"student（d:\二级 vfp\student.dbf）""，打开图 3-4 所示记录浏览窗口。

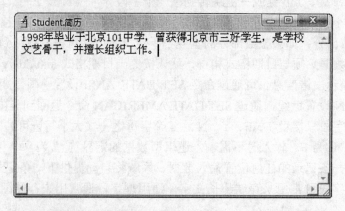

学号	姓名	性别	出生日期	系部	贷款否	相片	简历
993503438	刘昕	女	02/28/81	会计系	F	gen	memo
993503437	张俊	男	08/14/81	会计系	T	gen	memo
993503433	王倩	女	01/05/80	会计系	F	gen	memo
993501122	李一	男	06/28/81	财政系	T	gen	memo
993502235	张勇	男	09/21/79	金融系	T	gen	memo
993503412	李竞	男	02/15/80	会计系	T	gen	memo
993506112	王五	男	01/01/79	中文系	T	gen	memo
993504228	赵子雨	男	06/23/81	保险系	F	gen	memo
993511236	陈艳	女	03/18/81	投资系	T	gen	memo
993503234	郭哲	男	08/24/81	信息系	T	gen	memo
993502201	赵海	男	09/12/79	金融系	T	gen	memo
993502202	张丽	女	01/12/78	金融系	T	gen	memo

图 3-4　记录浏览窗口

步骤 3▶　双击第 1 条记录的"简历"字段，将打开备注内容编辑窗口。在其中输入一段文字，并借助"格式"菜单设置文字的格式，结果如图 3-5 所示。

> Student.简历
>
> 1998年毕业于北京101中学，曾获得北京市三好学生，是学校文艺骨干，并擅长组织工作。

图 3-5　利用备注编辑窗口为第 1 条记录的"简历"字段输入内容

> 　　如果有现成的文字可用，用户当然可以借助复制、粘贴方法来将这些文字粘贴到备注编辑窗口中。

步骤 4▶　输入结束后，可按 Ctrl+W 组合键或单击编辑窗口右上角的"关闭"按钮，保存数据。如果要放弃输入，可按 Esc 键或 Ctrl+Q 组合键。如果用户仔细观察，此时记录浏览窗口中第 1 条记录的"简历"字段的标记已由"memo"变成了"Memo"（即"m"由小写变成了大写），如图 3-6 所示。

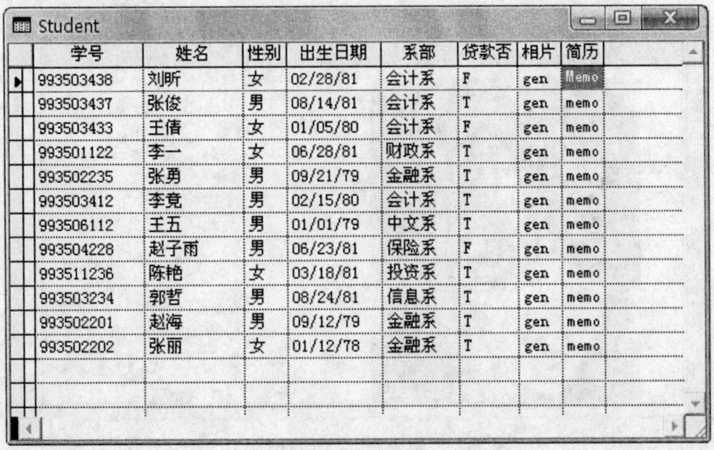

图 3-6　为第 1 条记录的"简历"字段输入内容后的记录浏览窗口

> 　要编辑备注字段内容，可再次双击该字段即可。

步骤 5▶　同样，要输入通用型字段内容，也应双击该字段，此时系统将打开图 3-7 所示通过型字段内容编辑窗口。

图 3-7　通用型字段内容编辑窗口

步骤 6▶　与备注字段不同，我们不能直接在通用字段编辑窗口输入内容，而只能通过选择"编辑"菜单中的"粘贴"或"选择性粘贴"，将剪贴板中内容粘贴到编辑窗口中。例如，我们使用 Photoshop 程序打开了一副图片，并将图片复制到剪贴板中。然后在通用型字段编辑窗口中选择"编辑"菜单中的"粘贴"，此时画面将如图 3-8 所示。

步骤 7▶　我们把插入到通用型字段编辑窗口的内容称为对象，如果要编辑该对象，可直接双击该对象，此时系统会自动调用用于编辑该对象的程序，此处应为 Photoshop 或其他图像编辑程序。编辑结束后，关闭被编辑的对象，返回字段编辑窗口，我们会发现图像已经改变，如图 3-9 所示。

图 3-8　粘贴图片到编辑窗口

图 3-9　借助其他程序编辑对象后效果

步骤 8▶　同样，输入结束后，可按 Ctrl+W 组合键或单击编辑窗口右上角的"关闭"按钮，保存数据。如果要放弃输入，可按 Esc 键或 Ctrl+Q 组合键。如果用户仔细观察，此时记录浏览窗口中第 1 条记录的"相片"字段的标记已由"gen"变成了"Gen"（即"g"由小写变成了大写）。

对于通用型字段，有如下几点要注意：

（1）我们只能在其编辑窗口中插入一个对象。该对象既可以是图片，也可以是文字。例如，我们在 Word 中将一段文字复制到剪贴板，然后将其粘贴到编辑窗口中，则这段文字就成为了一个对象，双击它，系统会自动调用 Word 程序或其他字处理程序来编辑它。

（2）要删除对象，只能选择"编辑"菜单中的"剪切"命令。

（3）在字段编辑窗口中，我们还可以通过选择"编辑"菜单中的"插入对象"命令，在字段编辑窗口中插入一个对象，此时系统将打开图 3-10 所示"插入对象"对话框。

➢　如果对象不存在，可以选择"新建"单选钮，并在"对象类型"列表中选择某种对象类型，然后单击"确定"按钮，VFP 将自动启动相应的应用程序，用户便可使用该应用程序创建新的对象。

图 3-10 "插入对象"对话框

➤ 如果对象已经是一个文件，可选中"由文件创建"单选钮，此时"插入对象"对话框将如图 3-11 所示。单击"浏览"按钮，选择目标文件，返回"插入对象"对话框，单击"确定"按钮，即可将所选文件作为对象插入到字段编辑窗口中，如图 3-12 所示。

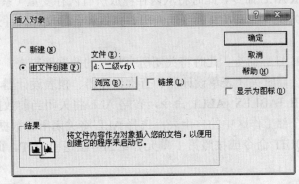

图 3-11 选择"由文件创建"对象

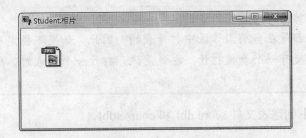

图 3-12 将所选文件作为对象插入到编辑窗口中

　　选择"由文件创建"对象时，默认情况下，所选文件被嵌入到表的备注文件中，此时相当于将文件的一个备份复制到了表的备注文件中。因此，用户可分别编辑源文件和通用字段内容，两者互不影响。

如果希望使用链接方式，可选中"链接"复选钮。所谓链接，是指将选定文件的路径插入到表的备注文件中。此时源文件和通用字段的内容仍为同一个，因此，用户无论是修改源文件还是通用字段内容，修改的实际是同一个文件。

与使用粘贴方法向字段编辑窗口粘贴内容不同，使用文件创建对象时，在字段编辑窗口中显示的只是一个文件图标，而非其内容。双击之可打开与该类文件相关联的程序，用户可借助该程序来浏览和编辑对象。

五、表的关闭方法

当某个表不再使用时，要及时关闭它，以防数据丢失或文件被破坏，并且释放该表所占用的存储空间。

要关闭表，可使用如下方法：

（1）执行 USE 命令，关闭在当前工作区打开的表文件。在 VFP 6.0 中，为了使用户能同时打开多个表，系统提供了多个工作区，每个工作区只能打开一个表，且当前只能有一个工作区被设为当前工作区。我们在下一单元将详细介绍工作区的有关情况。

（2）执行 CLEAR ALL 命令，此时将从内存释放所有内存变量（系统变量除外）及用户定义的菜单和窗口，关闭所有表及其关联的索引、格式和备注文件，并选择工作区 1 为当前工作区。

（3）执行 CLOSE ALL 命令，此时将关闭所有打开的数据库与表，并选择工作区 1 为当前工作区。此外，还会同时关闭表单设计器、查询设计器、报表设计器、项目管理器等。

（4）执行 CLOSE TABLES [ALL] 命令，省略 ALL 将关闭当前数据库中的表。如果数据库未打开，则关闭全部工作区中的自由表；选择 ALL 将关闭所有数据库中的表及自由表。

（5）通过执行 QUIT 命令或按照第 1 单元介绍的方法退出 VFP，此时所有打开的 VFP文件均被关闭。

表被关闭后，状态栏将为空。

默认情况下，都是在当前工作区中打开表的，因此，如果不指定在哪个工作区打开表，则每个时刻只能有一个表被打开。也就是说，打开一个新表时，原来打开的表将被自动关闭。

【操作样例 3-2】创建表文件 score.dbf 和 course.dbf。

【要求】

（1）表 course 的结构为：课程号 C(4)、课程名 C(10)、开课单位 C(3)、学时数 I、学分 N（2,0），记录如表 3-3 所示。

（2）表 score 的结构为：学号 C(9)、课程号 C(4)、成绩 I，记录如表 3-4 所示。

（3）在操作过程中，观察状态栏中信息的变化。

表 3-3　course.dbf 表内容

课程号	课程名	开课单位	学时数	学分
0001	基础会计	会计系	36	2
0004	唐诗鉴赏	中文系	18	1
0002	管理学	经管系	54	3
0003	法学原理	法律系	36	2
0006	信息管理	信息系	72	4
0005	财务管理	财政系	54	3
0007	美学基础	中文系	36	2
0008	体育	体育组	36	2
0009	审计学	会计系	72	4
0010	科技概论	政教组	36	2
0011	数据库原理	信息系	54	3
0012	运筹学	信息系	54	3

表 3-4　score.dbf 表内容

学号	课程号	成绩	学号	课程号	成绩
993503438	0001	92	993506112	0010	84
993503438	0002	86	993504228	0005	57
993503437	0001	87	993504228	0002	88
993503438	0005	80	993511236	0005	74
993503433	0009	74	993511236	0007	64
993503433	0010	66	993503234	0004	87
993501122	0004	56	993501122	0001	45
993501122	0007	85	993502235	0009	50
993502235	0006	77	993502235	0005	0
993502235	0001	63	993501122	0009	0
993503412	0009	95			

【操作步骤】

步骤 1▶　单击"常用"工具栏中的"新建"按钮，打开"新建"对话框，设置"文件类型"为"表"，然后单击"新建文件"按钮，如图 3-13 左图所示。

步骤 2▶　在打开的"创建"对话框中输入表名 course.dbf，然后单击"保存"按钮，如图 3-13 右图所示

步骤 3▶　在打开的表设计器中按照要求创建表结构，如图 3-14 所示。

步骤 4▶　单击"确定"按钮，在给出的提示对话框中单击"是"按钮，立即按照表 3-3 所示内容输入数据，结果如图 3-15 所示。输入结束后，关闭记录编辑窗口。

步骤 5▶　参照上面的步骤，创建表 score.dbf，并根据前面所给出的提示设计其结构，

输入其内容。

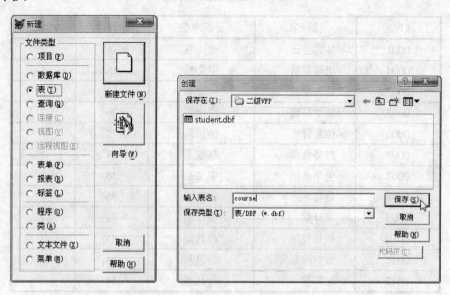

图 3-13　创建表 course.dbf

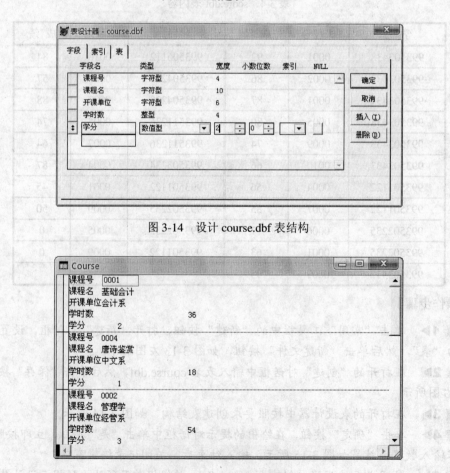

图 3-14　设计 course.dbf 表结构

图 3-15　为表输入数据

编辑 score.dbf 表内容时，course.dbf 表被自动关闭，用户通过观察状态栏信息即可看到这一点。

技能训练

一、基本技能训练

1. 使用表设计器创建"考生表.dbf"，该表记载考生的姓名（C，8）、语文（N，5，1）、数学（N，5，1）和英语（N，5，1）的成绩，并输入如下考生信息。

姓 名	语 文	数 学	英 语
张激扬	84	78	90
邓一欧	90	85	87
徐 玮	92	91	98

2. 创建一个"雇员.dbf"表，其结构为：部门号 C（2）、雇员号 C（4）、姓名 C（8）、性别 C（2）、年龄 N（3）、日期 D（8）。输入以下 5 条记录：

部门号	雇员号	姓 名	性 别	年 龄	日 期
01	0010	李明晓	女	22	05/20/99
02	0100	王小华	女	20	02/18/99
01	0101	张 浩	男	25	10/01/98
02	0111	赵 莉	女	23	07/01/98
01	0011	扬 名	男	21	09/01/99

二、国考真题训练

1. 在表结构中，逻辑型、日期型、备注型字段的宽度分别固定为（ ）。

　　A．3，8，10　　　　B．1，6，4　　　　C．1，8，任意　　　　D．1，8，4

2. 在 Visual Foxpro 中，存储图像的字段类型应该是（ ）。

　　A．备注型　　　　B．通用型　　　　C．字符型　　　　D．双精度型

3. 在 Visual FoxPro 中，"表"指的是（ ）。

　　A．报表　　　　B．关系　　　　C．表格　　　　D．表单

4. 在 Visual FoxPro 中，字段的数据类型不可以指定为（ ）。

　　A．日期型　　　　B．时间型　　　　C．通用型　　　　D．备注型

5. 扩展名为.dbf 的文件是（ ）。

　　A．表文件　　　　B．表单文件　　　　C．数据库文件　　　　D．项目文件

6. 在 Visual FoxPro 中，表中通用型字段的内容将存储在_____文件中。

7. 新建一个只有表结构的表 rate，其中包含 4 个字段：币种 1 代码 C（2）、币种 2 代码 C（2）、买入价 N（8，4）、卖出价 N（8，4）。

三、全国高等学校计算机二级考试真题训练

1. 在 VFP 中，表结构中逻辑型的宽度由系统自动给出，具体是（　　）。

  A. 1   B. 2   C. 4   D. 8

2. 在表 dbmo.dbf 中包含有备注型字段和通用型字段，它们的内容存放在（　　）。

  A. 一个备注文件和一个通用文件中   B. 一个备注文件中

  C. 不同的备注文件中   D. 一个通用文件中

3. 在下面的数据类型中，默认为.F.的是（　　）。

  A. 数值型   B. 字符型   C. 逻辑型   D. 日期型

4. 按下列表结构创建表 zg.dbf，其结构为：职工号 C（6）、姓名 C（8）、性别 C（2）、出生日期 D、婚否 L、工资 N（6，2）、职称 C（6）、部门 C（6）。

zg.dbf 表记录

记录号	职工号	姓名	性别	出生日期	婚否	工资	职称	部门
1	1002	胡一民	男	01/30/60	.T.	585.00	助工	技术科
2	1004	王爱民	男	10/05/61	.T.	928.34	技师	车间
3	1005	张小华	女	10/05/61	.F.	612.27	工程师	设计所
4	1010	宋文彬	男	12/14/63	.F.	596.94	技术员	技术科
5	1011	胡　民	男	11/27/62	.T.	345.26	工程师	技术科
6	1015	黄小英	女	03/15/64	.F.	612.27	工程师	车间
7	1022	李红卫	女	08/17/61	.T.	623.45	工程师	设计所

四、答案及操作提示

一、方法 1：在命令窗口输入：CREATE 表名

  方法 2：在"常用"工具栏中单击"新建"按钮→设置"文件类型"为"表"→单击"新建文件"按钮

二、1. D   2. B   3. B   4. B   5. A   6. .FPT 或备注

  7. 提示：新建一个表文件并且不立即输入数据

三、1. A   2. B   3. C

  4. 提示：新建一个表文件并立即输入数据

任务 3.2　掌握表的基本操作

表创建好以后，就可以对其进行结构浏览、修改，以及记录浏览、修改、插入、删除、更新等维护性操作了。

相关知识与技能

一、打开表的方法

由于 CPU 只能和内存直接进行数据交换，所以表在使用之前，必须先打开。打开表就是将存储在外存储器中的表文件调入内存，以便对它进行操作。若表文件有备注型或通用型字段，则同名的.FPT 文件也一同被打开。

打开表的方法主要有如下几中：

（1）选择"文件"菜单中的"打开"命令，或单击"常用"工具栏中的"打开"按钮，打开"打开"对话框。在"文件类型"下拉列表中选择"表（*.dbf）"，然后在上面的文件列表区单击要打开的表，最后单击"确定"按钮，如图 3-16 所示。

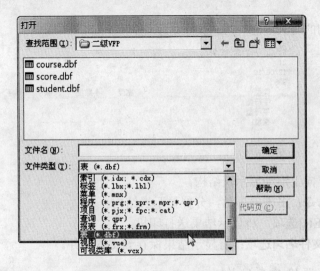

图 3-16　"打开"对话框

（2）使用 USE 命令来打开表，该命令的基本格式、功能和说明如下：

【命令格式】

USE <表文件名>|？

【命令功能】

在当前工作区中打开指定的表文件。

【命令说明】

➢ <表文件名>可带有盘符和路径，指明文件存储的位置。如省略盘符和路径，表示打开默认目录下的表文件。此外，表文件的扩展名.dbf 可省略。

➢ 若使用？选项，执行该命令时将弹出"打开"对话框，用户可利用该对话框选择要打开的表文件。

二、表结构的显示与修改

表由两个部分组成，表结构和表记录。若想修改表，首先判断是修改表的结构还是表的记录。若想改变字段的属性、增减字段或调整字段顺序等，就要修改表的结构。用户可以通过表设计器或命令来修改表的结构。

（一）显示表结构

要显示表结构，应首先打开表，然后执行如下命令。

【命令格式】

LIST | DISPLAY STRUCTURE [TO PRINTER] [TO FILE<文件名>]

【命令功能】

浏览当前表结构的有关信息，形式如下所示。

```
表结构:                    D:\二级VFP\SCORE.DBF
数据记录数:                21
最近更新的时间:            12/06/10
代码页:                    936
  字段  字段名          类型            宽度  小数位  索引  排序    Nulls
    1   学号            字符型            9                            否
    2   课程号          字符型            4                            否
    3   成绩            整型             4                            否
** 总计 **                              18
```

【命令说明】

➤ **LIST 命令**：向上滚动显示表结构。

➤ **DISPLAY 命令**：多于一屏时，分屏显示表结构。

➤ **[TO PRINTER]选项**：将显示结果送打印机。

➤ **[TO FILE<文件名>]选项**：将显示结果保存到文本文件。

（二）利用表设计器修改表结构

打开表文件后，选择"显示"菜单中的"表设计器"命令，即可打开表设计器。

在将字段宽度值改小后，对于字符型数据而言，超出宽度的字符将丢失；对于数值型数据而言，则会溢出，系统在记录浏览窗口以"*"号显示。若将改小的字段宽度复原，则数据也不会恢复。

（三）使用命令修改表结构

【命令格式】

MODIFY STRUCTURE

【命令功能】

打开针对当前表的表设计器。

三、使用浏览窗口浏览和编辑记录

打开表后，可利用浏览窗口执行记录浏览、修改、追加及删除等操作。另外，浏览窗口有两种模式，一是浏览模式，二是编辑模式，二者功能完全相同，只是记录的显示方式不同。

【操作样例 3-3】熟悉浏览窗口的用法。

【要求】

（1）掌握打开浏览窗口的方法。

（2）掌握使用浏览窗口浏览记录的方法。

（3）掌握使用浏览窗口修改记录的方法。

（4）掌握使用浏览窗口定位记录的方法。

（5）掌握使用浏览窗口追加与删除记录的方法。

（6）掌握切换到编辑模式的方法。

【操作步骤】

步骤 1▶　如果表文件已关闭，应首先利用前面介绍的方法打开表文件，然后选择"显示"菜单中的"浏览"命令，或者执行 BRPOWSE 命令，打开图 3-17 所示浏览窗口。

Score			
学号	课程号	成绩	
993503438	0001	92	
993503438	0002	86	
993503437	0001	87	
993503438	0005	80	
993503433	0009	74	
993503433	0010	66	
993501122	0004	56	
993501122	0007	85	
993502235	0006	77	
993502235	0001	63	
993503412	0009	95	
993506112	0010	84	
993504228	0005	57	

235

图 3-17　记录浏览窗口

步骤 2▶　在浏览窗口可以通过滚动鼠标滚轮上下浏览记录，通过拖动窗口右侧的垂直滑块和下方的水平滑块上、下、左、右滚动浏览记录。

步骤 3▶　要修改某个字段数据，可直接单击它，然后进行修改，如图 3-18 所示。

步骤 4▶　选择"表"→"转到记录"菜单中的各菜单项可以定位记录，如图 3-19 所示。其中，选择"记录号"可以转到指定记录，选择"定位"可以转到符合指定条件的记录处，此时系统将打开图 3-20 所示"定位记录"对话框。例如，要定位到课程号为"0002"的记录，可在"For"编辑框中输入"课程号="0002""，如图 3-20 所示。

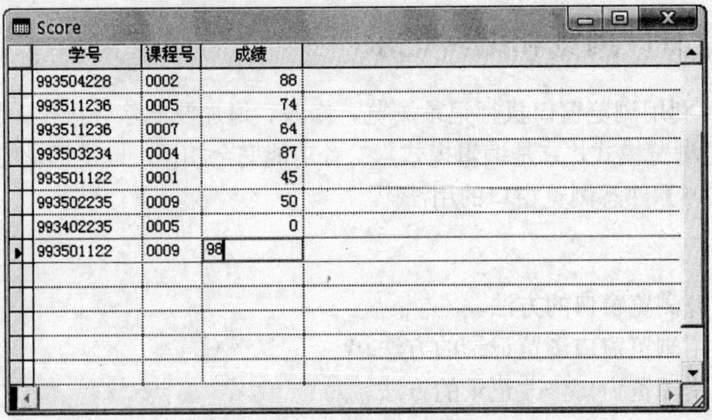

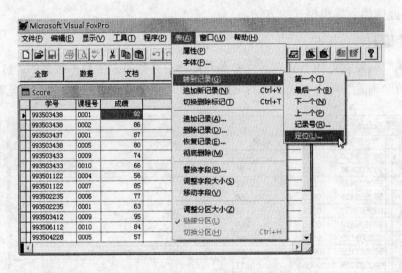

图 3-18　修改记录数据

图 3-19　"表"→"转到记录"菜单

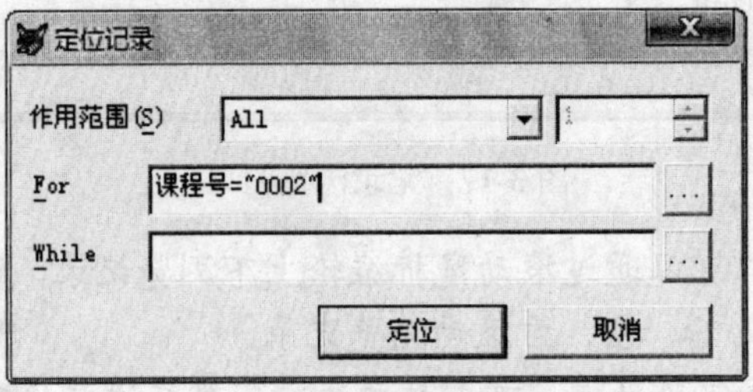

图 3-20　"定位记录"对话框

步骤 5▶ 单击"定位"按钮，则系统会自动定位到满足条件的第 1 条记录上，如图 3-21 所示。

步骤 6▶ 要在表尾追加一条空白记录，可以按 Ctrl+Y 组合键或选择"表"菜单中的"追加新记录"命令，结果如图 3-22 所示。

学号	课程号	成绩
993503438	0001	92
993503438	0002	86
993503437	0001	87
993503438	0005	80
993503433	0009	74
993503433	0010	66
993501122	0004	56
993501122	0007	85
993502235	0006	77
993502235	0001	63
993503412	0009	95
993506112	0010	84
993504228	0005	57

图 3-21 定位记录后画面

学号	课程号	成绩
993511236	0005	74
993511236	0007	64
993503234	0004	87
993501122	0001	45
993502235	0009	50
993402235	0005	0
993501122	0009	98
		0

图 3-22 为表追加一条记录

　　要在表尾连续追加多条记录，可选择"显示"菜单中的"追加方式"命令，进入记录追加方式。

步骤 7▶ 在 VFP 6.0 中，删除记录有逻辑删除和物理删除两种。逻辑删除记录只是在记录前加删除标记，可根据需要去掉删除标记以恢复记录。物理删除记录是从表文件中彻底删除记录，一般都是将带有删除标记的记录彻底删除。

　　首先定位要加删除标记的记录：最后一条记录，然后按 Ctrl+T 组合键或单击记录最左侧删除标记区，使其变黑，为记录增加删除标记，如图 3-23 所示。

步骤 8▶ 要取消记录的删除标记，可直接单击记录的删除标记，或者首先定位该记录，然后选择"表"菜单中的"恢复记录"命令，在打开的"恢复记录"对话框中单击"恢复记录"按钮。此处单击两次最后一条记录的删除标记，从而使该记录保留删除标记。

步骤 9▶ 选择"表"菜单中的"彻底删除"命令，在随之打开的确认删除对话框中单击"是"按钮，物理删除带删除标记的最后一条记录。执行该操作后，浏览窗口将被自动关闭。再次执行 BROWSE 命令，重新显示浏览窗口，我们将发现最后一条记录已被删除。

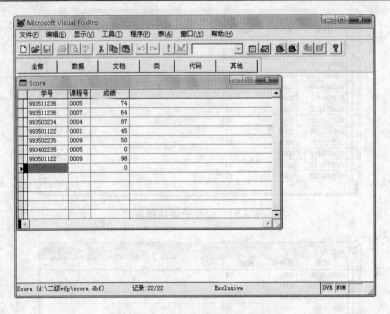

图 3-23　为记录增加删除标记

　　执行 ZAP 命令可物理删除表中的全部记录，无论记录是否有删除标记。因此，此命令务必要慎用。

　　步骤 10▶　选择"显示"菜单中的"编辑"命令，可将记录浏览模式切换为记录编辑模式，如图 3-24 所示。

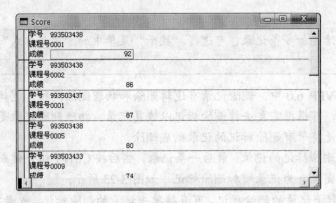

图 3-24　记录的编辑模式

四、记录的交互修改命令与显示命令

　　VFP 6.0 的记录修改命令和显示命令功能更加强大，我们可以只编辑或显示某个范围内、满足某个条件的记录的特定字段。

1. CHANGE 命令与 EDIT 命令

【命令格式】

CHANGE | EDIT [FIELDS <字段名表>][<范围>][FOR <条件>] [WHILE <条件>]

【命令功能】

进入记录的编辑模式，显示并编辑当前表中指定记录的指定字段的内容。

➢ **[FIELDS <字段名表>：**指定要编辑的字段，各字段名之间用逗号分隔。

➢ **<范围>：**指定记录搜索范围，默认值为 ALL（全部记录）。

【示例】

USE student
&& 修改"性别"为"女"的记录的学号和姓名字段
CHANGE FIELDS 学号,姓名 ALL FOR 性别="女"

此时将显示图 3-25 所示画面。在这种编辑模式下，每页只显示一条记录，可通过按 PageDown 键向后翻记录，按 PageUp 键向前翻记录。

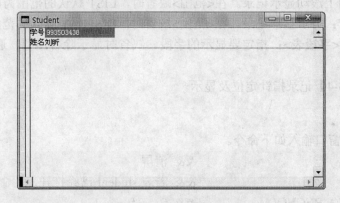

图 3-25 修改指定记录的指定字段

> 如果当前已是第一条满足条件的记录，然后按 PageUp 键；或者当前一是最后一条满足条件的记录，然后按 PageDown 键，都将关闭记录编辑窗口。

下面再来重点介绍一下范围子句，它通常包括如下几个选项：

➢ **ALL：**表示全部记录；

➢ **NEXT N：**表示从当前记录开始的 N 个记录；

➢ **RECORD N：**指定第 N 条记录；

➢ **REST：**表示从当前记录到最后一条记录。

另外，如果不特别指明，大部分命令的默认记录范围均为 ALL。但是，也有一些命令的默认范围为当前记录，如 DISPLAY 等。

2. BROWSE 命令

【命令格式】

BROWSE [FIELDS <字段名表>][<范围>][FOR <条件>]

【命令功能】

打开浏览窗口，显示并编辑当前表中指定记录的指定字段的内容。

3. 显示记录命令

【命令格式】

LIST | DISPLAY [<范围>] [FOR <条件>] [FIELDS <字段表>]

【命令功能】

显示当前表中指定范围内满足条件的记录内容。

【命令说明】

➢ **LIST**：向上滚动显示记录。在<范围>缺省时，LIST 默认的范围为所有记录。

➢ **DISPLAY**：分屏显示记录。在<范围>缺省时，DISPLAY 默认的范围为当前记录。

➢ **FIELDS <字段表>**：指定要显示的字段。缺省时显示除备注型、通用型字段之外的所有字段。

【操作样例 3-4】记录指针定位及显示。

【要求】

（1）在命令窗口输入如下命令。

CLEAR	&& 清屏
USE student	&& 若表 student 已经打开，此命令可省略。
? BOF(), EOF(), RECNO()	&& .f. .f. 1
SKIP -1	
? BOF(),EOF(),RECNO()	&& .t. .f. 1
LIST	
? BOF(),EOF(),RECNO()	&& .f. .t. 13
GO 2	
DISPLAY	&& 只显示第 2 条记录
? BOF(),EOF(),RECNO()	&& .f. .f. 2
SKIP 2	
LIST NEXT 2	
? BOF(),EOF(),RECNO()	&& .f. .f. 5
LIST RECORD 4	
? BOF(),EOF(),RECNO()	&& .f. .f. 4

（2）观察指针、输出的记录及函数 BOF( )、EOF( )、RECNO( )值的变化。

（3）在操作过程中观察状态栏中信息的变化。

【操作样例 3-5】显示满足设定条件的记录。

【要求】

显示学生表中第 3 条（包括第 3 条）记录后，所有女生的姓名及出生日期。

【操作提示】

USE student

GO 3

LIST REST FOR 性别="女" FIELDS 姓名,出生日期

【显示结果】

记录号	姓名	出生日期
3	王倩	01/05/80
4	李一	06/28/81
9	陈艳	03/18/81
12	张丽	01/12/78

五、记录指针的定位命令

在表中存取数据，需要先进行记录定位。所谓记录定位就是将记录指针指向某个记录，使之成为当前记录。

表文件打开时，记录指针总是指向第一条记录。记录指针可以在表头和表尾之间上下移动，当指针指向表头时测试函数 BOF( ) 为真；当指针指向表尾时测试函数 EOF( ) 为真。

此外，记录指针的定位方法有绝对定位、相对定位、条件定位和索引定位等多种方式，下面分别进行介绍。

（一）记录指针的绝对定位

【命令格式】

GO | GOTO <数值表达式> | TOP | BOTTOM

【命令功能】

将记录指针定位到指定记录上。

【命令说明】

➢ GO 与 GOTO 等效。

➢ **GO TOP**：记录指针指向表的顶端记录（即第一条记录）。

➢ **GO BOTTOM**：记录指针指向表的底端记录（即最后一条记录）。

➢ **GO <数值表达式>**：记录指针指向数值表达式值所确定的记录，取值范围在 1 到记录总数之间。

➢ 在"命令"窗口使用该命令，可省略 GO 或 GOTO。

（二）记录指针的相对定位

相对定位与当前记录有关，相对定位是把记录指针从当前记录位置向前或向后移动若干条记录。

【命令格式】

SKIP [<数值表达式>]

【命令功能】

将记录指针定位到指定记录上。

【命令说明】

从当前记录开始，移动<数值表达式>值所确定的个数。

➢ **<数值表达式>值为正值**：表示向表文件头部移动。

➢ **<数值表达式>值为负值**：表示向表文件尾部移动。

➢ **缺省[<数值表达式>]**：默认为 1。

（三）记录指针的条件定位

【命令格式】

LOCATE [<范围>] [FOR <条件>]

【命令功能】

将记录指针定位在满足条件的第 1 条记录上。若继续查找满足条件的记录，使用CONTINUE 命令。没有找到满足条件的记录时，指针指向表尾。

【命令说明】

➢ <范围>，指定搜索范围，默认为 ALL。

➢ FOR <条件>，若找到满足条件的记录，FOUND()为真，指针指向该记录；若没找到满足条件的记录，FOUND()为假。

➢ 执行 SET EXACT ON 命令，可精确查找。此时使用"="设置 FOR 条件时，等号两侧的内容（主要是指定符串）必须完全相同，条件才为真。默认情况下，该开关为OFF，此时使用"="设置条件时，如果等号两侧均为字符串，则只要"="右侧字符串是左侧字符串的前缀（如"中国人民"="中国"），则就认为两者是相等的。

当记录指针定位在满足条件的第 1 条记录上。若继续查找满足条件的记录，可重复执行 CONTINUE 命令。

六、记录的追加、插入和替换命令

要想在表中增加记录，先要判断在表中的什么位置增加记录。位置不同，要使用的命令也有所不同。若在表尾，可以使用追加记录命令；若在表头和表尾之间，需使用插入记录命令。

（一）追加记录命令

1. APPEND 命令

【命令格式】

APPEND [BLANK]

【命令功能】

在当前表末尾追加新记录或一条空白记录。

【命令说明】

➢ **BLANK 选项**：在表尾追加一条空白记录，待以后填写数据。

➢ **缺省 BLANK 选项**：出现编辑窗口，等待输入数据，可连续输入多条记录。

2. APPEND FROM 命令

【命令格式】

APPEND FROM <文件名>[FIELDS <字段名表>] [FOR <条件>] [[TYPE] [SDF | XLS | DELIMITED [WITH <定界符> | WITH BLANK | WITH TAB]]]

【命令功能】

把来自另一个文件的一批记录追加到当前表的末尾。

【命令说明】

➢ 源文件的类型可以是系统数据格式、定界格式的文本文件或 Excel 文件。

➢ 无 TYPE 字句时，源文件是表。使用 TYPE 子句时，TYPE 可省略，而直接使用 SDF、XLS、DELIMITED 选项。

➢ SDF 为系统格式文本文件，此时数据无定界符，各字段数据间无分隔符，并且各数据宽度采用字段宽度。

➢ 不带 WITH 的 DELIMITED 选项，用回车换行作为记录分隔符，用逗号作为各字段数据之间的分隔符，用双引号作为字符字段值的定界符，如"Smith",9999999,"TELEPHONE"。

➢ DELIMITED WITH <定界符>，表示用指定的字符作为字符字段值的定界符，而不是双引号；DELIMITED WITH BLANK，表示用空格作为各字段数据之间的分隔符，而不是默认的逗号；DELIMITED WITH TAB，表示用制表符作为各字段数据之间的分隔符，而不是默认的逗号。

➢ 执行命令时，源文件无需打开，但目标表（即接收数据的表）需要打开。

【操作样例 3-6】表结构、内容的复制，以及给表追加记录。

【要求】

复制表 student.dbf 的结构到表 temp1.dbf，复制表 student.dbf 的内容到 temp2.txt 文本文

件，然后从文本文件 temp2.txt 给表 temp1.dbf 追加"金融系"学生的记录。

【操作提示】

```
USE student                    && 打开 student.dbf 表
COPY STRUCTURE TO temp1        && 复制 student.dbf 表结构给表 temp1.dbf
COPY TO temp2 SDF              && 复制 student.dbf 内容给文本文件 temp2.txt
USE temp1                      && 打开 temp.dbf 表
APPEND FROM temp2 SDF FOR 系部="金融系"
LIST
```

【显示结果】

记录号	学号	姓名	性别	出生日期	系部	贷款否	相片	简历
1	993502235	张勇	男	09/21/79	金融系	.T.	gen	memo
2	993502201	赵海	男	09/12/79	金融系	.T.	gen	memo
3	993502202	张丽	女	01/12/78	金融系	.T.	gen	memo

 注意

表 temp1 必须打开，否则记录会追加到表 student.dbf 的尾部。

（二）插入记录命令

【命令格式】

INSERT [BLANK] [BEFORE]

【命令功能】

在当前记录之前或之后插入新记录。

【命令说明】

➤ **BLANK 选项**：插入一条空白记录，待以后填写数据。缺省 BLANK，出现编辑窗口，等待输入数据，可连续插入多条记录。

➤ **BEFORE 选项**：在当前记录之前插入新记录；省略 BEFORE，在当前记录之后插入新记录。

【操作样例 3-7】在表中插入记录。

【要求】

（1）复制 student.dbf 表为 temp1.dbf。

（2）在 temp1.dbf 表的第 5 条记录之后插入一条空白记录。

（3）在 temp1.dbf 表的顶端记录之前插入一条空白记录。

（4）在操作过程中观察状态栏中信息的变化。

【操作提示】

执行如下命令

CLEAR	&&	清除工作区
USE student	&&	打开 student.dbf 表
COPY TO temp1	&&	复制 temp1.dbf 表，在弹出的提示对话框中单击"是"
	&&	表示覆盖原有文件
USE temp1	&&	打开 temp1.dbf 表
GO 5	&&	转到第 5 条记录
INSERT BLANK	&&	在第 5 条记录之后插入一条空白记录
GO TOP	&&	转到第 1 条记录
INSERT BLANK BEFORE	&&	在当前记录之前插入一条记录
LIST	&&	显示全部记录列表

【显示结果】

记录号	学号	姓名	性别	出生日期	系部	贷款否	相片	简历
1				/ /		.F.	gen	memo
2	993503438	刘昕	女	02/28/81	会计系	.F.	Gen	Memo
3	993503437	张俊	男	08/14/81	会计系	.T.	gen	memo
4	993503433	王倩	女	01/05/80	会计系	.F.	gen	memo
5	993501122	李一	女	06/28/81	财政系	.T.	gen	memo
6	993502235	张勇	男	09/21/79	金融系	.T.	gen	memo
7				/ /		.F.	gen	memo
8	993503412	李竞	男	02/15/80	会计系	.T.	gen	memo
9	993506112	王五	男	01/01/79	中文系	.T.	gen	memo
10	993504228	赵子雨	男	06/23/81	保险系	.F.	gen	memo
11	993511236	陈艳	女	03/18/81	投资系	.T.	gen	memo
12	993503234	郭哲	男	08/24/81	信息系	.T.	gen	memo
13	993502201	赵海	男	09/12/79	金融系	.T.	gen	memo
14	993502202	张丽	女	01/12/78	金融系	.T.	gen	memo

（三）替换记录内容命令

【命令格式】

REPLACE <字段名 1> WITH <表达式 1> [ADDITIVE] [,…][<范围>] [FOR <条件>]

【命令功能】

用相应表达式的值替换当前表中指定范围内满足条件记录的指定字段的值。

【命令说明】

➢ 缺省范围和条件，只对当前记录的有关字段进行替换。

➢ **ADDITIVE**：用于备注型字段，是将表达式的值添加到原有备注内容之后。

➢ **省略 ADDITIVE**：是替代原有备注的内容。

【操作样例 3-8】修改表结构和表记录。

【要求】

（1）为表 temp1.dbf 增加一个新字段，字段名为"email"、类型为"字符型"、宽度为

25，位置在"相片"字段之前。

（2）将表 temp1.dbf 中所有记录的"email"字段值使用字符"A"加上"学号"字段值，再加上"@365.com"进行替换。

【操作提示】

（1）执行命令：USE temp1，打开 temp1.dbf 表。

（2）选择"显示"菜单中的"表设计器"，选定"相片"相片，单击"插入"按钮，在"新字段"位置输入字段名"email"，设置其类型为"字符"、宽度为25，最后单击"确定"按钮，在弹出的提示对话框中单击"是"按钮，确认对表结构的修改。

（3）执行如下命令：

```
CLEAR                &&  清除工作区
REPLACE ALL email WITH "A"-学号-"@365.com"
LIST  学号,姓名,系部,email
```

【显示结果】

记录号	学号	姓名	系部	EMAIL
1				A@365.com
2	993503438	刘昕	会计系	A993503438@365.com
3	993503437	张俊	会计系	A993503437@365.com
4	993503433	王倩	会计系	A993503433@365.com
5	993501122	李一	财政系	A993501122@365.com
6	993502235	张勇	金融系	A993502235@365.com
7				A@365.com
8	993503412	李竞	会计系	A993503412@365.com
9	993506112	王五	中文系	A993506112@365.com
10	993504228	赵子雨	保险系	A993504228@365.com
11	993511236	陈艳	投资系	A993511236@365.com
12	993503234	郭哲	信息系	A993503234@365.com
13	993502201	赵海	金融系	A993502201@365.com
14	993502202	张丽	金融系	A993502202@365.com

七、记录删除与恢复命令

我们在前面已学习了如何利用浏览窗口逻辑删除和物流删除记录，接下来，我们再来学习如何利用命令来逻辑删除、恢复和物理删除记录。

（一）给记录增加删除标记的命令

【命令格式】

DELETE [<范围>][FOR <条件>] [WHILE <条件>]

【命令功能】

给当前表中指定范围内满足条件的记录加上删除标记。默认范围为全部记录（ALL）。

（二）取消记录删除标记的命令

【命令格式】

RECALL [<范围>][FOR <条件>] [WHILE <条件>]

【命令功能】

取消当前表中指定范围内满足条件记录的删除标记。默认范围为当前记录（NEXT 1）。

（三）物理删除记录的命令

【命令格式】

PACK

【命令功能】

物理删除当前表中所有加上删除标记的记录。

（四）物理删除表中全部记录的命令

【命令格式】

ZAP

【命令功能】

无条件物理删除当前表中的所有记录，只保留表的结构。

【操作样例 3-9】删除表记录。

【要求】

（1）为表 temp1.dbf 中"学号"为空的学生记录添加删除标记，并显示验证。

（2）物理删除表中所有加删除标记的记录，并显示验证。

（3）清除表中所有记录，并显示验证。

（4）重新从 student.dbf 表中获得数据，并显示验证。

（5）删除表中的 email 字段。

【操作提示】

```
（1）USE temp1              && 打开表 temp1.dbf
     LIST                   && 显示表现在的数据情况
     DELETE FOR  学号=" "    && 为学号为空的记录增加删除标记
     LIST                   && 观察是否为选定记录添加了删除标记
```

字符字段的默认值为 1 个空格，因此，我们用"学号="""作为删除记录的条件。

【显示结果】

记录号	学号	姓名	性别	出生日期	系部	贷款否	EMAIL	相片	简历
1 *				/ /		.F.	A@365.com	gen	memo
2	993503438	刘昕	女	02/28/81	会计系	.F.	A993503438@365.com	Gen	Memo
3	993503437	张俊	男	08/14/81	会计系	.T.	A993503437@365.com	gen	memo
4	993503433	王倩	女	01/05/80	会计系	.F.	A993503433@365.com	gen	memo
5	993501122	李一	女	06/28/81	财政系	.T.	A993501122@365.com	gen	memo
6	993502235	张勇	男	09/21/79	金融系	.T.	A993502235@365.com	gen	memo
7 *						.F.	A@365.com	gen	memo
8	993503412	李竞	男	02/15/80	会计系	.T.	A993503412@365.com	gen	memo
9	993506112	王五	男	01/01/79	中文系	.T.	A993506112@365.com	gen	memo
10	993504228	赵子雨	男	06/23/81	保险系	.F.	A993504228@365.com	gen	memo
11	993511236	陈艳	女	03/18/81	投资系	.T.	A993511236@365.com	gen	memo
12	993503234	郭哲	男	08/24/81	信息系	.T.	A993503234@365.com	gen	memo
13	993502201	赵海	男	09/12/79	金融系	.T.	A993502201@365.com	gen	memo
14	993502202	张丽	女	01/12/78	金融系	.T.	A993502202@365.com	gen	memo

（2）PACK　　　　　　　　　&& 物理删除加删除标记的全部记录
　　　LIST　　　　　　　　　&& 观察添加删除标记的记录是否被彻底删除

【显示结果】

记录号	学号	姓名	性别	出生日期	系部	贷款否	EMAIL	相片	简历
1	993503438	刘昕	女	02/28/81	会计系	.F.	A993503438@365.com	Gen	Memo
2	993503437	张俊	男	08/14/81	会计系	.T.	A993503437@365.com	gen	memo
3	993503433	王倩	女	01/05/80	会计系	.F.	A993503433@365.com	gen	memo
4	993501122	李一	女	06/28/81	财政系	.T.	A993501122@365.com	gen	memo
5	993502235	张勇	男	09/21/79	金融系	.T.	A993502235@365.com	gen	memo
6	993503412	李竞	男	02/15/80	会计系	.T.	A993503412@365.com	gen	memo
7	993506112	王五	男	01/01/79	中文系	.T.	A993506112@365.com	gen	memo
8	993504228	赵子雨	男	06/23/81	保险系	.F.	A993504228@365.com	gen	memo
9	993511236	陈艳	女	03/18/81	投资系	.T.	A993511236@365.com	gen	memo
10	993503234	郭哲	男	08/24/81	信息系	.T.	A993503234@365.com	gen	memo
11	993502201	赵海	男	09/12/79	金融系	.T.	A993502201@365.com	gen	memo
12	993502202	张丽	女	01/12/78	金融系	.T.	A993502202@365.com	gen	memo

（3）ZAP　　　　　　　　　&& 删除表中全部记录，在给出的提示对话框中
　　　　　　　　　　　　　　&& 单击"是"按钮，确认删除
　　　BROWSE　　　　　　　&& 观察表 temp1.dbf 是否被清空
（4）APPEND FROM student　&& 从表 student.dbf 中重新获得数据
　　　LIST　　　　　　　　　&& 观察表 temp1 是否被重新添加了原始数据

（5）选择"显示"菜单中"表设计器"命令，打开表设计器，删除其中的 email 字段。

八、数组与表之间的数据交换命令

（一）单个记录与数组或内存变量间的数据交换

1. 将表中当前记录的数据传送到数组或内存变量

【命令格式】

SCATTER [FIELDS <字段名表> | FIELDS LIKE <通配字段名> | FIELDS EXCEPT <通配字段名>]　[MEMO] TO <数组名> [BLANK | MEMVAR BLANK]

【命令功能】

将当前记录的字段值按<字段名表>顺序，依次送入数组元素或内存变量。

【命令说明】

> **FIELDS<字段名表>**：传送指定字段。
> **FIELDS LIKE<通配字段名>**：传送名称与通配字段名匹配的字段。所谓通配字段名是指可以包含通配段的字符串。例如，要传送以 P 和 A 开头的字段，可以写为 FIELDS LIKE P*，A*。
> **FIELDS EXCEPT<通配字段名>**：传送名称与通配字段名不匹配的字段。
> **MEMO**：传送备注型字段。默认情况下，将不传送备注字段。
> **TO <数组名>**：将数据复制到数组元素中。
> **TO <数组名> BLANK**：根据字段类型与宽度创建空数组。
> **MEMVAR**：将数据复制到一组与字段变量相对应的同名内存变量中。
> **MEMVAR BLANK**：根据字段名、类型、宽度等创建一组空的内存变量。

2. 将数组或内存变量的数据传送到当前表的当前记录中

【命令格式】

GATHER FROM <数组名> | MEMVAR [FIELDS <字段名表> | FIELDS LIKE <通配字段 | FIELDS EXCEPT <通配字段名>] [MEMO]

【命令功能】

将数组或内存变量的数据依次传送到当前记录，以替换相应字段的值。

【命令说明】

> 修改记录时需确定记录位置。
> 数组元素个数多于字段数，多出的不传送，不够的用原值。
> 内存变量值传给同名字段。
> **FIELDS**：表示指定字段才会被数组元素替代。
> **缺省 MEMO**：忽略备注型字段。

【操作样例 3-10】单个记录与数组或内存变量间的数据交换。

【要求】

（1）使用数组将表 temp1.dbf 中的第 3 条记录与第 5 条记录进行交换。
（2）使用内存变量将表 temp1.dbf 中的第 6 条记录与第 8 条记录进行交换。

【操作提示】

（1）USE temp1	&& 打开 temp1.dbf 表	
LIST	&& 列表其内容	
GO 3	&& 定位到第 3 条记录	
SCATTER TO ar1	&& 将第 3 条记录的内容复制到 ar1 数组中	
GO 5	&& 定位到第 5 条记录	
SCATTER TO ar2	&& 将第 5 条记录的内容复制到 ar2 数组中	
GATHER FROM ar1	&& 将数组 ar1 的内容复制到第 5 条记录中	

```
GO 3                          && 定位到第 3 条件记录
GATHER FROM ar2               && 将数组 ar2 的内容复制到第 3 条记录中
LIST
```

【显示结果】

记录号	学号	姓名	性别	出生日期	系部	贷款否	相片	简历
1	993503438	刘昕	女	02/28/81	会计系	.F.	Gen	Memo
2	993503437	张俊	男	08/14/81	会计系	.T.	gen	memo
3	993502235	张勇	男	09/21/79	金融系	.T.	gen	memo
4	993501122	李一	女	06/28/81	财政系	.T.	gen	memo
5	993503433	王倩	女	01/05/80	会计系	.F.	gen	memo
6	993503412	李竞	男	02/15/80	会计系	.T.	gen	memo
7	993506112	王五	男	01/01/79	中文系	.T.	gen	memo
8	993504228	赵子雨	男	06/23/81	保险系	.F.	gen	memo
9	993511236	陈艳	女	03/18/81	投资系	.T.	gen	memo
10	993503234	郭哲	男	08/24/81	信息系	.T.	gen	memo
11	993502201	赵海	男	09/12/79	金融系	.T.	gen	memo
12	993502202	张丽	女	01/12/78	金融系	.T.	gen	memo

```
（2） USE temp1
     LIST
     GO 6
     SCATTER TO MEMVAR        && 将第 6 条记录的内容赋给同名的内存变量
     APPEND BLANK             && 在表尾追加一条空白记录
     GATHER FROM MEMVAR       && 使用同名的内存变量给表尾空白记录赋值
     LIST
     GO 8
     SCATTER TO MEMVAR        && 将第 8 条记录的内容赋给同名的内存变量
     GO 6
     GATHER FROM MEMVAR       && 用同名内存变量的值给表中第 6 条记录赋值
     LIST
     GO 13
     SCATTER TO MEMVAR        && 将第 3 条记录的内容赋给同名的内容变量
     GO 8
     GATHER FROM MEMVAR       && 用同名内存变量的值给表中第 6 条记录赋值
     LIST
     GO 13
     DELETE                   && 将作为中间数据的第 13 条记录彻底删除
     PACK
     LIST
```

（二）成批记录的数据与数组间的数据交换

1. 将表中的一批数据传送到数组中

【命令格式】

COPY TO ARRAY <数组名> [FIELDS <字段名表> | FIELDS LIKE <通配字段名> | FIELDS EXCEPT <通配字段名>] [<范围>][FOR <条件>] [WHILE <条件>]

【命令功能】

将当前指定范围内满足条件记录的指定字段值复制到数组中。

【命令说明】

数组必须为二维数组，并且如果数组有足够的列，则在缺省字段、范围的情况下，表示将全部记录的全部字段复制到数组中。

2. 将数组中的数据传送到表中

【命令格式】

APPEND FROM ARRAY <数组名> [FIELDS <字段名表> | FIELDS LIKE <通配字段名> | FIELDS EXCEPT <通配字段名>]　[FOR <条件>]

【命令功能】

将满足条件的数组数据，按记录依次追加到当前表的末尾，备注型字段除外。

九、表文件的复制与删除命令

为了数据安全，可对已有表文件进行复制。复制的作用：一是留作备份，二是方便结构或数据的再次使用。此外，我们还可以在 VFP 中将不用的文件直接删除。

（一）复制任何类型的文件

【命令格式】

COPY FILE <文件名 1> TO <文件名 2>

【命令功能】

将<文件名 1>指定的文件复制一份，得到<文件名 2>指定的新文件。

【命令说明】

➢ 源文件必须处于关闭状态。

➢ <文件名 1>和<文件名 2>都可以使用通配符*号和? 号。

➢ 文件的扩展名不可省略。

【操作样例 3-11】表文件的复制。

【要求】

（1）复制表文件 student.dbf 及其备注文件 student.FPT。

（2）打开复制的表文件，并浏览其数据。

【操作提示】

```
USE
COPY FILE student.dbf TO student1.dbf
COPY FILE student.fpt TO student1.fpt
USE student1
BROWSE
```

（二）复制表的结构

【命令格式】

COPY STRUCTURE TO <文件名> [FIELDS <字段名列表>]。

【命令功能】

将当前表的结构全部或部分复制到新的表文件，新的表文件只有结构没有数据。

【命令说明】

➤ 要求作为源的表文件必须处于打开状态。

➤ 使用 FIELDS，则新表的结构只含指明的字段；无 FIELDS，默认选择所有字段。

【操作样例 3-12】表结构的复制。

【要求】

将表 student 结构中的学号、姓名、性别、出生日期复制到表 student2，并且表 student2 只有结构，没有数据。

【操作提示】

```
USE student
COPY STRUCTURE TO student2 FIELDS  学号,姓名,性别,出生日期
USE student2
BROWSE
```

（三）从表复制出表或其他类新文件

【命令格式】

COPY TO <文件名> [<范围>] [FOR <条件>] [FIELDS <字段名表>] [WHILE <条件>] [[TYPE] [SDF | XLS | DELIMITED [WITH <定界符> | WITH BLANK | WITH TAB]]]

【命令功能】

将当前表中选定的记录和字段复制成一个新表或其他类型的文件。

【命令说明】

➤ 源表文件必须处于打开状态。

> ➤ 若源表文件有备注文件，将自动复制备注文件。
> ➤ 使用 TYPE 子句时，TYPE 可省略。
> ➤ 在将表文件复制为文本文件或 Excel 文件时，备注型和通用型字段的内容将被丢弃。

【操作样例 3-13】表文件的复制。

（1）给表文件 student、course、score 作备份，备份文件名分别为 student_bf、course_bf、score_bf。

（2）将 student 表中所有"会计系"的记录复制到表 student3，并且表 student3 只含有姓名、系部和出生日期这 3 个字段。

【操作提示】

（1）备份文件

```
USE student
COPY TO student_bf
USE course
COPY TO course_bf
USE score
COPY TO score_bf
```

（2）复制表文件

```
USE student
COPY TO student3 FIELDS 姓名,系部,出生日期 FOR 系部="会计系"
USE student3
BROWSE
```

【操作样例 3-14】由表文件复制文本文件或 Excel 文件。

（1）将 student 表复制为 Excel 表 x1.xls。

（2）将 student 表复制为文本文件 x2.txt，各字段数据间无分隔符，字符型数据无定界符。

（3）将 student 表复制为文本文件 x3.txt，字段间用空格分隔，字符型数据用双引号作为定界符。

【操作提示】

（1）首先执行如下命令：

```
USE student
COPY TO x1 XLS
COPY TO x2 SDF
COPY TO x3 DELIMITED WITH BLANK
```

（2）打开"我的电脑"，找到默认目录下的 x1.xls、x2.txt 和 x3.txt 文件，打开他们，查看复制结果，如图 3-26 所示。

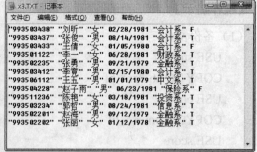

图 3-26 复制的 Excel 文件和文本文件

（四）表文件的删除命令

要删除表文件或其他文件，可执行 DELETE FILE 命令，其格式如下：

【命令格式】

DELETE FILE [FileName | ?] [RECYCLE]

【命令功能】

删除文件。

【命令说明】

➢ 可使用文件通配符?和*，例如，DELETE FILE *.bak 表示删除所有扩展名为 bak 的文件。

➢ ？：打开删除文件对话框。在其中选择要删除的文件，单击"删除"按钮即可。

➢ RECYCLE：将删除的文件放入回收站。

技能训练

一、基本技能训练

1. 为表 student 添加奖学金字段：奖学金 N（7，2）。

2. 在 student 表中增加一个名为"备注"的字段，字段数据类型为"字符"、宽度为 30。

二、国考真题训练

1. 把当前表当前记录的"学号"、"姓名"字段值复制到数组 A 的命令是 SCATTER FIELDS 学号，姓名_____。

2. 设当前表文件中有20条记录，若当前记录号为1，则?BOF()的结果为（   ）; ?RECNO() 的结果为（   ）; 当 EOF()为真时，则当前记录号为（   ）。

    A．.T., 1, 20   B．.F., 1, 20   C．.T.或.F., 1, 21   D．无值，21, 21

3. 下列命令当中，省略范围和条件子句时，默认操作对象为全部记录的是（   ）。

    A．COUNT   B．DELETE   C．DISPLAY   D．RECALL

4. 定位第一条记录上的命令是（   ）。

    A．GO TOP   B．GO BOTTOM C．GO 6   D．SKIP

5. 在 Visual FoxPro 中，调用表设计器建立数据库表 student.dbf 的命令是（   ）。

    A．MODIFY STRUCTURE student   B．MODIFY COMMAND student

    C．CREATE student   D．CREATE TABLE student

三、全国高等学校计算机二级考试真题训练

1. 假设当前表文件中 NAME 字段为字符型，要以同名字符型内存变量 NAME 的值替代当前记录的 NAME 字段的值，应使用的命令是（   ）。

    A．NAME= NAME   B．REPLACE NAME WITH NAME

    C．NAME=M.NAME   D．REPLACE NAME WITH M.NAME

2. 设当前数据库有 10 条记录，在下列三种情况：当前记录号为 1 时、EOF()为真时和 BOF（）为真时，命令?RECN()的结果分别是（   ）。

    A．1，11，1   B．1，10，1   C．1，11，0   D．1，10，0

3. 下列命令当中，省略范围和条件子句时，默认操作对象为当前记录的是（   ）。

    A．AVERAGE   B．COPY TO   C．REPLACE   D．SUM

4. 向 SCORE1 表尾追加一条记录：学号为"993503433"、课程号为"0001"、成绩是 99。

四、答案及操作提示

一、方法 1：（1）以独占方式打开表：USE　student　Exclusive（2）在命令窗口输入命令：MODIFY STRUCTURE

    方法 2：（1）以独占方式打开表（2）执行"显示"菜单中的"表设计器"命令　（3）按照题目要求进行修改

二、1. TO A   2. C   3. A   4. A   5. C

    6. 提示：

（1）USE　教师

    REPLACE　新工资　WITH　原工资*1.2 FOR　职称="教授"

    REPLACE　新工资　WITH　原工资 FOR　职称<>"教授"

（2）GO 3

    INSERT BLANK

LIST

三、1. D   2. A   3. C

4. 提示：（1）打开表（2）在命令窗口输入命令：APPEND →输入给定的记录数据

单元小结

本单元主要学习了表的创建和基本操作。通过本单元的学习，读者可以看到：VFP 非常灵活。在很多情况下，我们既可以借助工具和菜单来完成所需任务，也可借助命令来执行相应操作。在实际应用中，由于我们通常会把 VFP 作为开发平台来开发具体的应用程序，因此，我们通常会借助 VFP 开发环境做一些基础性的工作，如创建表、创建数据库等，而将大量的工作交给程序来处理。因此，读者应该很好地掌握操作表的各种命令的功能及用法。

第 **4** 单元　数据库的基本操作

在 VFP 6.0 中，数据库和表是两个不同的概念。表是具体保存数据的文件，而数据库是表的集合，它保存的是表的属性、表之间的关系、视图等。通过把表放入数据库，可减少冗余数据，保护数据的完整性。例如，不必对已有的每一个客户订单的客户姓名和地址重复存储。可在一个表中存储用户的姓名和地址，然后把其关联到存储在另一个表中的订单上。如果客户的地址改变了，只需改变一个记录即可。

在本单元中，我们将主要学习数据库的创建、打开、关闭、修改、删除方法，以及数据库表的各种操作方法等知识。

【学习任务】

◆　数据库的基本操作
◆　数据库的使用

【掌握技能】

◆　了解数据库的概念
◆　掌握数据库的建立、打开、关闭、修改和删除方法
◆　掌握为数据库表设置显示属性、字段级有效性、记录级有效性和触发器的方法
◆　掌握表的排序方法
◆　掌握索引的创建和使用方法
◆　掌握打开多表的方法
◆　掌握为表建立永久关系和临时关联的意义和方法
◆　掌握参照完整性设置的意义与方法

任务 4.1　掌握数据库的基本操作

相关知识与技能

一、数据库的概念

在 VFP 6.0 中，数据库和表是两个不同的概念。表用来存储收集来的各种信息，而数据库是数据库对象（如表、视图、存储过程等）的集合。在数据库的组织管理下，可以方便地为表中字段设置输入和显示属性，设置默认值，为表创建字段级有效性规则、记录级有效性规则和触发器，为各表之间建立永久关系，创建视图等。

例如，假设要为学校开发一个人事管理系统，就需要建立多个表文件，如学生表、课程

表、成绩表等，这些表中包含的数据都相互具有某种联系，此时便可以把它们集中到一个数据库中，建立各表之间的永久关系，进行统一管理和使用。

在 VFP 6.0 中，表被分为数据库表和自由表两类。归属于某一个数据库的表称为数据库表，而不归属于任何数据库的表称为自由表。自由表可以添加到数据库，成为数据库表；数据库表也可以移出数据库，成为自由表。

数据库建立后将保存在一个扩展名为.dbc 的数据库文件中。该文件本身也是一个表，其中记载了该数据库中所有表的参数及索引、表间关联等相关参数。

二、数据库的建立

我们在前面已学习了项目文件和表的创建方法，数据库的建立方法与此类似，具体包括：

（1）选择"文件"菜单中的"新建"，或单击"常用"工具栏中的"新建"按钮，打开"新建"对话框，然后创建"文件类型"为"数据库"的文件即可。

（2）使用项目管理器。打开某个项目文件，在项目管理器中打开"数据"选项卡，在内容列表中单击"数据库"，然后单击"新建"按钮即可。

（3）使用 CREATE DATABASE 命令，该命令的格式如下：

CREATE DATABASE [<数据库文件名>|?]

不过，使用该命令创建数据库后，系统并不会自动打开数据库设计器窗口，只是数据库处于打开状态。

 提示

> 要打开当前处于打开状态的数据库的设计器，可执行 MODIFY DATABASE 命令。

三、数据库的打开与关闭

类似地，打开数据库的方法也有如下几种：

（1）使用项目管理器。在项目管理器中选择希望希望打开的数据库，然后单击"打开"按钮即可，但此时系统并不会自动打开数据库设计器。如果要在打开数据库的同时打开数据库设计器，此时应该单击"修改"按钮。

（2）选择"文件"菜单中的"打开"，或单击"常用"工具栏中的"打开"按钮，借助"打开"对话框打开数据库。此时系统会自动打开数据库设计器。

（3）执行 OPEN DATABASE 命令，该命令的格式如下：

OPEN DATABASE [<数据库文件名>|? [EXCLUSIVE|SHARED]]

同样，此时只是打开了数据库，并不会显示数据库设计器。

要关闭数据库，可执行 CLOSE DATABASE 命令，该命令的格式和说明如下：

【命令格式】

CLOSE DATABASE [ALL]

【命令说明】

➢ **省略[ALL]：**关闭当前打开的数据库及其中的数据库表。如果当前没有打开的数据库，则所有工作区中打开的自由表、索引和格式文件都被自动关闭，并且工作区 1 被选中。

> **使用 ALL**：关闭所有打开的数据库、数据库表及自由表，所有工作区中的全部索引和格式文件，并且工作区 1 被选中。

四、数据库的修改与删除

要修改数据库，必须打开数据库设计器。而要打开数据库设计器，可执行 MODIFY DATABASE 命令，其格式如下：

【格式】

MODIFY DATABASE [<数据库文件名>|?]

【说明】

> 如果未给出数据库文件名和？，表示打开当前打开的数据库的数据库设计器。
> 如果指定了数据库文件名，表示打开指定数据库及其数据库设计器。

在某些情况下，由于我们无法知道当前是否存在打开的数据库，此时便可通过执行 MODI DATA 命令来测试。如果存在打开的数据库，则数据设计器会自动打开。否则，系统将打开"打开"对话框，供用户选择某个希望修改的数据库。

要删除数据库，主要有两种方法，一是使用 DELETE DATABASE 命令，一是使用项目管理器。

（1）使用命令删除数据库

【命令格式】

DELETE DATABASE <数据库文件名>|? [DELETETABLES] [RECYCLE]

【命令功能】

从磁盘中删除指定的数据库文件。

【命令说明】

> 使用命令删除数据库时，数据库必须处于关闭状态。
> **<数据库文件名>或?**：用于指定要删除的数据库。
> **DELETETABLES**：在删除数据库文件的同时，也删除数据库中的表文件。默认情况下，不删除表文件。
> **RECYCLE**：把要删除的数据库文件及其包含的数据库表文件（如果指定了 DELETETABLES 选项的话）放入回收站。

（2）在项目管理器中删除数据库

要在项目管理器中删除数据库，应首先单击选择要删除的数据库，然后单击"移去"按钮，在弹出的对话框中进行相应的选择。

➤ **移去**：从项目管理器中删除数据库，但并不从磁盘上删除该数据库文件。

➤ **删除**：从项目管理器中删除数据库，并且从磁盘上删除该数据库文件。

➤ **取消**：取消当前的操作。

【操作样例 4-1】为"学生管理.pjx"项目文件创建一个数据库。

【操作步骤】

步骤 1▶ 单击"常用"工具栏中的"打开"按钮 📂，打开前面创建的"学生管理.pjx"项目文件。

步骤 2▶ 在内容列表区单击数据库，然后单击"新建"按钮，打开"新建数据库"对话框。

步骤 3▶ 单击"新建数据库"按钮，打开"创建"对话框，输入数据库文件名"课程管理.dbc"，然后单击"保存"按钮。此时系统将会打开如图 4-1 所示数据库设计器窗口。

图 4-1　数据库设计器窗口

技能训练

一、基本技能训练

1. 在 VFP 中建立数据库文件时，其数据库文件的扩展名是_____。

2. 打开数据库设计器的命令是_____。

3. 建立名为"图书销售"的数据库文件，可在命令窗口执行命令_____。

二、国考真题训练

1. 在数据库中建立表的命令是（　　）。

  A．CREATE   B．CREATE DATABASE

  C．CREATE QUERY   D．CREATE FORM

2. 所谓自由表就是那些不属于若任何_____的表。

三、全国高等学校计算机二级考试真题训练

1. 关于数据库文件正确的描述是（　　　）。

    A. 数据库文件也是一个表

    B. 数据库文件不是一个表

    C. 数据库文件是存储着若干数据库的结构文件

    D. 数据库文件是由多个表组成

2. 在数据库中存储的是（　　　）。

    A. 数据　　　　　　　　　　B. 数据模型

    C. 数据以及数据之间的联系　　D. 信息

3. 以下可以关闭所有打开数据库和表的命令是（　　　）。

    A. CLEAR ALL　　　　　　　B. USE

    C. CLOSE TABLES ALL　　　　D. CLOSE DATEBASE ALL

四、答案

一、1. .dbc　　　　　2. MODIFY DATABASE

   3. CREATE DATABASE 图书销售

二、1. A　　　　　2. 数据库

三、1. A　　　　　2. C　　　　　3. D

任务 4.2　掌握数据库的使用方法

数据库的使用实际上是指如何操作数据库中的表，因此，本任务主要介绍数据库表的创建、编辑、添加、移去与删除，数据库表属性设置，数据库表索引的创建与使用，数据库表之间关系的建立，多表的使用，以及参照完整性设置等内容。

相关知识与技能

一、数据库表的特点

数据库表具有自由表的所有属性，另外还具有自由表所没有的属性，比如主关键字、默认值、字段有效性规则等。概括起来，数据库表主要具有如下一些特点：

➢ 数据库表可以使用长表名和长字段名，最长为 128 个字符；自由表的表名和字段名最长为 10 个字符。

➢ 可以为数据库表中的字段指定标题和添加注释。

➢ 可以为数据库表中的字段指定默认值和输入掩码。

➢ 可以为数据库表规定字段级有效性规则和记录级有效性规则。

➢ 可以为数据库表设置插入、删除、更新记录的触发器，以控制对表的各种操作。

> ➤ 数据库表的字段有默认的控件类。
> ➤ 数据库表只能属于一个数据库，如果想把一个数据库中的表移到另一个数据库中，必须先将该数据库表变成自由表，然后再将其添加到另一个数据库中，使其变为数据库表。
> ➤ 在上一单元中介绍的对自由表进行的各种操作同样也适合数据库表。

二、在数据库中新建、添加、移去或删除表

1. 在数据库中新建数据库库表

若当前没有打开数据库，所创建的表为自由表；打开数据库后创建的表为数据库表。因此，在创建数据库表之前，先要打开数据库。

总体而言，创建数据库表的方法与创建自由表的方法类似，主要有如下几种：

（1）使用菜单和工具按钮新建数据库表

选择"文件"菜单中的"新建"命令，或单击"常用"工具栏中的"新建"按钮，在"新建"对话框中设置新建文件类型为"表"，然后单击"新建文件"按钮，即可按提示新建数据库表。

（2）在数据库设计器中建立数据库表

右击数据库设计器空白区域，在弹出的快捷菜单中选择"新建表"命令，或者单击"数据库设计器"工具栏中中的"新建表"按钮，即可按提示创建数据库表。

（3）使用 CREATE 命令在当前打开的数据库中创建数据库表，该命令的格式如下：

【命令格式】

CREATE [<表文件名> | ?]

【命令说明】

输入表文件名时，表文件的扩展名.dbf 可以省略。如果不输入表文件名，系统将打开"创建"对话框，供用户输入表文件名。

（4）在项目管理器中创建数据库表

在项目管理器中打开"数据"选项卡，依次展开"数据库"和某个具体的数据库文件，单击"表"，然后单击"新建"按钮，即可在选定的数据库中创建数据库表，如图 4-2 所示。

2. 将自由表添加到数据库中

要将自由表添加到数据库中，使之成为数据库表，常用的方法有如下 3 种：

（1）在数据库设计器中将自由表添加到数据库

在数据库设计器窗口中的空白区域右击，在弹出的快捷菜单中选择"添加表"命令，在随后打开的"打开"对话框中选择要添加的自由表，单击"确定"按钮，即可将选定的自由表添加到数据库中。

（2）使用命令将自由表添加到数据库中

使用 ADD TABLE 命令也可将自由表添加到数据库中，该命令的格式如下：

ADD TABLE [<表文件名> | ?]

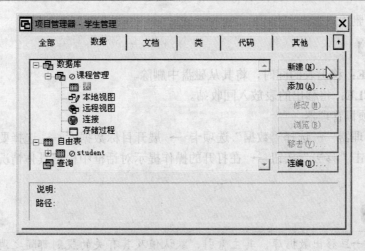

图 4-2　为选定数据库创建数据库表

（3）在项目管理器中将自由表添加到数据库中

在项目管理器中打开"数据"选项卡，依次展开"数据库"和某个具体的数据库文件，单击"表"，单击"添加"按钮，在打开的"打开"对话框中选择要添加的自由表，单击"确定"按钮，即可将选定的自由表添加到所选数据库中。

> 一个表只能属于一个数据库，当一个自由表添加到某个数据库后，就不再是自由表了，不能把已经属于某个数据库的表再添加到当前数据库。只有把它变为自由表才可以添加到其他数据库中。

3．从数据库中移出表

当某个数据库不再使用某一个数据库表时，而这个表还有用或其他数据库要使用它，需要把该表从当前数据库中移去，使之成为自由表；如若此表不再使用，则可以在将其移出数据库的同时删除它。

将数据库表移出数据库的方法主要有如下 3 种：

（1）使用数据库设计器

打开数据库设计器 → 右击要移出或删除的数据库表，在弹出的快捷菜单中选择"删除"命令 → 在弹出的操作提示对话框中根据具体情况选择"移去"或"删除"。其中，"移去"是指把数据库表从数据库中移出，使其成为自由表，表文件继续存储在磁盘中；"删除"是指把数据库表从数据库中移出的同时，将其从磁盘上删除。

（2）使用命令

【命令格式】

REMOVE TABLE [<表文件名> | ?] [DELETE] [RECYCLE]

【命令功能】

从当前打开的数据库中移出指定的数据库表，使其成为自由表，或者在移出数据库的同时将其从磁盘中删除。

【命令说明】

➢ **DELETE**：移出表的同时，将其从磁盘中删除。

➢ **RECYCLE**：将移出的表放入回收站。

（3）使用项目管理器

打开项目管理器 → 选择"数据"选项卡 → 展开目标数据库 → 选择要移去或删除的数据库表 → 单击"移去"按钮 → 在打开的操作提示对话框中根据具体情况选择"移去"或"删除"。

> 数据库表一旦移出数据库，其主索引、默认值及其有关的规则都随之消失。

【操作样例 4-2】将自由表添加到数据库中。

【要求】

利用前面介绍的方法将前面制作的 student.dbf、course.dbf 和 score.dbf 自由表添加到"课程管理"数据库中。

【操作步骤】

步骤 1▶ 单击"常用"工具栏中的"打开"按钮，打开前面创建的"学生管理.pjx"项目文件。

步骤 2▶ 打开"数据"选项卡，展开"数据库"，单击"学生管理"，单击"修改"按钮，打开数据库设计器窗口。

步骤 3▶ 在数据库设计器的空白区右击，在弹出的快捷菜单中选择"添加表"，如图 4-3 所示。

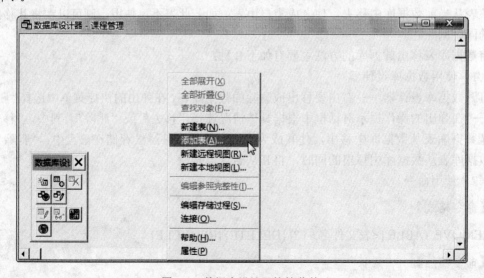

图 4-3　数据库设计器快捷菜单

步骤 4▶ 在打开的"打开"对话框中选择 student.dbf 自由表,然后单击"确定"按钮,此时数据库设计器将如图 4-4 所示。

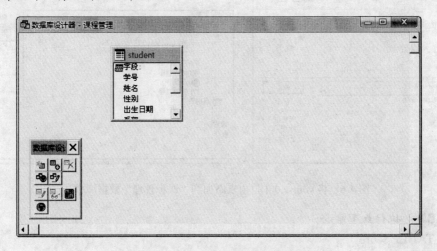

图 4-4 将 student.dbf 自由表添加到数据库中

步骤 5▶ 关闭数据库设计器,在项目管理器中依次展开"学生管理"数据库和"表",我们将可以看到已被添加到"课程管理"数据库中的 student.dbf 表,如图 4-5 所示。

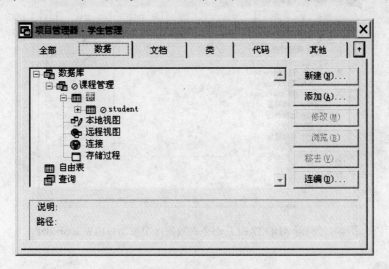

图 4-5 为"课程管理"数据库添加表后的项目管理器

步骤 6▶ 在内容列表区单击"表"项目,然后单击"添加"按钮,打开"打开"对话框。单击选中 course.dbf 自由表,然后单击"确定"按钮,即可将所选自由表添加到"课程管理"数据库中,如图 4-6 所示。

步骤 7▶ 选择"窗口"菜单中的"命令窗口",打开命令窗口。执行 MODI DATA 命令,此时应打开数据库设计器。由此可以证明,"课程管理"数据库已被打开。单击数据库设计器右上角的关闭按钮，暂时关闭数据库设计器。

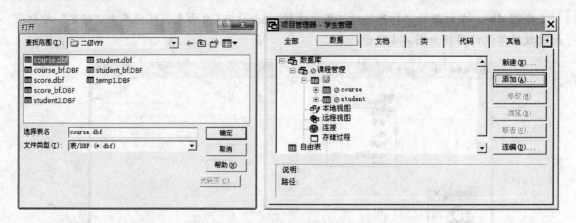

图 4-6　将 course.dbf 自由表添加到"课程管理"数据库中

步骤8▶　执行如下命令：

ADD TABLE score

观察一下项目管理器，我们会发现，score.dbf 表已被增加到"课程管理"数据库中，如图 4-7 所示。

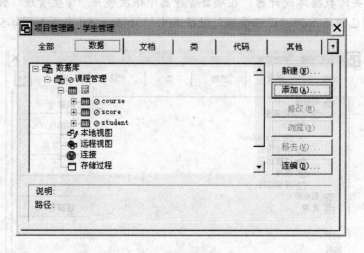

图 4-7　利用 ADD TABLE 命令向数据库中添加自由表 score.dbf

这类再次强调一遍，由于此时"课程管理"数据库被打开，无论此时使用哪种方法创建表，该表都将属于"课程管理"数据库。

三、浏览与修改数据库表的结构与数据

要想浏览、修改数据库表的结构，其方法非常简单，主要有如下几种：

➢ **方法 1：**在数据库设计器窗口中右击要浏览或修改其结构的表，在弹出的快捷菜单中选择"修改"命令，打开表设计器。

> ➤ **方法 2**：在数据库设计器窗口中单击选中要浏览或修改其结构的表，选择"显示"菜单中的"表设计器"命令，也可打开表设计器。

> ➤ **方法 3**：在项目管理器中单击选中某个表，然后单击"修改"按钮。

要想浏览、修改数据库表的数据，其方法同样非常简单，主要有如下几种：

> ➤ **方法 1**：在数据库设计器窗口中双击要浏览的表，即可打开浏览窗口。

> ➤ **方法 2**：在数据库设计器窗口中右击要浏览的表，在弹出的快捷菜单中选择"浏览"命令，打开浏览窗口。

> ➤ **方法 3**：在数据库设计器窗口中单击选中要浏览的表，选择"显示"菜单中的"浏览"命令，打开浏览窗口。

> ➤ **方法 4**：在项目管理器中单击选中某个表，然后单击"浏览"按钮。

四、设置数据库表的属性

数据库表的表设计器如图 4-8 所示，显然，它与自由表的表设计器（参见图 4-9）有很大的不同。在数据库表的表设计器下部，有"显示"、"字段有效性"、"匹配字段类型到类"和"字段注释" 4 个设置区域，而这是自由表的表设计器所没有的。

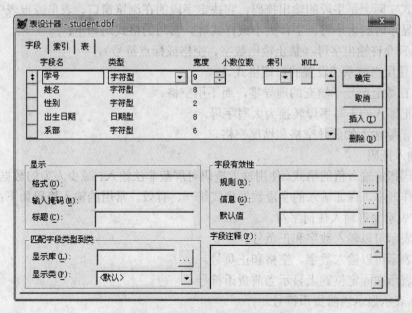

图 4-8　针对数据库表的表设计器

这是因为数据库表具有一些自由表所没有的属性，如长表名、长字段名、输入掩码、字段注释、默认值、字段级和记录级有效性规则、触发器等。因此，在创建数据库表的时候，不仅可以设置字段的名称、数据类型和字段宽度，还可以给字段定义显示属性、默认值、有效性规则等。

另外，数据库表的这些属性并未保存在表中，而是保存在表所属的数据库文件中，并且一直为该表所拥有，直到将该表从这个数据库中移出为止。

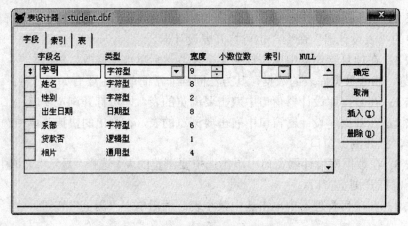

图4-9　针对自由表的表设计器

1. 设置字段的显示属性

字段的显示属性包括显示格式、输入掩码、标题和字段注释。

（1）显示格式

显示格式实际上是字段的输出掩码，它决定字段的在浏览窗口、表单或报表中的显示风格，如字段显示时的大小写、字体大小或样式等。常用的格式码如下：

- ➢ **A**：只允许输出字母（禁止输出数字、空格或标点符号）。
- ➢ **D**：使用当前系统设置的日期格式。
- ➢ **L**：在数值前显示填充的前导零，而不用空格。
- ➢ **!**：把输入的小写字母转换为大写字母。
- ➢ **T**：消除输入的前导空格和结尾空格。

（2）输入掩码

输入掩码指定输入值的格式。使用输入掩码可屏蔽非法输入，减少人为的数据输入错误，提高输入工作效率，保证输入的字段数据格式统一、有效。常用的输入掩码如下：

- ➢ **X**：表示允许输入任何字符。
- ➢ **9**：表示可以输入数字和正负号。
- ➢ **#**：表示可以输入数字、空格和正负号。
- ➢ **$**：表示在固定位置上显示当前货币符号。
- ➢ **$$**：表示显示当前货币符号。
- ➢ *****：表示在指定宽度中，在值的左侧显示星号。
- ➢ **.**：表示用点分隔符指定数值的小数点位置。
- ➢ **,**：表示用逗号分隔小数点左的整数部分，一般用来分隔千分位。

（3）标题

标题用于为浏览窗口、表单或报表中的字段，指定显示代表该字段的标题文字。通过"标题"属性可以给字段添加一个说明性标题，增强字段的可读性。

（4）字段注释

在定义数据库表的字段时，不仅可以为字段设置简单的标题，还可以为字段输入一些注

释信息，用来说明字段所表示的含义。

【操作样例 4-3】为 student.dbf 表的相关字段设置显示属性和注释。

【要求】

（1）为"学号"字段设置"输入掩码"属性，只允许输入长度为 9 位的数字。

（2）为"姓名"字段设置"格式"属性，取消输入的前导空格和结尾空格。

（3）为"贷款否"字段设置"标题"属性，标题文字为"是否贷款"。

（4）为"简历"字段设置"字段注释"属性，内容为"学生入学前简历，特长及所受表彰等"。

【操作步骤】

步骤 1▶　在项目管理器中打开"数据"选项卡，依次展开"数据库"、"课程管理"、"表"，单击 student.dbf 表，然后单击"修改"按钮，打开表设计器。

步骤 2▶　此时"学号"字段被选中，为了使该字段在输入和编辑数据时只能输入数字，在对话框下方的"输入掩码"编辑框中输入"999999999"（9 个"9"），如图 4-10 所示。

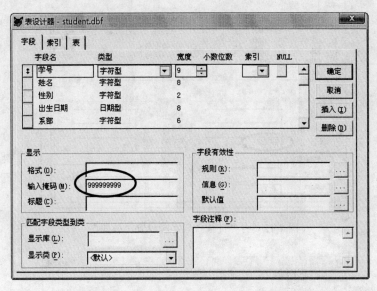

图 4-10　为"学号"字段设置"输入掩码"

步骤 3▶　在字段列表区单击"姓名"字段，为了在输入该字段内容后（在其他字段单击可确认上一字段输入）自动消除输入的前导和结尾空格，可在对话框下方的"格式"编辑框中输入"T"，如图 4-11 所示。

步骤 4▶　在字段列表区单击"贷款否"字段，在对话框下方的"标题"编辑框中输入"是否贷款"，如图 4-12 所示。

步骤 5▶　在字段列表区单击"简历"字段，在对话框下方的"字段注释"编辑框中输入"学生入学前简历，特长及所受表彰等"，如图 4-13 所示。

步骤 6▶　单击"确定"按钮，在给出的提示对话框中单击"是"按钮，确认对表结构的修改。

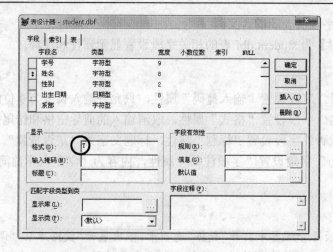

图 4-11 为"姓名"字段设置"格式"代码

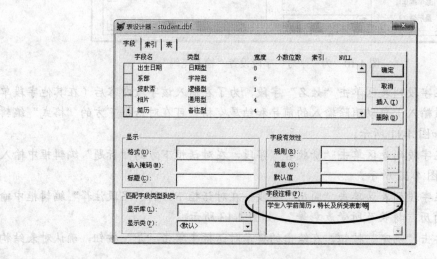

图 4-12 为"贷款否"字段设置"标题"

图 4-13 为"简历"字段设置"字段注释"

步骤7▶　在项目管理器中单击"浏览"按钮，打开记录浏览窗口，现在试试如下操作：

①　在第 1 条记录的"学号"字段中随便按一个英文字母键，用户将会发现，此时已无法输入非数字了。

②　在第 1 条记录的"姓名"字段中，在姓名"刘昕"前面各输入两个空格，然后单击其他字段，你会发现，输入的空格会自动被删除。

③　检查一下"贷款否"字段，看看其标题是否已变成了"是否贷款"。

④　关闭浏览窗口，在项目管理器中展开 student 表的字段列表，单击"简历"字段，在项目管理器的下方将显示前面为"简历"字段增加的字段注释信息，如图 4-14 所示。

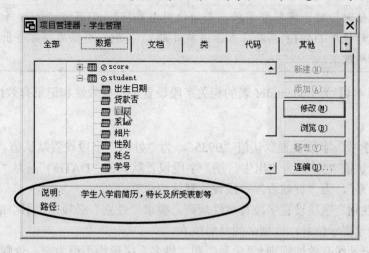

图 4-14　在项目管理器中查看字段注释

2. 设置字段有效性和记录有效性

利用表设计器的"字段有效性"区域，用户可以为字段设置字段有效性规则、提示信息和默认值；利用表设计器"表"选项卡的"记录有效性"区域可设置记录有效性规则和提示信息。

（1）字段有效性规则与记录有效性规则

设置有效性规则的目的是按照用户设置的限制要求，检查输入的数据，以确保输入数据的有效性。

有效性规则是一个逻辑表达式，系统会将输入的值与所定义的有效性规则（逻辑表达式）进行比较。如果比较的结果为真，则输入的数据满足规则要求，通过检查；否则拒绝该值，并且显示提示信息。

根据激活方式的不同，有效性规则分为两种：字段级有效性规则和记录级有效性规则。字段级有效性规则是对一个字段的约束，当光标离开这个字段时，系统会按照设置的字段有效性规则对这个字段中输入的数据进行有效性检查；记录级有效性规则是对一条记录的约束，当光标离开这条记录时，系统会按照设置的记录有效性规则对这条记录进行有效性检查。

有效性规则只在数据库表中存在，表一旦从数据库中移去或删除，则所有属于该表的字段级和记录级有效性规则都会从数据库中删除。

（2）提示信息

在"信息"文本框可以设置违反规则时要显示的错误提示信息，需要使用字符型定界符。用户可以分别设置字段有效性和记录有效性提示信息。

（3）默认值

用户在向数据库表输入记录时，常常会遇到多条记录的某个字段的取值相同，比如"性别"字段（不是"男"便是"女"）。为了方便这类数据的输入，用户可以为该字段设置一个默认值。如果用户在输入记录数据时不输入新值，默认值便被作为该字段的值。

> 　　设置默认值时，对于字符型字段，必须使用定界符，如"男"、"女""等。另外，日期的默认值最好使用 DATE()函数（表示当前日期），否则，数据库经常会出错（或许是系统自身缺陷所致）。

【操作样例 4-4】为 student.dbf 表的相关字段设置字段有效性和记录有效性规则。

【要求】

（1）为"学号"字段设置默认值"9935"，为"姓名"字段设置默认值"张"，为"性别"字段设置默认值"男"，为"出生日期"字段设置默认值"DATE()"，为"系部"字段设置默认值"会计系"，为"贷款否"字段设置默认值"T"。

（2）为"性别"字段设置字段有效性规则，要求"性别"必须是"男"或"女"。当输入数据错误时显示提示信息：性别必须是男或女。

（3）设置记录级有效性规则，"学号"和"姓名"字段均不得为空。否则，给出提示信息：学号或姓名均不得为空。

【操作步骤】

步骤 1▶ 在项目管理器中打开"数据"选项卡，依次展开"数据库"、"课程管理"、"表"，单击 student.dbf 表，然后单击"修改"按钮，打开表设计器。

步骤 2▶ 在字段列表区分别选中"学号"、"姓名"、"性别"、"出生日期"、"系部"与"贷款否"字段，然后分别在"字段有效性"区域的"默认值"编辑框中输入""9935""、""张""、""男""、"DATE()"、""会计系"" 和 ".T."，如图 4-15 所示。

步骤 3▶ 在字段列表区单击选中"性别"字段，在"字段有效性"区域的"规则"编辑框中输入 "性别="男" .OR. 性别="女""（或者输入：性别$"男女"），在"信息"编辑框中输入 ""性别必须是男或女""，如图 4-16 所示。

步骤 4▶ 打开"表"选项卡，在"记录有效性"的"规则"编辑框中输入"学号<>" " .AND. 姓名<>" ""，在"信息"编辑框中输入 ""学号或姓名均不得为空""，如图 4-17 所示。

步骤 5▶ 单击"确定"按钮，在弹出的提示对话框中单击"是"按钮，确认对表结构的修改并关闭表设计器。

步骤 6▶ 在项目管理器中单击"浏览"按钮，打开 student 表的浏览窗口。按 Ctrl+Y 组合键，为表追加一条新记录，如图 4-18 所示。

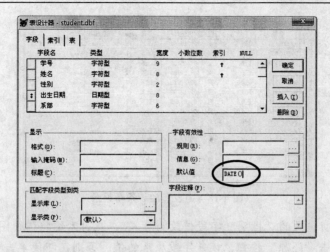

图 4-15 为"出生日期"字段设置默认值

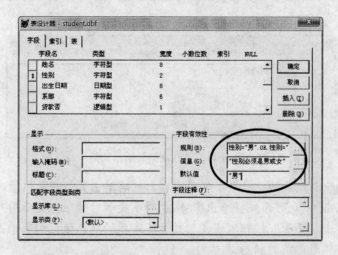

图 4-16 为"性别"字段设置记录有效性规则和提示信息

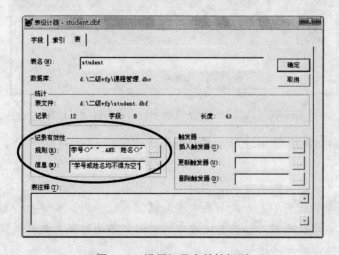

图 4-17 设置记录有效性规则

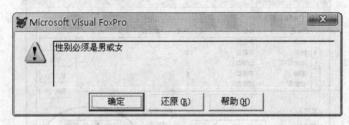

图 4-18　为表追加一条新记录

步骤 7▶ 将新记录的"性别"字段值改为"人",此时系统将弹出图 4-19 所示提示对话框。此时只能单击"还原"按钮,恢复字段原来的值。否则,即使单击"确定"按钮,强行改变了字段值,如果单击其他字段,系统仍会给出图 4-19 所示提示对话框,直至用户将该字段值改成"男"或"女"。

图 4-19　违法字段有效性规则时给出的提示对话框

步骤 8▶ 删除新记录的"姓名"字段内容,然后单击其他任意记录的任意字段(即离开本记录的编辑状态),此时系统将给出图 4-20 所示提示对话框,提示用户违反了记录有效性规则。同样,单击"还原"按钮可恢复"姓名"字段的默认值。如果单击"确定"按钮,则用户仍将处于编辑新记录的状态。

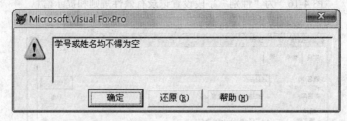

图 4-20　违法记录有效性规则时给出的提示对话框

步骤 9▶ 最后,参照图 4-21 所示编辑新记录内容。

　　当用户利用命令或菜单等方式向表中追加或插入记录时,系统也会自动检查字段有效性规则和记录有效性规则。如果新记录中的初始值不同时满足这两类规则的要求,则追加或插入记录操作将无法进行。

如本例所示，如果用户不为"学号"和"姓名"字段设置默认值，由于它们的缺省值均为空，这就违反了记录有效性规则，因此，用户此时将无法为表追加或插入记录。

学号	姓名	性别	出生日期	系部	是否贷款	相片	简历
993503438	刘昕	女	02/28/81	会计系	F	Gen	Memo
993503437	张俊	男	08/14/81	会计系	T	gen	memo
993503433	王倩	女	01/05/80	会计系	F	gen	memo
993501122	李一	女	06/28/81	财政系	T	gen	memo
993502235	张勇	男	09/21/79	金融系	T	gen	memo
993503412	李竞	男	02/15/80	会计系	T	gen	memo
993506112	王五	男	01/01/79	中文系	T	gen	memo
993504228	赵子雨	男	06/23/81	保险系	F	gen	memo
993511236	陈艳	女	03/18/81	投资系	T	gen	memo
993503234	郭哲	男	08/24/81	信息系	T	gen	memo
993502201	赵海	男	09/12/79	金融系	T	gen	memo
993502202	张丽	女	01/12/78	金融系	T	gen	memo
993506123	李春亭	男	09/28/80	中文系	F	gen	memo

图 4-21 编辑新记录内容

3. 设置触发器

字段级有效性规则和记录级有效性规则主要是控制对记录中各字段数据和整条记录数据的修改，而要控制对表的操作，如插入记录、更新记录或删除记录，就要依靠触发器了。

打开表设计器的"表"选项卡，我们可以分别为表创建插入、更新和删除触发器，从而为在表中插入记录、更新表记录和删除表记录设置条件。

例如，假定某个学校只有 13 个学生，那么，记录的最大数就是 13，则当记录等于 13 个时应当禁止在插入记录。此时就需要为表创建一个插入触发器。

【操作样例 4-5】为 student.dbf 表创建插入触发器。

【要求】

控制 student.dbf 表中记录数不能超过 13。

【操作步骤】

步骤 1▶ 在项目管理器中打开"数据"选项卡，依次展开"数据库"、"课程管理"、"表"，单击 student.dbf 表，然后单击"修改"按钮，打开表设计器。

步骤 2▶ 打开"表"选项卡，在"插入触发器"编辑框中输入 "RECCOUNT()<=13"，如图 4-22 所示。

步骤 3▶ 单击"确定"按钮，在随后打开的提示对话框中单击"是"，确认对表结构的修改并关闭表设计器。

步骤 4▶ 在项目管理器中单击"浏览"按钮，打开 student 表记录浏览窗口。按 Ctrl+Y 组合键，准备向表中追加一条新记录，但由于此时表已经有了 13 条记录，因此，正常情况下用户已不能再向表中增加记录了，故此时系统将会弹出图 4-23 所示提示对话框，告诉用户触发器失败，操作无法进行。

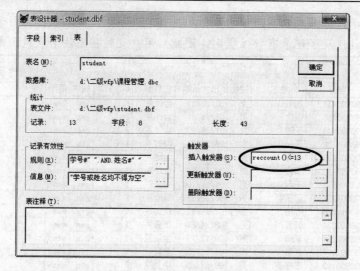

图 4-22　为表设置插入触发器

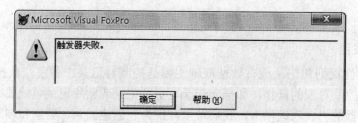

图 4-23　触发器失败提示对话框

五、表的直接排序

在建立表时，记录的排列顺序是由记录的输入顺序决定的，这也就决定了它的记录号。但在使用表时，常常希望按照某种特定的条件将记录的顺序重新排列，这就涉及到排序问题。

排序是根据表的某些字段内容重新排列记录顺序。排序后产生一个新的表文件（.dbf），其记录按照新的顺序排列，但原始表文件的顺序不变。不论是自由表还是数据库表都可以使用 SORT 命令生成排序表文件（.dbf）。该命令的格式、功能和说明如下：

【命令格式】

SORT TO <表文件名> ON <字段名 1>[/A/D][/C][,<字段名 2> /A/D]
[/C] …][ASCENDING / DESCENDING] [<范围>] [FOR <条件>] [WHILE <条件>][FIELDS <字段名表>]

【命令功能】

对当前打开的表文件，按照 ON 后指定的字段内容对记录重新排序，排序后生成一个新的表文件，表文件名由 TO 字句指定。

【命令说明】

➢ ON 后字段的类型不能是备注型和通用型。

> ➤ /A：升序；/D：降序；/C：不区分大小写。/C 可以和/A 或/D 同时使用，可以写成/AC 或/DC。
> ➤ ON 后有多个字段时，第一字段为主排序字段，第二字段为次排序字段，依次类推。
> ➤ 若每个字段都按升序或降序排列，可用 ASCENDING（升序）或 DESCENDING（降序），但/A 或/D 的优先级高于它们。

使用命令对记录进行排序的优点是不需要修改原表文件，缺点是要生成排序表文件，而这会占用大量的存储空间。

【操作样例 4-6】对 student.dbf 表中记录进行排序。

【要求】

对 student.dbf 表中记录按"学号"升序，"性别"降序排序，并把排序结果存入表文件 px.dbf 中。

【操作步骤】

步骤 1▶　执行如下命令查看原记录。

| USE student | && 打开表文件 student.dbf |
| LIST | && 显示表 student 的记录 |

记录号	学号	姓名	性别	出生日期	系部	贷款否	相片	简历
1	993503438	刘昕	女	02/28/81	会计系	.F.	Gen	Memo
2	993503437	张俊	男	08/14/81	会计系	.T.	gen	memo
3	993503433	王倩	女	01/05/80	会计系	.F.	gen	memo
4	993501122	李一	女	06/28/81	财政系	.T.	gen	memo
5	993502235	张勇	男	09/21/79	金融系	.T.	gen	memo
6	993503412	李竞	男	02/15/80	会计系	.T.	gen	memo
7	993506112	王五	男	01/01/79	中文系	.T.	gen	memo
8	993504228	赵子雨	男	06/23/81	保险系	.T.	gen	memo
9	993511236	陈艳	女	03/18/81	投资系	.T.	gen	memo
10	993503234	郭哲	男	08/24/81	信息系	.T.	gen	memo
11	993502201	赵海	男	09/12/79	金融系	.T.	gen	memo
12	993502202	张丽	女	01/12/78	金融系	.T.	gen	memo
13	993506123	李春亭	男	09/28/80	中文系	.F.	gen	memo

步骤 2▶　执行如下命令，对 student 表中记录进行排序，并查看排序结果。

SORT ON 学号/A,性别/D TO px	&& 按学号升序、性别降序对记录进行排序
	&& 排序结果存入 px.dbf 表中
USE px	&& 打开排序生成的表文件 px.dbf
LIST	&& 显示表 px 的记录（见下页）

六、索引的创建与使用

索引是另外一种排序机制。我们可以为表创建多个索引，从而创建多种排序方案。此外，索引也用来创建表间关系。

要使用索引，应首先创建索引，然后将某个索引设置为主控索引，则记录即按主控索引顺序来显示。不过，此时要注意，索引改变的只是记录显示顺序，而并未改变保存记录的物理顺序。

记录号	学号	姓名	性别	出生日期	系部	贷款否	相片	简历
1	993501122	李一	女	06/28/81	财政系	.T.	gen	memo
2	993502201	赵海	男	09/12/79	金融系	.T.	gen	memo
3	993502202	张丽	女	01/12/78	金融系	.T.	gen	memo
4	993502235	张勇	男	09/21/79	金融系	.T.	gen	memo
5	993503234	郭哲	男	08/24/81	信息系	.T.	gen	memo
6	993503412	李竟	男	02/15/80	会计系	.T.	gen	memo
7	993503433	王倩	女	01/05/80	会计系	.F.	gen	memo
8	993503437	张俊	男	08/14/81	会计系	.T.	gen	memo
9	993503438	刘昕	女	02/28/81	会计系	.F.	Gen	Memo
10	993504228	赵子雨	男	06/23/81	保险系	.F.	gen	memo
11	993506112	王五	男	01/01/79	中文系	.T.	gen	memo
12	993506123	李春亭	男	09/28/80	中文系	.F.	gen	memo
13	993511236	陈艳	女	03/18/81	投资系	.T.	gen	memo

创建索引后，相关索引信息并未保存在表文件中，而是保存在索引文件中。索引文件的类型有多种，但最常用的是结构复合压缩索引文件，其扩展名为.cdx。该文件在用户创建第一个索引时会自动创建，在用户打开表时会自动打开，在用户修改表内容时会自动更新，并且其中可保存多个索引，因此，它的使用极其方便，用户基本不用干预。

（一）创建索引的方法

当第一次创建表时，Visual FoxPro 先创建表的 .dbf 文件，如果表中包含了备注型字段或通用型字段，Visual FoxPro 还要创建与表相关联的 .fpt 文件，此时并不产生索引文件。输入到新表的记录按照输入顺序存储，在浏览表时，记录按输入的顺序出现。

若要为表创建索引关键字，可使用如下两种方法：

（1）在"表设计器"中选择"索引"选项卡并输入索引关键字信息，然后选择"普通索引"作为索引类型，如图 4-24 所示。

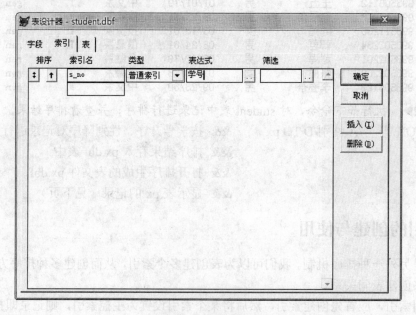

图 4-24　创建索引

在"字段"选项卡中也可将某个字段设置为索引，并可选择"升序"或"降序"，此时字段名被作为索引名，索引表达式为字段名。

默认情况下，索引的排序方式为升序，此时在图 4-24 所示的"排序"列显示一个向上的箭头↑。单击它，可将其改为向下的箭头，表示按降序排序。

利用"筛选"列，可设置记录范围，即使用索引时，只能显示和访问符合筛选条件的记录。

（2）使用 INDEX 命令。例如，可以使用以下代码打开 student 表并根据"学号"字段创建索引关键字。关键字 TAG 和后面的词 s_no 为"学号"字段的新索引关键字指定了一个名称，或叫标识。

USE student
INDEX ON 学号 TAG s_no

在第一次用 INDEX 命令创建索引时，Visual FoxPro 会自动使用新索引来对表中记录进行排序。例如，使用 LIST 命令浏览 student 表内容，结果如图 4-25 所示。

记录号	学号	姓名	性别	出生日期	系部	贷款否	相片	简历
4	993501122	李一	女	06/28/81	财政系	.T.	gen	memo
11	993502201	赵海	男	09/12/79	金融系	.T.	gen	memo
12	993502202	张丽	女	01/12/78	金融系	.T.	gen	memo
5	993502235	张勇	男	09/21/79	金融系	.T.	gen	memo
10	993503234	郭哲	男	08/24/81	信息系	.T.	gen	memo
6	993503412	李竞	男	02/15/80	会计系	.T.	gen	memo
3	993503433	王倩	女	01/05/80	会计系	.F.	gen	memo
2	993503437	张俊	男	08/14/81	会计系	.T.	gen	memo
1	993503438	刘昕	女	02/28/81	会计系	.F.	Gen	Memo
8	993504228	赵子雨	男	06/23/81	保险系	.F.	gen	memo
7	993506112	王五	男	01/01/79	中文系	.T.	gen	memo
13	993506123	李春亭	男	09/28/80	中文系	.F.	gen	memo
9	993511236	陈艳	女	03/18/81	投资系	.T.	gen	memo

图 4-25　创建索引后列表记录

与 INDEX 命令不同，如果使用表设计器来创建索引，系统不会自动对表中记录进行排序。另外，如果关闭表后再打开，索引将不会再起作用，除非执行 SET ORDER 命令将某个索引作为主控索引（稍后介绍）。

（二）使用索引的方法

要使用索引对表中记录进行排序，可执行 SET ORDER 命令，将某个索引设置为主控索引。该命令的格式和功能如下：

【命令格式】

SET ORDER TO [[TAG] 索引标记名] [ASCENDING | DESCENDING]]

【命令功能】

指定当前使用哪个索引作为主控索引。

【命令说明】

➢ **[TAG]索引标记名**：指定要使用的索引标记，**TAG** 可省略。

➢ **ASCENDING | DESCENDING**：指定按升序还是按降序显示记录。不过，此时并不会改变索引文件内容。

【操作样例 4-7】创建并使用索引。

【要求】

为 student.dbf 表创建两个索引，一个是直接使用"姓名"字段作为索引，一个是使用"性别"+"姓名"两个字段组合的表达式作为索引。

【操作步骤】

步骤 1▶ 在项目管理器中打开"数据"选项卡，依次展开"数据库"、"课程管理"、"表"，单击 student.dbf 表，然后单击"修改"按钮，打开表设计器。

步骤 2▶ 打开"索引"选项卡，结果如图 4-24 所示，此时我们已经为该表创建了一个索引 s_no。

步骤 3▶ 在"索引名"列输入"s_name"，在"表达式"列输入"姓名"，创建第 2 个索引；在"索引名"列输入"s_sn"，在"表达式"列输入"性别+姓名"，创建第 2 个索引。如图 4-26 所示。

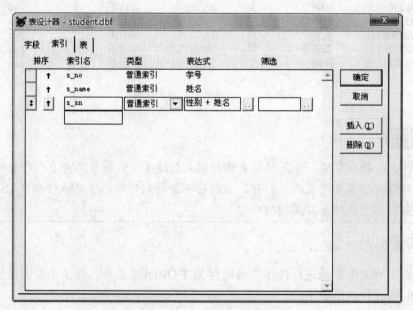

图 4-26　为表设置插入触发器

步骤 4▶　单击"确定"按钮，在给出的提示对话框中单击"是"按钮，确认对表结构的修改并关闭表设计器。

步骤 5▶　执行如下命令：

```
SET ORDER TO s_sn
LIST
```

结果如图 4-27 所示。显然，此时记录首先按性别进行了排序，然后又按姓名进行了排序。

步骤 6▶　执行如下命令：

```
SET ORDER TO s_name
LIST
```

结果如图 4-28 所示。显然，此时记录只是按姓名进行了排序。

记录号	学号	姓名	性别	出生日期	系部	贷款否	相片	简历
10	993503234	郭哲	男	08/24/81	信息系	.T.	gen	memo
13	993506123	李春亭	男	09/28/80	中文系	.F.	gen	memo
6	993503412	李竞	男	02/15/80	会计系	.T.	gen	memo
7	993506112	王五	男	01/01/79	中文系	.T.	gen	memo
2	993503437	张俊	男	08/14/81	会计系	.T.	gen	memo
5	993502235	张勇	男	09/21/79	金融系	.T.	gen	memo
11	993502201	赵海	男	09/12/79	金融系	.T.	gen	memo
8	993504228	赵子雨	男	06/23/81	保险系	.F.	gen	memo
9	993511236	陈艳	女	03/18/81	投资系	.T.	gen	memo
4	993501122	李一	女	06/28/81	财政系	.T.	gen	memo
1	993503438	刘昕	女	02/28/81	会计系	.F.	Gen	Memo
3	993503433	王倩	女	01/05/80	会计系	.T.	gen	memo
12	993502202	张丽	女	01/12/78	金融系	.T.	gen	memo

图 4-27　按"性别"+"姓名"进行排序

记录号	学号	姓名	性别	出生日期	系部	贷款否	相片	简历
9	993511236	陈艳	女	03/18/81	投资系	.T.	gen	memo
10	993503234	郭哲	男	08/24/81	信息系	.T.	gen	memo
13	993506123	李春亭	男	09/28/80	中文系	.F.	gen	memo
6	993503412	李竞	男	02/15/80	会计系	.T.	gen	memo
4	993501122	李一	女	06/28/81	财政系	.T.	gen	memo
1	993503438	刘昕	女	02/28/81	会计系	.F.	Gen	Memo
3	993503433	王倩	女	01/05/80	会计系	.T.	gen	memo
7	993506112	王五	男	01/01/79	中文系	.T.	gen	memo
2	993503437	张俊	男	08/14/81	会计系	.T.	gen	memo
12	993502202	张丽	女	01/12/78	金融系	.T.	gen	memo
5	993502235	张勇	男	09/21/79	金融系	.T.	gen	memo
11	993502201	赵海	男	09/12/79	金融系	.T.	gen	memo
8	993504228	赵子雨	男	06/23/81	保险系	.F.	gen	memo

图 4-28　按"姓名"进行排序

此外，我们还可以使用索引进行记录的快速定位，此时需使用 SEEK 命令，该命令的格式、功能和说明如下：

【命令格式】

SEEK　<表达式>

【命令功能】

快速查找其主控索引值与命令中指定的表达式值相匹配的第一条记录。并将记录指针指向找到的这条记录，使其成为当前记录。

【命令说明】

➢ 表达式的类型必须与索引表达式的类型相同。

➢ 查找字符型常量时，字符串常量必须放在定界符中。默认情况下，由于 SET EXACT 的设置为 OFF，此时可以进行字符串的非精确匹配。

➢ 若找到符合条件的记录，FOUND()为真，指针指向该记录，但屏幕不显示该记录；若找不到符合条件的记录，FOUND()为假。

【示例】

USE student	&& 打开表
SET ORDER TO m_no	&& 指定主控索引，此处为"学号"
FIND "993504"	&& 查询学号为 993504*的记录
DISPLAY	&& 显示当前记录，如下所示

记录号	学号	姓名	性别	出生日期	系部	贷款否	相片	简历
8	993504228	赵子雨	男	06/23/81	保险系	.F.	gen	memo

（三）删除与关闭索引

要删除索引，可使用表设计器，或执行 DELETE TAG 命令。该命令的格式如下：

DELETE TAG 标记名 1[,标记名 2, ···]

关闭表时，与其关联的索引文件将被自动关闭。

（四）索引类型说明

Visual FoxPro 支持四种索引：主索引、候选索引、唯一索引和普通索引。这些索引类型的特点如下：

（1）主索引

概括连起来，主索引主要有如下几个特点：

➢ 一个表只能创建一个主索引。

➢ 主索引不能有重复值，否则将出现错误。也就是说，每个索引值只能对应一条记录。因此，可通过为表创建主索引来控制某个字段不能出现重复值。

➢ 主索引可被用来在表之间创建永久关系的"一方"（稍后介绍）。

（2）候选索引

候选索引相当于主索引的"候选项"，因此，候选索引也不允许有重复值，并且候选索引有资格成为主索引。我们可以为一个表创建多个候选索引。

（3）唯一索引

唯一索引允许存在重复值，但它只存储索引文件中重复值的第一次出现。在这种意义上，"唯一"指的是索引文件中入口值是唯一的，因为它对每一个特定的关键字只存储一次，而忽略了其重复值的第二次或以后的出现。

VFP 之所以提供唯一索引类型，主要是为了保证向后兼容性，故一般不用。

（4）普通索引

普通索引主要用于排序记录，允许存在重复值。在"一对多"永久关系的"多"方，可以使用普通索引。

在项目管理器和数据库设计器中，主控索引均以钥匙图标 标识。例如，我们为表student.dbf 创建了一个主控索引 m_no，其表达式为"学号"，如图 4-29 所示，它项目管理器和数据库设计器中的显示效果如图 4-30 和图 4-31 所示。

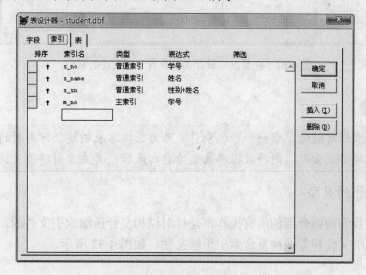

图 4-29　创建主索引

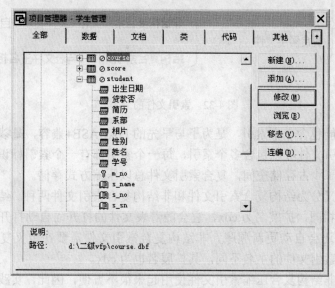

图 4-30　在项目管理器中查看为表创建的索引

图 4-31　在数据库设计器中查看为表创建的索引

　　可为自由表创建候选、唯一和普通索引，可为数据库表创建任何类型的索引。如果为数据库表创建了主索引，则将数据库表变为自由表后，其主索引将丢失。

（五）索引文件的类型

　　如前所述，我们前面介绍的所有操作都是针对结构复合压缩索引文件的。此外，FoxPro还支持使用单索引文件和非结构复合索引压缩文件，如图 4-32 所示。

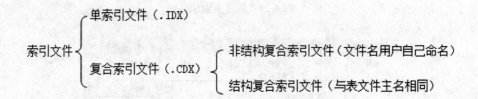

图 4-32　索引文件的分类

　　单索引文件只能包含一个索引，是为了与早先的 FoxBASE+ 兼容，是以非压缩的方式进行存储；而复合索引文件可以包含多个索引，每一个索引都有一个索引标识，用来标识该索引的逻辑顺序。为了少占存储空间，复合索引文件总以压缩方式存储。

　　复合索引文件又分为结构复合索引文件和非结构复合索引文件两种。结构复合索引文件的主名与表的主名相同，扩展名为.cdx，它会随着表文件的打开而自动打开，并且在添加、更改或删除记录时还会自动更新顺序。非结构复合索引文件需要在定义复合索引时为它命名，要与结构复合索引文件的主名不同，其扩展名也为.cdx。

　　由于单索引和非结构复合压缩索引文件使用起来很不方便，因此，实践中很少使用，故此处不再对其进行详细介绍。

七、使用多表

在 VFP 6.0 中，用户可以在不同的工作区打开不同的表文件，从而可以同时打开多个表文件。

（一）工作区的概念

工作区是一块有编号的内存区域，用它标识一个打开的表文件。若在同一时刻需要打开多个表，则只需在不同的工作区中打开不同的表即可。但是，在某一时刻，在一个工作区中只能有一个表文件被打开。即如果在某个工作区打开一个新的表文件，则原来的表文件将被自动关闭。

VFP 6.0 系统提供了 32767 个工作区。VFP 6.0 系统启动后，默认 1 号工作区为当前工作区。在任何时刻，工作区中只有一个是当前工作区，用户默认操作的是当前工作区中的表，除非在命令中特别指明对那个工作区中的表进行操作。

（二）工作区号、工作区别名与表别名

VFP 6.0 工作区的编号为 1 到 32767。此外，系统还为工作区指定了别名，其中为前 10 个工作区指定的别名分别为字母 A～J，为工作区 11 到 32767 中指定的别名分别是 W11 到 W32767。

当在某个工作区中打开一个表后，还可以以表的别名来标识工作区。其中，如果表文件名以字母或下划线开头，且打开表时不使用 ALIAS 子句为表特别声明别名，则表文件名即被作为表的别名。如下例所示：

```
USE customer          && 在当前工作区打开表，表文件名被作为表的别名，而表的
                      && 的别名可被用来标识工作区
BROWSE                && 浏览记录
USE IN customer       && 关闭指定工作区中的表
```

如果打开表时明确为表指定了别名，则可使用该别名来标识工作区，如下例所示：

```
USE customer ALIAS people    && 在当前工作区打开表，并为表明确指定了别名，则
                             && 该表别名可用来标识工作区
BROWSE                       && 浏览记录
USE IN people                && 关闭指定工作区中的表
```

提示

> 表别名最多可以包括 254 个字母、数字或下划线，但首字符必须是字母或下划线。
> 要在当前工作区访问其他工作区表中的数据，要在字段名前加上表别名和 "." 或 "->"，以表示该字段是哪个表中的字段，如：customer.contact、people->contact 等。

（三）选择工作区

【命令格式】

SELECT <工作区号>|<表别名>|0

【命令功能】

把工作区号或表别名所指定的工作区设置为当前工作区。

【命令说明】

若命令中使用 0，表示设置当前尚未使用过的编号最小的工作区为当前工作区。

（四）在工作区中打开表文件

（1）在当前工作区中打开表文件，使用命令：

USE <表文件名>

（2）在指定工作区打开表文件的命令：

【命令格式】

USE <表文件名> IN <工作区号>|<表别名>|0

【命令功能】

在工作区号或表别名指定的工作区中打开表文件。

【命令说明】

若使用 IN 0，则在目前尚未使用过的编号最小的工作区中打开表文件。

（五）关闭所有打开的数据库文件和表文件

【命令格式】

CLOSE DATABASES ALL

【命令功能】

关闭所有打开的数据库文件和表文件，并使 1 号工作区成为当前工作区。

八、建立表间关联

在一个数据库中，各表之间通常是有联系的。例如，score.dbf 表中的"学号"字段必须与 student.dbd 表中的"学号"一致。如果删除了 student.dbf 表中某个学号所在记录，则 score.dbf 表中与此学号相同的一个或多个记录必须相应删除，否则，就会出现问题（该学生已不在学校，怎么会有成绩呢！）；又如，如果更新了 student.dbf 表中的某个学号，score.dbf 表中的学号应该相应修改。

要达到此目的，我们必须为各表之间建立关系。在 VFP 中，用户可创建两种类型的关系，一种是永久关系，一种是临时关系。下面分别进行介绍。

（一）建立永久关系

永久关系是数据库表之间的关系，它们存储于数据库中，其特点如下：

（1）要创建两表之间的永久关系，可在数据库设计器中选择想要关联的索引名，然后把它拖到相关表的索引名上。创建好永久关系后，它在数据库设计器中显示为连接两个表索引的线，如图 4-33 所示。

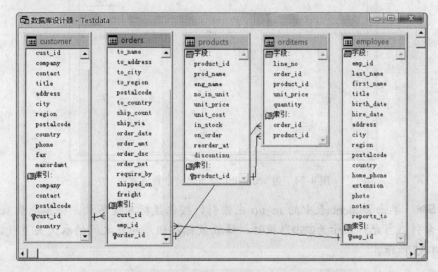

图 4-33　数据库表之间的永久关系

（2）索引关键字的类型决定了要创建的永久关系类型。在一对多关系中，"一方"必须用主索引关键字，或者用候选索引关键字；在"多方"则使用普通索引关键字，如图 4-33 所示。连线时，"一方"用十字指示（十），"多方"用分叉符号指示（≺）。

（3）永久关系主要用来保存参照完整性信息（稍后介绍参照完整性的意义和设置方法），以及辅助设计查询、视图、表单和报表。

（4）永久关系并不控制各表内记录指针间的关系，即使用永久关系不能使两个表之间的记录指针同步移动，此功能必须通过 SET RELATION 命令在两表间建立临时关系来实现。

【操作样例 4-8】建立永久关系。

【要求】

（1）首先为 score.dbf 表创建一个普通索引 sc_no，其内容为学号。

（2）为 student.dbf 与 score.dbf 表之间创建一个永久关系。

【操作步骤】

步骤 1▶　在项目管理器中打开"数据"选项卡，依次展开"数据库"、"课程管理"、"表"，单击 score.dbf 表，然后单击"修改"按钮，打开表设计器。

步骤 2▶　打开"索引"选项卡，在"索引名"列输入"sc_no"，在"表达式"列输入"学号"，为 score.dbf 表创建一个普通索引，如图 4-34 所示。

步骤 3▶　单击"确定"按钮，在随后给出的提示对话框中单击"是"按钮，确认对表结构的修改并关闭表设计器。

步骤 4▶ 在项目管理器中单击"课程管理"数据库，单击"修改"按钮，打开数据库设计器。适当调整 student 表和 score 表所在窗口的大小，使其索引字段都能显示出来。

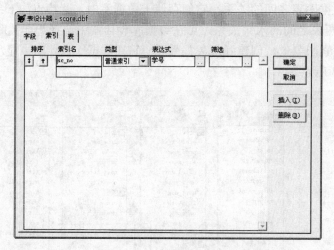

图 4-34 为 score.dbf 表创建一个普通索引

步骤 5▶ 单击 student 表中的 m_no 主索引，按住鼠标左键不放，将其拖至 score 表中的 sc_no 索引。当光标显示为 形状时，释放鼠标按钮，两表之间的永久关系就建立起来了，如图 4-35 所示。

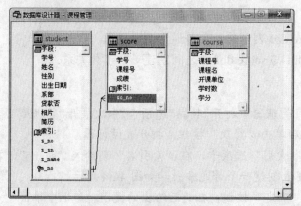

图 4-35 创建永久关系

（二）建立临时关联

如果我们在 student 表中单击某个学生记录时，希望查看他的成绩，这就需要同步两表之间的记录指针移动，此时便需要在两表之间建立临时关系或临时关联。其中，被操作的表称为父表，与父表关联的表称为子表。

要在两个打开的表之间建立关联，可执行 SET RELATION 命令。该命令的格式、功能和说明如下：

【命令格式】

SET RELATION TO <关联表达式 1> INTO <工作区号 1>｜<表别名>1 [, <关联表达式 2> INTO <工作区号 2>｜<表别名 2>…] [ADDITIVE]

【命令功能】

在两个打开的表之间建立关联。其中，一个是当前工作区打开的表（父表。"一方"），另一个是在其他工作区打开的表（子表，"多方"）。

【命令说明】

➢ 父表可跟多个子表建立连接，称"一父多子"的关联；

➢ 父表与子表是根据"关联表达式"来建立关联的，因此，该关联表达式应该存在于两表中。一般来说，关联表达式通常是父表与子表的某个共用字段或共用索引。

➢ 若子表已按照关联表达式建立了索引，并已指定为主控索引，那么每当父表的记录指针重新定位时，子表的记录指针将定位在其索引值与<关联表达式>值相等的第 1 条记录上，并且在浏览窗口中显示所有其索引值与<关联表达式>值相等的记录。

➢ 若子表未建立索引或未将关联表达式指定为主控索引，并且<关联表达式>是数值表达式，那么，每当父表的指针定位时，就算出<关联表达式>的值，并将子表的记录指针定位在记录号等于该值的记录上。

➢ 若在子表中找不到匹配的记录，则子表的记录指针定位在文件尾，等到父表的记录指针重新定位时，再在子表中开始新的检索。

➢ 使用 ADDITIVE，则父表先前建立的临时关联仍有效。否则，新建的临时关联将会取代原有临时关联。

➢ 要取消临时关联，可执行命令"SET RELATION TO"。

【操作样例 4-9】在 student.dbf 和 score.dbf 表之间按学号建立关联，然后观察效果。

【操作步骤】

步骤 1▶ 执行如下命令：

USE student IN 1	&& 在工作区 1 中打开表 student.dbf
USE score IN 2	&& 在工作区 2 中打开表 score.dbf
SELECT 2	
SET ORDER TO sc_no	&& 将 sc_no 索引（学号）设置为主控索引
SELECT 1	

```
SET RELATION TO 学号 INTO score          && 在 student 和 score 表之间建立关联
BROWSE                                    && 打开 student 表浏览窗口
SELECT 2
BROWSE                                    && 打开 score 表浏览窗口
```

步骤 2▶　在 student 表浏览窗口中单击学生记录，观察 score 表中记录指针的变化，如图 4-36 所示。显然，我们在左侧 student 表浏览窗口中单击选择某个学生的记录后，在右侧 score 表浏览窗口中将显示该学生所选课程与成绩。

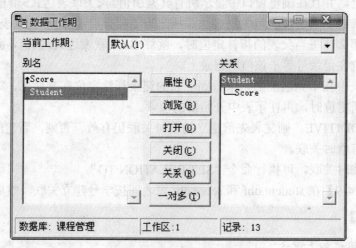

图 4-36　建立关联后浏览 student.dbf 和 score.dbf 表记录

步骤 3▶　选择"窗口"菜单中的"数据工作期"命令，打开"数据工作期"对话框，从中可以看出 student 表与 score 表之间已建立父子关系，如图 4-37 所示。

图 4-37　为 student 和 score 表建立关联后的"数据工作期"对话框

步骤 4▶　执行如下命令

SET RELATION TO　　　　　　　　　&& 取消关联

再次在左侧 student 表浏览窗口中单击选择某个学生记录，此时右侧 score 表浏览窗口中的内容将不再变化。与此同时，"数据工作期"对话框中的关系已消失。

九、设置参照完整性

参照完整性规则属于数据库表之间的规则。对于设置了永久关系的相关表，在更新、插入或删除记录时，如果只修改一方，就会影响数据的完整性。

在 VFP 中，用户可以利用"参照完整性生成器"来设置参照完整性规则，控制如何在相关表中更新、插入或删除记录。下面我们通过实例进行说明。

【操作样例 4-9】在 student.dbf 和 score.dbf 表之间设置参照完整性，然后观察效果。

【要求】

（1）更新 student.dbf 表中学号时，应同步更新 score.dbf 表中相同学号。

（2）删除 studengt.dbf 表中记录时，应删除 score.dbf 表中学号相同的记录。

（3）在 score.dbf 表中插入记录时，其学号应存在于 student.dbf 表中，否则插入无效。

【操作步骤】

步骤 1▶　在项目管理器中打开"数据"选项卡，展开"数据库"，单击"课程管理"数据库，然后单击"修改"按钮，打开数据库设计器。

步骤 2▶　选择"数据库"菜单中的"清理数据库"命令（相当于执行 PACK 命令），删除带有删除标记的记录。编辑参照完整性规则之前，必须执行本操作。

步骤 3▶　在数据库设计器中右击永久关系连线，从弹出的快捷菜单中选择"编辑参照完整性"，如图 4-38 所示。

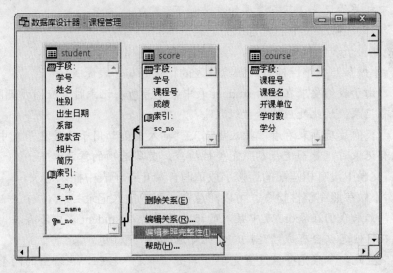

图 4-38　永久关系快捷菜单

步骤 4▶　图 4-39 显示了"参照完整性生成器"对话框，它包括了"更新规则"、"删除规则"和"插入规则"三个选项卡。我们先来看看"更新规则"。

"更新规则"用于设置当更新父表中的连接字段值时，如何处理子表中的记录。其 3 个选项的意义如下：

➤ **级联：**用新的连接字段值自动修改子表中的所有相关记录。

- ➤ **限制：** 如果子表中有相关记录，将禁止修改父表中的连接字段值。
- ➤ **忽略：** 不做参照完整性检查，可以随意修改父表中的连接字段值。

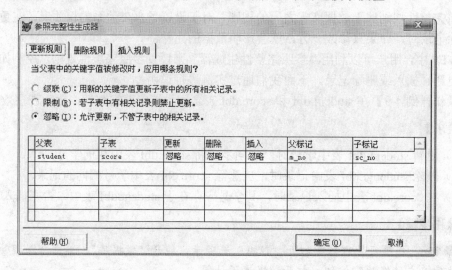

图 4-39　"参照完整性生成器"对话框

在本例中，由于我们要求在更新 student 表中学号时，应同步更新 score 表中学号，故此处应选择"级联"。

步骤 5▶ 我们再来看看"删除规则"。"删除规则"用于设置当删除父表中的记录时，如何处理子表中相关的记录。其各选项的意义如下：

- ➤ **级联：** 自动删除子表中的所有相关记录。
- ➤ **限制：** 如果子表中有相关记录，禁止删除父表中相关的记录。
- ➤ **忽略：** 不做参照完整性检查，删除父表的记录时与子表无关。

在本例中，由于我们要求在删除 student 表中某学号所在记录时，应同步删除 score 表中学号相同的所有记录，故此处应选择"级联"。

步骤 6▶ 我们最后再来看看"插入规则"。"插入规则"用于设置在子表中插入一个新记录或更新已有记录时，是否进行参照完整性检查。其各选项的意义如下：

- ➤ **限制：** 父表中没有相匹配的连接字段值时，禁止在子表中插入记录。
- ➤ **忽略：** 不做参照完整性检查，可以随意在子表中插入记录。

在本例中，如果我们在 score 表中插入的记录的学号在 student 表中不存在，显然是不行的（学生不存在，他怎么会有成绩呢！），故此处应选择"限制"。

步骤 7▶ 至此，参照完整性设置完毕。单击"确定"按钮，在给出的两个提示对话框中都单击"是"按钮，生成参照完整性代码并退出。

步骤 8▶ 下面就让我们一起来检验一下我们的成果吧。在项目管理器窗口中分别单击选中 student 表和 score 表，并单击"浏览"按钮，打开两个表的记录浏览窗口。首先将 student 表中第 1 条记录中的学号由"993503438"修改为"993503439"，然后在 score 表记录浏览窗口中单击，我们将发现，原来所有学号为"993503438"记录中的学号都变成了"993503439"，如图 4-40 所示。

图 4-40　检查记录的同步更新效果

步骤 9▶　在 score 表中单击，按 Ctrl+Y 组合键，为其追加一条新记录，但此时系统显示了一个触发器失败的提示对话框（参见图 4-41），表示此时无法追加记录。这是为什么呢？因为我们在追加新记录时，学号为空，而 student 表中并没有空学号。因此，才导致记录追加失败。要解决此问题，可为 score 表的"学号"字段设置一个默认学号，且该学号已存在于 student 表中。

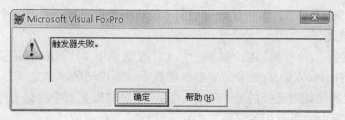

图 4-41　为 score 表插入记录时失败

技能训练

一、基本技能训练

1. 打开一张表时，（　　）索引文件将自动打开，表关闭时它将自动关闭。
   A. 非结构单　　　　　　　　　　　　B. 非结构复合
   C. 结构复合　　　　　　　　　　　　D. 复合

2. 命令 SELECT customer 中"customer"指的是（　　　）。
   A. 数据库名　　　　　　　　　　　　B. 表名
   C. 工作区别名　　　　　　　　　　　D. 表别名

3．下面关于索引的叙述中，错误的是（　　　）。

  A．每种索引都对应一种排序方案

  B．索引创建后，记录顺序会立即调整

  C．只有将某种索引设置为主控索引后，它才起作用

  D．所有索引信息都保存在索引文件中

4．若表文件已设置"姓名"为主控索引，要查询索引值为字符型内存变量 name 值（其当前值为"王芳"）的记录，正确的操作为（　　　）。

  A．SEEK name   B．SEEK 姓名="王芳"

  C．SEEK &name   D．SEEK 王芳

二、国考真题训练

1．在 VFP 中，下面描述正确的是（　　　）。

  A．数据库表允许对字段设置默认值

  B．自由表允许对字段设置默认值

  C．自由表或数据库表都允许对字段设置默认值

  D．自由表或数据库表都不允许对字段设置默认值

2．在表设计器的"字段"选项卡中，字段有效性的设置项中不包括（　　　）。

  A．规则   B．信息   C．默认值   D．标题

3．在 Visual FoxPro 中的"参照完整性生成器"中，"插入规则"包括的选择是"限制"和＿＿＿＿＿＿＿＿＿＿＿。

4．在 Visual FoxPro 中，若所建立索引的字段值不允许重复，并且一个表中只能创建一个，这种索引应该是（　　　）。

  A．主索引   B．唯一索引   C．侯选索引   D．普通索引

5．在 Visual ForPro 中，有关参照完整性的删除规则正确的描述是（　　　）。

  A．如果删除规则选择的是"限制"，则当用户删除父表中的记录时，系统将自动删除子表中的所有相关记录

  B．如果删除规则选择的是"级联"，则当用户删除父表中的记录时，系统将禁止删除与子表相关的父表中的记录

  C．如果删除规则选择的是"忽略"，则当用户删除父表中的记录时，系统将不负责检查子表中是否有相关记录

  D．上面三种说法都不对

三、全国高等学校计算机二级考试真题训练

1．关于自由表和数据库表的正确描述是（　　　）。

  A．自由表和数据库表可以互相转化

  B．自由表一旦转化为数据库表就不能再转化为自由表

  C．数据库表是建立数据库时建立的表

  D．存储自由表文件和数据库表文件的扩展名不同

2.执行命令"INDEX ON　姓名　TAG index_name"建立索引后,下列叙述错误的是(　　)。

　　A．此命令建立的索引是当前有效索引

　　B．此命令所建立的索引将保存在.idx 文件中

　　C．表中记录按索引表达式升序排序

　　D．此命令的索引表达式是"姓名",索引名是当前有效索引"index_name"

3．建立数据库 CLASS,将自由表 student_bf 和 score_bf 添加到新建的数据库中;

4．为 student_bf 表的"性别"字段设置默认值:"男",定义有效性规则表达式为:性别 $"男女",出错提示信息为:"性别必须是男或女"。

四、答案

一、1. C　　　　2. D　　　　3. B　　　　4. A

二、1. A　　　　2. D　　　　3. 忽略　　　4. A　　　　5. C

三、1. A　　　　2. B　　　　3. 略　　　　4. 略

单元小结

我们在第 3 单元介绍了自由表的创建与操作方法,但是,在实际程序开发时,我们通常要创建多个表,而且这些表之间还相互关联,因此,最好的方法是创建数据库,而由数据库对这些表进行统一管理。

我们把位于数据库中的表称为数据库表,它有很多自由表所没有的属性。例如,我们可以为数据库表设置输入和输出格式,设置默认值,设置字段有效性和记录有效性规则,设置控制插入、删除、更新记录的触发器,设置主索引等。

此外,我们还可以为数据库中不同表之间建立永久关系,然后利用该永久关系来为不同表之间设置参照完整性,从而使得各表的数据能够同步,进而保证数据的一致性和完整性。

索引是对表记录进行排序的一种方法,每个索引实际上对应了一种排序方案。因此,用好索引操作数据库的关键。当然,索引也是本单元的重点和难点。通过本单元的学习,读者应了解索引的类型及其意义,索引的创建和使用方法等。

最后,大家还要了解有关工作区的一些内容,这是操作多表的关键。VFP 提供了众多工作区,我们可以在每个工作区中打开一个表。不过,工作区尽管有很多,但只能有一个工作是当前工作区,如果不特别指明,我们的很多操作都是针对当前工作区中打开的表的。要设置当前工作区,可执行 SELECT 命令。

第 **5** 单元   查询与视图

创建表的目的是从表中提取所需要的信息，为此，VFP 提供了查询和视图两种手段来帮助用户将自己所需数据从现有表中提取出来，形成新的数据集合。此外，视图除了可以用来查询数据外，还可以用来更新原始表中的数据。

【学习任务】

◇ 查询的创建与使用
◇ 视图的创建与使用

【掌握技能】

◇ 熟练掌握利用"查询向导"设计查询的方法
◇ 熟练掌握利用"查询设计器"设计查询的方法
◇ 熟练掌握利用"视图设计器"设计本地视图的方法
◇ 熟练掌握利用"视图设计器"设计远程视图的方法

任务 5.1   掌握创建和使用查询的方法

查询是从指定的表或视图中查找满足条件的记录，再将查询结果根据需要进行定向输出，如进行浏览、保存到表中、输出到报表中等。

查询实际上是预先定义好的 SQL-SELECT 语句，因此，设计好的查询以文件形式保存，文件的扩展名为.QPR。

VFP 6.0 提供了两种创建查询的方法：一种是利用查询向导创建和设计查询，另一种是利用查询设计器创建和设计查询。

要运行查询，可单击"常用"工具栏中的运行按钮❗或者按 Ctrl+E 组合键，也可以执行命令"do <查询文件名.qpr>"。

相关知识与技能

一、利用"查询向导"设计查询

利用 VFP 提供的"查询向导"设计查询的方法很简单，只要简单地跟随向导进行操作就可以了。VFP 提供了三种向导方式：查询向导（用于创建一个标准的查询）、交叉表向导（用电子数据库表的格式显示数据）和图形向导（在 Microsoft Graph 中创建显示 VFP 表数据的图形）。

【操作样例 5-1】使用查询向导创建查询。

【要求】

根据"课程管理"数据库，使用查询向导建立一个含有学生"学号"、"姓名"、"课程号"、"课程名"和"成绩"的一个标准查询"成绩查询.qpr"。其中，学生的"学号"必须同时出现在 student 表和 score 表中，课程号必须同时出现在 score 表和 course 表中。

【操作步骤】

步骤1▶ 在项目管理器中打开"数据"选项卡，在内容列表区单击选中"查询"，然后单击"新建"按钮，打开"新建查询"对话框。

步骤2▶ 在"新建查询"对话框中单击"查询向导"按钮，打开"向导选取"对话框，如图 5-1 所示。

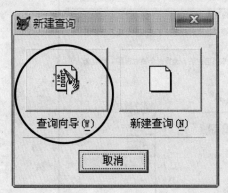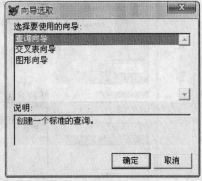

图 5-1 新建查询和向导选取

步骤3▶ 在"选择要使用的向导"对话框中单击选择"查询向导"，然后单击"确定"按钮。

步骤4▶ 在左侧表列表中单击选择 student 表，然后在中间"可用字段"列表区单击选择"学号"字段，单击▶按钮，将该字段增加到"选定字段"列表区，如图 5-2 所示。

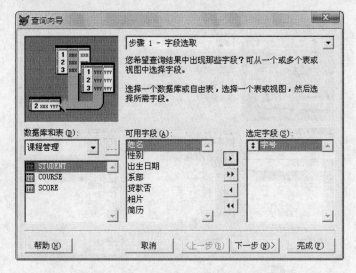

图 5-2 选取 student 表中的"学号"字段

> 单击 **›‹** 按钮可将中间"可用字段"列表区中的全部字段增加到"选定字段"列表区。
> 单击 **‹** 按钮可将在右侧"选定字段"列表区选中的字段移回"可用字段"列表区。
> 单击 **‹‹** 按钮可将右侧"选定字段"列表区中的全部字段移回"可用字段"列表区。

步骤 5▶ 依据类似方法分别将 student 表中的"姓名"字段，score 表中的"课程号"字段和"成绩I字段，course 表中的"课程名"字段增加到"选定字段"列表中，结果如图 5-3 所示。

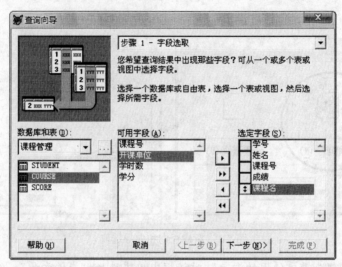

图 5-3　将其他字段添加到"选定字段"列表区

步骤 6▶ 单击"选定字段"列表区中"课程名"字段左侧的 **↕** 按钮，向上拖动，将该字段移至"成绩"字段上方，结果如图 5-4 所示。

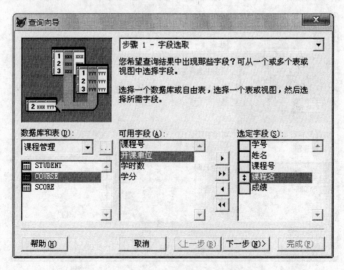

图 5-4　在"选定字段"列表区将"课程名"字段移至"成绩"字段上方

步骤 7▶ 单击"下一步"按钮，为表建立关系。首先单击"添加"按钮，此时"STUDENT.学号=SCORE.学号"关系被添加到关系列表区，如图 5-5 所示。此关系的意思是，查询结果中的学号必须同时存在于 student 表和 score 表中，并且以 student 表中的学号为主，在 score 表中去查找匹配的学号（可以是多个）。

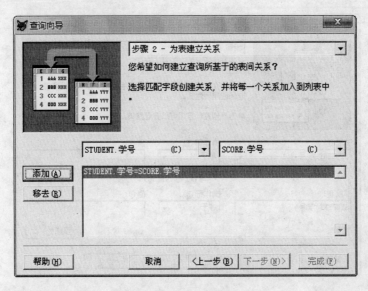

图 5-5　添加第一个表间关系

步骤 8▶ 由于 score 表中的课程号由 course 表确定，即查询结果中的"课程名"源自 course 表。因此，我们还必须为表添加第二个表间关系"SCORE.课程号=COURSE.课程号"。首先在左侧字段列表区选择"SCORE.课程号"，在右侧字段列表区选择"COURSE.课程号"，然后单击"添加"按钮，结果如图 5-6 所示。

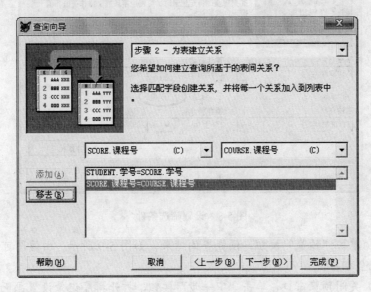

图 5-6　添加第二个表间关系

步骤9▶ 单击"下一步"按钮，打开"筛选记录"设置画面，如图 5-7 所示。筛选记录主要是设置记录范围，就本例而言，如果不设置筛选条件，将显示 student 表和 score 表中所有学号相同的记录。如果希望只显示学号前 6 位为"993501"和"993502"的记录，则可以按照图 5-8 进行设置。

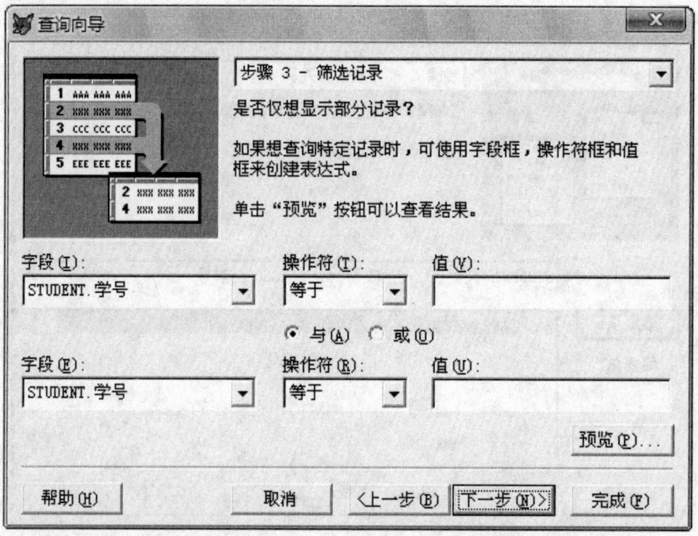

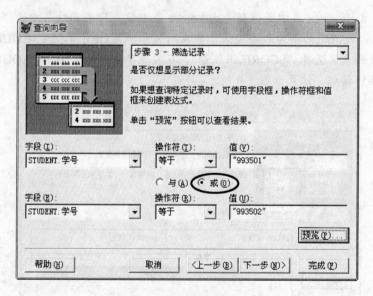

图 5-7　"筛选记录"设置画面

图 5-8　设置筛选条件

步骤10▶ 单击"预览"按钮，预览查询结果，如图 5-9 所示。由该图可以看出，结果与我们的希望完全相符。

步骤11▶ 关闭预览窗口，单击"下一步"按钮，打开排序记录设置画面。此时在"可用字段"列表区单击选中"STUDENT.学号"，然后单击"添加"按钮，将其添加到"选定字段"列表中，如图 5-10 所示。

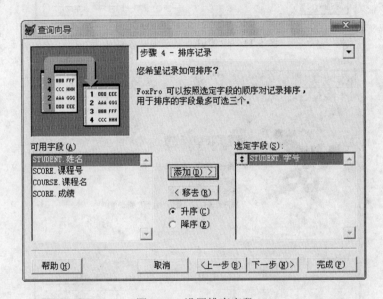

图 5-9　预览查询结果

图 5-10　设置排序字段

步骤 12▶　单击"下一步"按钮，打开图 5-11 所示对话框，用户可利用该对话框设置显示查询结果中记录的数量。其中，在"部分类型"设置区可设置数量限制形式（按百分比或按记录数量），在"数量"设置区可设置是显示"所有记录"还是指定百分比记录或指定数量记录。

步骤 13▶　继续单击"下一步"按钮，完成查询设计，此时画面将如图 5-12 所示。单击"预览"按钮，预览查询结果，结果如图 5-13 所示。

步骤 14▶　关闭预览窗口，返回查询设计向导，单击"完成"按钮，在打开的"另存为"对话框中输入查询文件名"成绩查询.qpr"，如图 5-14 所示。

步骤 15▶　单击"保存"按钮，保存查询程序，返回项目管理器，结果如图 5-15 所示。在项目管理器中单击选中查询程序后，单击"运行"按钮可运行查询程序，显示查询结果；单击"修改"按钮，可打开查询设计器，用户可利用查询设计器修改查询程序；要从项目中移去或移去并删除查询程序，可单击"移去"按钮。

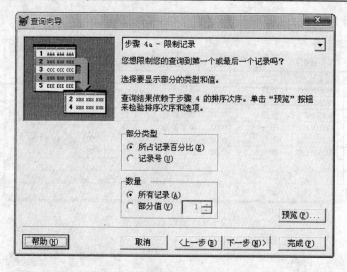

图 5-11　设置记录显示限定条件

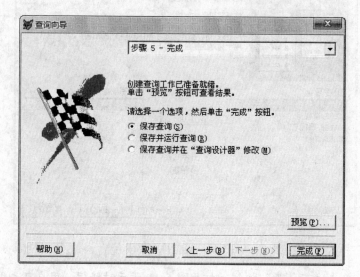

图 5-12　完成查询设计

学号	姓名	课程号	课程名	成绩
993501122	李一	0001	基础会计	45
993501122	李一	0004	唐诗鉴赏	56
993501122	李一	0007	美学基础	85
993501122	李一	0009	审计学	98
993502235	张勇	0001	基础会计	63
993502235	张勇	0006	信息管理	77
993502235	张勇	0009	审计学	50

图 5-13　预览查询结果

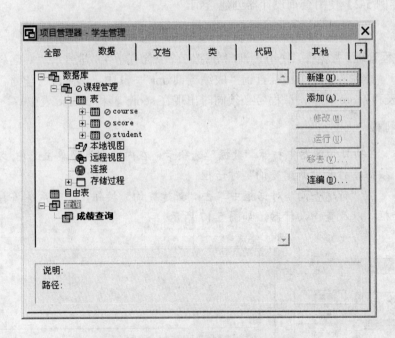

图 5-14　保存查询程序

图 5-15　查询程序出现在项目管理器中

好像整个查询设计很复杂，其实，它只不过是一条 SQL（结构化查询语言）语句而已，用记事本程序打开前面创建的"成绩查询.qpr"文件，即可看到其内容，如图 5-16所示。

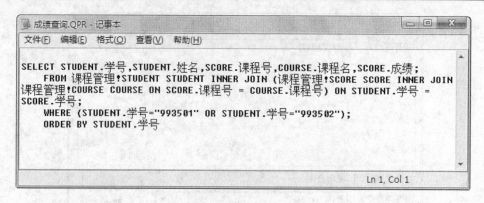

图 5-16　查询程序的内容

二、利用查询设计器设计查询

查询设计器的功能与查询向导类似，下面我们就来通过使用查询设计器制作成绩查询介绍其用法。

【操作样例 5-2】使用查询设计器创建查询。

【要求】

根据"课程管理"数据库，使用查询向导建立一个含有学生"学号"、"姓名"、"课程号"、"课程名"和"成绩"的一个标准查询"成绩查询.qpr"。其中，学生的"学号"必须同时出现在 student 表和 score 表中，课程号必须同时出现在 score 表和 course 表中。

【操作步骤】

步骤 1▶　在项目管理器中打开"数据"选项卡，在内容列表区单击选中"查询"，然后单击"新建"按钮，打开"新建查询"对话框。

步骤 2▶　在"新建查询"对话框中单击"新建查询"按钮，此时系统将打开"添加表或视图"对话框，以及查询设计器，如图 5-17 所示。

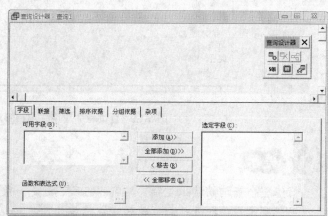

图 5-17　"添加表或视图"对话框与查询设计器

步骤 3▶　在"添加表或视图"对话框中依次单击 student、score 和 course 表和"添加"按钮，将它们添加到查询设计器中。

步骤 4▶　系统会自动对加入的表进行分析，并显示图 5-18 所示"联接条件"对话框。其中，上面显示了两个表的联接字段，中间区域用于设置联接类型。这 4 种联接类型的意义如下：

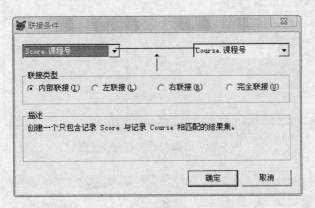

图 5-18　"联接条件"对话框

➢ **内部联接（Inner Join）**：指定只有满足联接条件的记录包含在结果中。此类型是默认的，也是最常使用的联接类型。

➢ **右联接（Right Outer Join）**：指定满足联接条件的记录，以及联接条件右侧的表中记录（即使不匹配联接条件）都包含在结果中。

➢ **左联接（Left Outer Join）**：指定满足联接条件的记录，以及联接条件左侧的表中记录（即使不匹配联接条件）都包含在结果中。

➢ **完全联接（Full Join）**：指定所有满足和不满足联接条件的记录都包含在结果中。

表间永久关系将自动用作联接条件，如本例中的 student.学号和 score.学号。

步骤 5▶　单击"确定"按钮，关闭"联接条件"对话框；在"添加表或视图"对话框中单击"关闭"按钮，关闭该对话框，此时查询设计器如图 5-19 所示。

步骤 6▶　在"可用字段"列表中单击选择希望输出的字段，然后单击"添加"按钮，将其添加到"选定字段"列表中，如图 5-20 所示。

步骤 7▶　打开查询设计器的"联接"选项卡，如图 5-21 所示。在该选项卡中还可执行如下操作：

（1）单击"插入"按钮，可在当前联接条件的上方插入新的联接条件。

（2）单击"移去"按钮，可移去当前选定的联接条件。

（3）单击联接条件左侧的水平双向箭头按钮↔，可打开图 5-18 所示"联接条件"设置对话框。

（4）单击联接条件最右侧的垂直双向箭头按钮↕并上下拖动，可调整联接条件的上下位置。

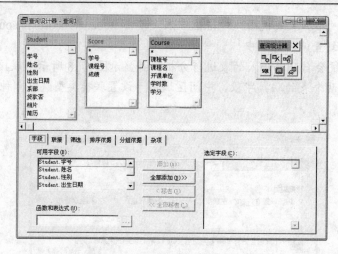

图 5-19　添加表后的查询设计器

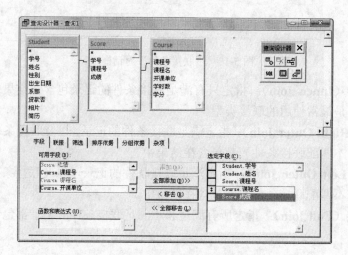

图 5-20　设置输出字段

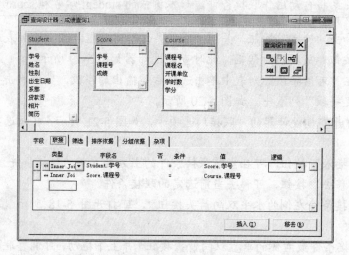

图 5-21　查询设计器的"联接"选项卡

> 插入条件时，用户除了可以设置字段名、值、联接类型外，还可在"条件"列选择多种比较类型，如 Equal（指定字段值相等）、Like（字段包括与值相匹配的字符）、Exactly Like（==，精确匹配）、Greater Than（>）等；在"否"列设置反转条件；在"逻辑"列设置联接条件之间的逻辑关系（AND 或 OR）。

步骤 8▶　查询设计器的"筛选"选项卡和"排序依据"选项卡分别用于设置查询结果的筛选条件和排序字段，其用法和查询向导类似。在本例中，可将"student.学号"作为排序字段。

步骤 9▶　要运行查询，可在查询设计器上方的空白区右击鼠标，然后从弹出的快捷菜单中选择"运行查询"，如图 5-22 所示。

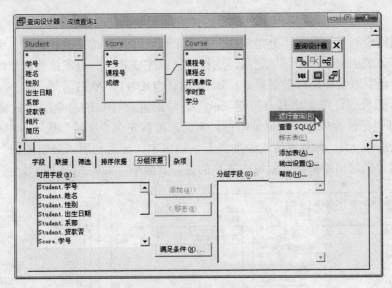

图 5-22　查询设计器快捷菜单

步骤 10▶　要查看查询对应的 SQL 语句，可在查询设计器快捷菜单中选择"查看 SQL"，此时系统将打开查询程序浏览窗口，如图 5-23 所示。

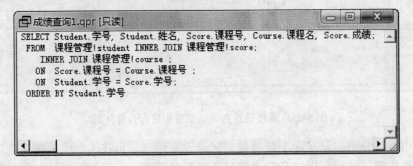

图 5-23　查看 SQL 语句

步骤 11▶　默认情况下，运行查询时将在浏览窗口中显示查询结果，但是，通过在查询设计器快捷菜单中选择"输出设置"，然后在打开的图 5-24 所示"查询去向"对话框单击不同的按钮，我们还可以将查询结果保存到表中，或者输出到报表中等。

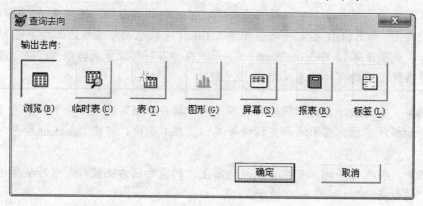

图 5-24 设置查询去向

此外，利用查询设计器的"分组依据"选项卡可以对查询结果进行分组。所谓分组就是将一组类似的记录压缩成一个结果记录，这样就可以完成基于一组记录的计算。因此，分组在与某些合计函数联合使用时效果最好，如 SUM、COUNT、AVG 等等。

例如，若想看到订单表中具有特定 cust_id 号的客户订货的总金额，只需将具有相同 cust_id 号的订货记录合成为一个记录即可。为此，可首先在"字段"选项卡中把 cust_id 字段和 SUM(Orders.order_net) 表达式添加到查询输出中，然后利用"分组依据"选项卡根据 cust_id 号分组，则输出结果将显示每个客户的总订货金额，如图 5-25 所示。

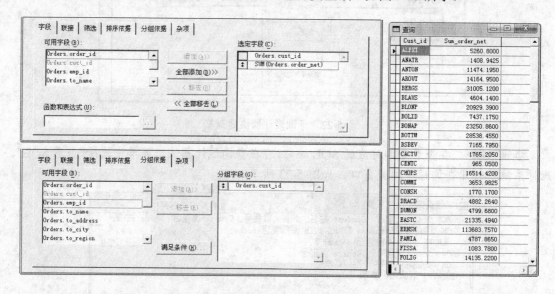

图 5-25 通过设置查询结果分组进行合并计算

要对已进行过分组的记录而不是对单个记录设置筛选，可在"分组依据"选项卡中单击"满足条件"按钮，然后利用打开的"满足条件"对话框进行设置。例如，如果希望在查询结果中仅显示总订货金额超过 5000 美元的顾客，可按图 5-26 所示设置"满足条件"，

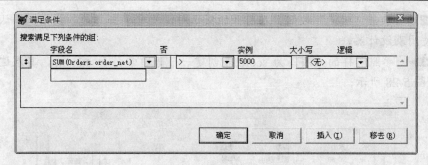

图 5-26　通过设置"满足条件"对已分组记录进行筛选

三、建立交叉表

交叉表是由 3 个字段组成的表，它是把数据库表中的某一字段值按行输出，另一字段值按列输出，在它们的交叉处输出第 3 个字段的值或计算值（如总和、平均值等）。

【操作样例 5-3】创建交叉表。

【要求】

（1）为 course 表创建一个主索引 lesson_no，其表达式为"课程号"字段。

（2）为 score 表创建一个普通索引 lesson_no，其表达式为"课程号"字段。

（3）利用数据库设计器为 coure 表的 lesson_no 主索引和 score 表的 lesson_no 普通索引创建一个永久关系。

（4）为"学生管理"数据库建立一个包括姓名、课程名和成绩的交叉表。

【操作步骤】

步骤 1▶ 打开"学生管理.pjx"项目文件，在项目管理器中单击 course 表，然后单击"修改"按钮，打开表设计器，为该表创建一个主控索引 lesson_no，其表达式为"课程号"，如图 5-27 所示。

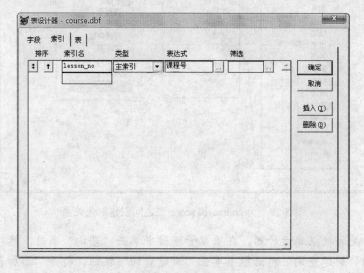

图 5-27　为 course 表创建 lesson_no 主控索引

步骤 2▶ 单击"确定"按钮,在打开的提示对话框中单击"是"按钮,确认对表结构的修改并关闭表设计器。

步骤 3▶ 参照同样的办法,为 score 表创建一个普通索引 lesson_no,其表达式为"课程号",如图 5-28 所示。

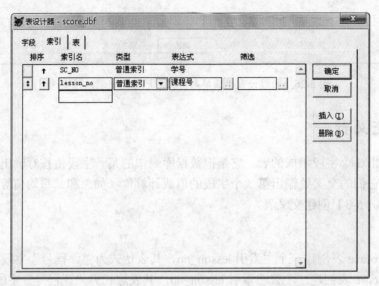

图 5-28 为 score 表创建 lesson_no 普通索引

步骤 4▶ 在项目管理器中单击"课程管理",然后单击"修改"按钮,打开数据库设计器,拖动 course 表中的 lesson_no 主索引到 score 表中的 lesson_no 普通索引,然后释放鼠标左键,在两个索引之间创建一个永久关系,如图 5-29 所示。

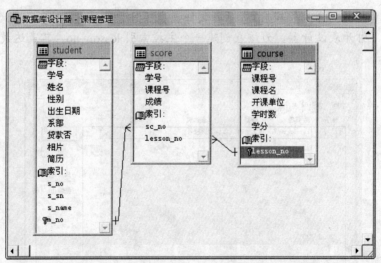

图 5-29 为 course 和 score 表之间创建永久关系

步骤 5▶ 关闭数据库设计器,在项目管理器中单击"查询"项目,然后单击"新建"按钮,在打开的"新建查询"对话框中单击"新建查询"按钮,打开"添加表或视图"对话框。

步骤 6▶　依次单击 student、score 和 course 表，并单击"添加"按钮，将这 3 个表添加到查询设计器中，如图 5-30 所示。

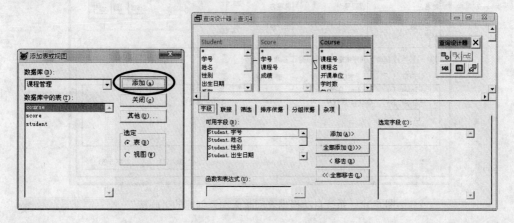

图 5-30　将 student、score 和 course 表添加到查询设计器中

步骤 7▶　在"添加表或视图"对话框中单击"关闭"按钮，关闭该对话框。在查询设计器的"字段"选项卡中将"student.姓名"、"course.课程名"和"score.成绩"字段添加到"选定字段"列表中，如图 5-31 所示。

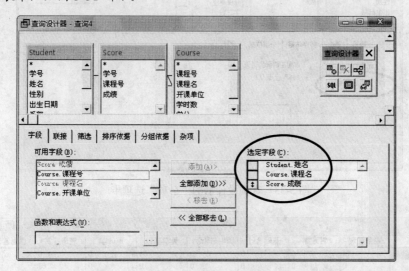

图 5-31　设置输出字段

步骤 8▶　打开查询设计器的"联接"选项卡，我们会看到，系统已自动根据表间永久关系创建了两个联接，如图 5-32 所示。

步骤 9▶　打开查询设计器的"杂项"选项卡，选中"交叉数据表"复选框，如图 5-33 所示。

步骤 10▶　按 Ctrl+E 组合键或单击"常用"工具栏中的"运行"按钮 ，运行查询，结果如图 5-34 所示。

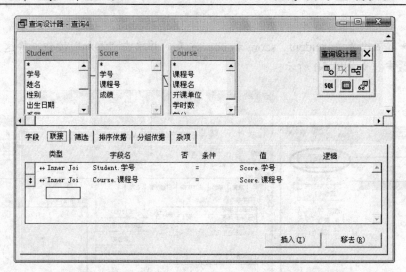

图 5-32 系统自动根据表间永久关系创建的"联接"

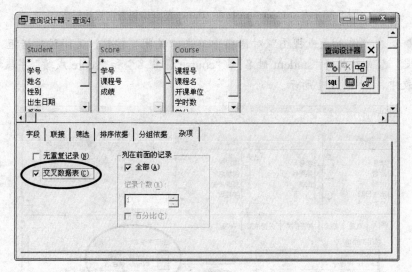

图 5-33 查询设计器的"杂项"选项卡

姓名	财务管理	管理学	基础会计	科技概论	美学基础	审计学	唐诗鉴赏	信息管理
陈艳	74	0	0	0	64	0	0	0
郭哲	0	0	0	0	0	0	87	0
李竞	0	0	0	0	0	95	0	0
李一	0	0	45	0	85	98	56	0
刘昕	80	86	92	0	0	0	0	0
王倩	0	0	0	66	0	74	0	0
王五	0	0	0	84	0	0	0	0
张俊	0	0	87	0	0	0	0	0
张勇	0	0	63	0	0	50	0	77
赵子雨	57	88	0	0	0	0	0	0

图 5-34 查看交叉数据表

技能训练

一、基本技能训练

1. 查询设计器默认的查询去向是（ ）。

    A．浏览   B．临时表   C．表   D．屏幕

2. 运行查询文件 cx.qpr 的命令是（ ）。

    A．USE cx   B．USE cx.qpr   C．DO cx   D．DO cx.qpr

3. 只有两个表的字段都满足关联条件时，才能将记录选入应选择的关联类型是（ ）。

    A．内部联接   B．左联接   C．右联接   D．完全联接

4. 以下关于查询描述正确的是（ ）。

    A．不能根据自由表建立查询

    B．只能根据数据库表建立查询

    C．只能根据自由表建立查询

    D．可以根据数据库表和自由表建立查询

二、国考真题训练

1. 在查询设计器环境中，"查询"菜单下的"查询去向"命令指定了查询结果的输出去向，输出去向不包括（ ）。

    A．临时表   B．表   C．文本文件   D．屏幕

2. 选择关联条件类型选项卡在（ ）。

    A．数据库设计器   B．查询设计器

    C．数据库表设计器   D．参照完整性生成器

3. 以下关于"查询"的正确描述是（ ）。

    A．查询文件的扩展名为 prg   B．查询保存在数据库文件中

    C．查询保存在表文件中   D．查询保存在查询文件中

4. 查询设计器中的"分组依据"选项卡与 SQL 语句的_____短语对应。

三、全国高等学校计算机二级考试真题训练

1. 查询设计器中"联接"选项卡对应的 SQL 短语是（ ）。

    A．WHERE   B．JOIN   C．SET   D．OROER BY

2. 在 VFP 中，利用查询设计器设计的查询结果可以保存到（ ）中。

    A．视图   B．视图文件   C．查询文件   D．表

四、答案

一、1. A   2. D   3. A   4. D

二、1. C   2. B   3. D   4. Group By

三、1. B   2. D

任务 5.2　掌握创建和使用视图的方法

视图兼有查询与表的特点。与查询类似的是，使用视图可以从现有本地表、其他视图、存储在服务器中的表或远程数据源（如 SQL Server 和 ODBC）中提取一组记录；与查询不同的是，使用视图可以改变这些记录的值，并把更新结果送回到源表中。

视图与表类似，但它又不同于真正的表，它是一种虚拟表。表有结构与数据，但视图仅有定义而无数据，只是在每次运行时才会读取源数据。另外，视图不能独立存在，而只能保存在数据库中。它不像查询有自己对应的.qpr 文件，视图没有自己对应的文件。

视图有本地视图和远程视图之分，本地视图从当前数据库中获取数据，远程视图从当前数据库之外的数据源获取数据。

相关知识与技能

一、利用"视图设计器"创建本地视图

与查询不同，在创建视图之前，必须打开视图所依赖的数据库。下面我们就来结合一个操作样例介绍如何创建本地视图。

【操作样例 5-4】创建本地视图。

【要求】

根据"课程管理"数据库，使用视图设计器创建一个含有学生"学号"、"姓名"、"课程名"和"成绩"的一个本地视图"成绩查询视图"。

【操作步骤】

步骤 1▶　在项目管理器中打开"数据"选项卡，在内容列表区单击选中"本地视图"，然后单击"新建"按钮，打开"新建本地视图"对话框。

步骤 2▶　单击"新建视图"按钮，在"添加表或视图"对话框中依次单击 student、score 和 course 表和"添加"按钮，将这 3 个表添加到视图设计器中。

步骤 3▶　单击"关闭"按钮，关闭"添加表或视图"对话框。在视图设计器的"字段"选项卡中将 student.学号、student.姓名、course.课程名和 score.成绩字段添加到"选定字段"列表中（即视图中），如图 5-35 所示。

步骤 4▶　打开视图设计器的"排序依据"选项卡，将 student.学号字段添加到"排序条件"中，如图 5-36 所示。

步骤 5▶　打开视图设计器的"更新条件"选项卡，选中"发送 SQL:更新"复选框。单击"字段名"列表中的 student.学号，在笔形 🖉 列单击，如图 5-37 所示。

下面我们来详细解释一下该选项卡中的各个选项：

（1）表

指定视图所使用的哪些表可以修改。此列表中所显示的表包含了用户在"字段"选项卡"选定字段"列表中所选择的全部字段，其默认选项为"全部表"。

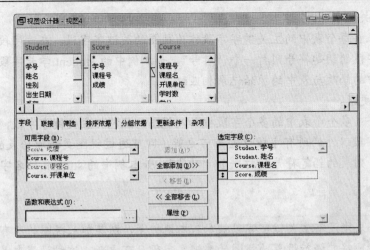

图 5-35 为视图添加字段

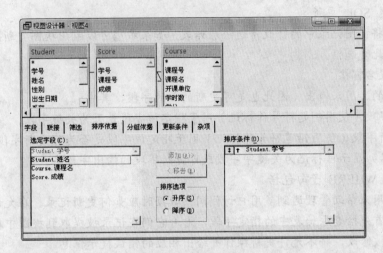

图 5-36 设置排序字段

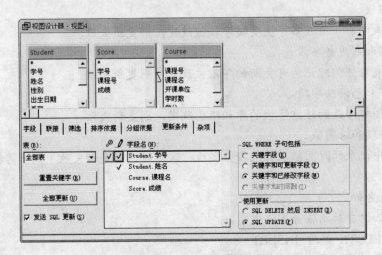

图 5-37 设置视图更新条件

（2）重置关键字

将视图中来自每个表中的主关键字字段作为视图的关键字字段，在"字段名"列表中的每个主关键字字段的钥匙符号列打一个"对号"，如本例中的 student.学号字段。关键字字段可用来使视图中的修改与表中的原始记录相匹配。

（3）全部更新

如果某一个或多个个表中的多个字段被加入视图，且包括主关键字字段，则单击此按钮将把除关键字字段以外的所有字段设置为可更新（即可通过视图更新原始表的这些字段），并在"字段名"列表的铅笔符号列打一个"对号"，如本例中的 student.姓名字段。

如果一个表中没有主关键字字段被加入本地视图，则其加入视图的所有字段都是不可更新的。即使将其强行设置为视图的关键字字段且可更新，这种设置也是无效的。

（4）发送 SQL 更新

指定是否将视图记录中的修改传送给原始表。如果希望可以利用视图更新原是表数据，则一定要选中此复选框。

（5）字段名窗格

显示所选的、用来输出（因此也是可更新的）的字段，其中：

① 关键字段（使用钥匙符号作标记）用于指定该字段是否为关键字段。

② 可更新字段（使用铅笔符号作标记）用于指定该字段是否为可更新字段。

③ 字段名列显示可标记为关键字字段或可更新字段的输出字段名。

（6）SQL WHERE 子句包括

该设置区用来帮助管理遇到多用户访问同一数据时应如何更新记录。在允许更新之前，Visual FoxPro 首先检查原始表中的指定字段，看看它们在记录被提取到视图中后是否改变。如果所设字段被修改，将不允许更新操作并给出相应的错误提示信息。

该设置区几个选项的意义如下：

① 关键字段

如果原始表中有一个或多个主关键字段被改变，则更新失败。

② 关键字和可更新字段

如果原始表中任何标记为可更新的字段被改变，则更新失败。

③ 关键字和已修改字段

如果在视图中修改的任意字段的原始值已改变，则更新失败。

④ 关键字段和时间戳

当远程表中记录的时间戳在首次检索之后被改变时，则更新失败（仅当远程表有时间戳列时有效）。

（7）使用更新

指定字段如何在后端服务器上更新。

① SQL DELETE 然后 INSERT

删除原始表记录，并创建一个新的在视图中被修改的记录。

② SQL UPDATE

用视图字段中的变化来修改原始表的字段。

步骤6▶　按 Ctrl+E 组合键或单击"常用"工具栏中的"运行"按钮 ，运行视图，结果如图 5-38 所示。

学号	姓名	课程名	成绩
993501122	李一	审计学	98
993501122	李一	美学基础	85
993501122	李一	唐诗鉴赏	56
993501122	李一	基础会计	45
993502235	张勇	审计学	50
993502235	张勇	基础会计	63
993502235	张勇	信息管理	77
993503234	郭哲	唐诗鉴赏	87
993503412	李竞	审计学	95
993503433	王倩	科技概论	66
993503433	王倩	审计学	74
993503437	张俊	基础会计	87
993503439	刘昕	财务管理	80
993503439	刘昕	管理学	86
993503439	刘昕	基础会计	92
993504228	赵子雨	财务管理	57
993504228	赵子雨	管理学	88
993506112	王五	科技概论	84
993511236	陈艳	美学基础	64
993511236	陈艳	财务管理	74

图 5-38　视图运行结果

步骤7▶　将视图中姓名为"李一"的任意记录中的"李一"改为"李平凡"，然后在任意字段单击并关闭视图窗口。再次按 Ctrl+E 组合键或单击"常用"工具栏中的"运行"按钮 ，重新运行视图，我们将发现，视图中所有姓名为"李一"的记录中的姓名都被改成了"李平凡"，如图 5-39 所示。

学号	姓名	课程名	成绩
993501122	李平凡	审计学	98
993501122	李平凡	美学基础	85
993501122	李平凡	唐诗鉴赏	56
993501122	李平凡	基础会计	45
993502235	张勇	审计学	50
993502235	张勇	基础会计	63
993502235	张勇	信息管理	77
993503234	郭哲	唐诗鉴赏	87
993503412	李竞	审计学	95
993503433	王倩	科技概论	66
993503433	王倩	审计学	74
993503437	张俊	基础会计	87
993503439	刘昕	财务管理	80
993503439	刘昕	管理学	86
993503439	刘昕	基础会计	92
993504228	赵子雨	财务管理	57
993504228	赵子雨	管理学	88
993506112	王五	科技概论	84
993511236	陈艳	美学基础	64
993511236	陈艳	财务管理	74

图 5-39　修改视图记录中的"李一"后重新运行视图

提示

> 修改视图中的数据后，为了使修改生效（即修改原始表中的数据），一定要在其他字段中单击确认；与此同时，为了用修改后的数据更新视图，一定要再次运行视图。

步骤 8▶ 关闭视图设计器窗口，在随后打开的提示对话框中单击"是"按钮，在"保存"对话框中输入视图名称"成绩查询视图"，然后单击"保存"按钮，如图 5-40 所示。

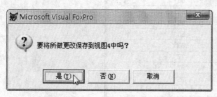

图 5-40　保存视图

步骤 9▶ 浏览 student 表内容，我们将发现，原来姓名为"李一"的记录中的姓名已被修改为"李平凡"，这说明使用视图更新原始数据已生效。

本地视图创建好后，要浏览其内容，只需在项目管理器中单击选中该视图后，单击"浏览"按钮即可；要修改其结构，可单击"修改"按钮。

二、远程视图

远程视图不需要将所有记录下载到本地计算机，就可提取 ODBC 服务器上的数据。可以在本地机上操作选定的记录，然后把更改或添加的值返回到远程数据源中。

连接数据源的方法有两种：一是直接访问计算机上注册的 ODBC 数据源，二是利用"连接设计器"设计自定义连接。

（一）创建连接

若为服务器创建定制的连接，可使用"连接设计器"，所创建的连接将作为数据库的一部份被保存。

【操作样例 5-5】创建连接。

【操作步骤】

步骤 1▶ 在项目管理器的内容区单击"连接"，然后单击"新建"按钮。

步骤 2▶ 在打开的连接设计器对话框中设置"数据源"为"MS Access Database"，如图 5-41 所示。

步骤 3▶ 关闭连接设计器，将所创建的连接以"Access 连接"为名，保存在数据库中。

（二）创建远程视图

【操作样例 5-6】创建远程视图。

【操作步骤】

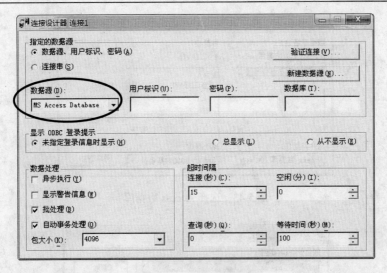

图 5-41 设置数据源

步骤 1▶ 在项目管理器的内容区单击"远程视图",然后单击"新建"按钮,打开"选择连接或数据源"对话框,如图 5-42 所示。

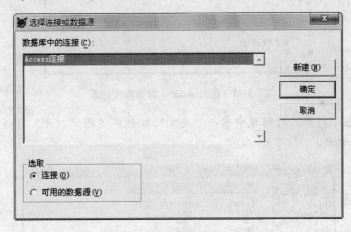

图 5-42 选择连接或数据源

步骤 2▶ 单击"确定"按钮,打开"选择数据库"对话框,在数据库列表区单击选择"Access 示例数据库.mdb"数据库,如图 5-43 所示。

> 在"选择数据库"对话框中单击"网络"按钮,可选择网络映射驱动器,从而可以选择网络中的某个数据库。

步骤 3▶ 单击"确定"按钮,打开"打开"对话框,依次选择 Acess 数据库中的"客户"、"发货单"和"书目"表并单击"添加"按钮,将这 3 个表添加到视图设计器中,如图 5-44 所示。在此过程中,还应在打开的"联接条件"对话框中分别设置"发货单.客户 ID=客户.客户 ID"与"书目.图书 ID=发货单.图书 ID"。

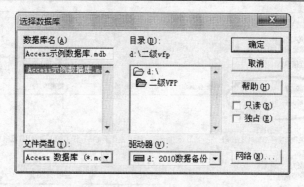

图 5-43　选择 Access 数据库

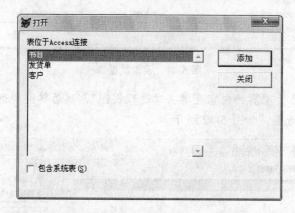

图 5-44　选择 Access 数据库中的表

步骤 4▶　在"打开"对话框中单击"关闭"按钮，关闭"打开"对话框，此时视图设计器将如图 5-45 所示。

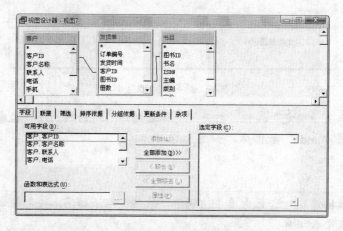

图 5-45　为视图添加表后的视图设计器

步骤 5▶　参照图 5-46 所示，在"可用字段"列表中分别选择"客户.客户名称"、"书目.书名"、"书目.定价"、"发货单.册数"和"发货单.折扣"字段并单击"添加"按钮，将这些字段添加到"可用字段"列表中。

单击"函数和表达式"编辑框右侧的三点按钮，打开表达式生成器，分别创建表达式

"发货单.册数 ＊ 书目.定价"和"发货单.册数 ＊ 书目.定价 ＊(发货单.折扣/100)",并通过单击"添加"按钮,将其添加到"可用字段"列表中。

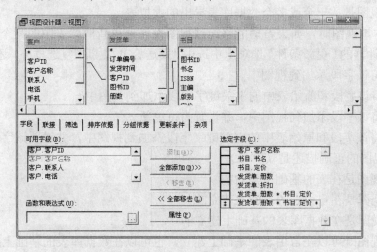

图 5-46 为"可用字段"列表添加字段和表达式

步骤 6▶ 打开"排序依据"选项卡,将"客户.客户名称"设为"排序条件"。按 Ctrl+E 组合键或单击"常用"工具栏中的"运行"按钮❗,运行视图,结果如图 5-47 所示。

客户名称	书名	定价	册数	折扣	Expr1005	Expr1006
安徽千年	电脑上网标准培训教程	26.00	33	40	858.00	343.20
安徽千年	五笔字型与文字排版标准培训教程	26.00	2	50	52.00	26.00
安徽千年	网页制作标准培训教程	30.00	2	45	60.00	27.00
北京华泽	网页制作标准培训教程	30.00	50	45	1500.00	675.00
北京华泽	电脑基础标准培训教程	34.00	5	40	170.00	68.00
北京华泽	电脑基础标准培训教程	34.00	2	50	68.00	34.00
北京华泽	电脑基础标准培训教程	34.00	40	45	1360.00	612.00
北京华泽	电脑上网标准培训教程	26.00	80	45	2080.00	936.00
北京华泽	电脑基础标准培训教程	34.00	50	45	1700.00	765.00
北京今日	Photoshop 6.0/7.0中文版标准培训教程	28.00	2	50	56.00	28.00
北京今日	Flash MX中文版标准培训教程	28.00	2	50	56.00	28.00
内蒙品特	Flash MX中文版标准培训教程	28.00	100	45	2800.00	1260.00
内蒙品特	网页制作标准培训教程	30.00	2	50	60.00	30.00
上海科发	五笔字型与文字排版标准培训教程	26.00	100	45	2600.00	1170.00
上海科发	Photoshop 6.0/7.0中文版标准培训教程	28.00	2	50	56.00	28.00

图 5-47 查看视图运行结果

步骤 7▶ 依次关闭视图浏览窗口和视图设计器对话框,将视图以"图书发货查询视图"为名保存。

与本地视图不同,创建好远程视图后,在项目管理器中单击选中它,则无论是修改其结构还是浏览其内容,都要首先选择数据库。

技能训练

一、基本技能训练

1. 在 VFP 中,关于视图的正确说法是( )。
   A. 视图与数据库表相同,用来存储数据

  B．视图不能同数据库表进行连接操作

  C．在视图上不能进行更新操作

  D．视图是从一个或多个数据库表导出的虚拟表

 2．使用本地视图时，如果希望能够通过视图设计器更新原始表中的某个字段，用户除了要在视图设计器的"更新条件"选项卡中选中"发送 SQL 更新"复选框外，还必须（ ）。

  A．将该字段添加到视图中。

  B．将该字段和原始表中的主关键字字段添加到视图中。

  C．将该字段添加到视图中，并设置为可更新。

  D．将该字段和原始表中的主关键字字段添加到视图中，并设置该字段可更新。

 3．关于视图的正确描述是（ ）。

  A．视图是在表的基础上建立的

  B．视图是在自由表的基础上建立的

  C．视图是在数据库表的基础上建立的

  D．视图既可以在自由表的基础上建立，也可以在数据库表的基础上建立

二、国考真题训练

 1．视图设计器中含有的、但查询设计器中却没有的选项卡是（ ）。

  A．筛选   B．排序依据   C．分组依据   D．更新条件

 2．关于视图和查询，以下叙述正确的是（ ）。

  A．视图和查询都只能在数据库中建立

  B．视图和查询都不能在数据库中建立

  C．视图只能在数据库中建立

  D．查询只能在数据库中建立

 3．在数据库中可以设计视图和查询，其中（ ）不能独立存储为文件（存储在数据库中）。

三、全国高等学校计算机二级考试真题训练

 1．查询设计器和视图设计器的主要不同表现在于（ ）。

  A．查询设计器有"更新条件"选项卡，没有"查询去向"选项

  B．查询设计器没有"更新条件"选项卡，有"查询去向"选项

  C．视图设计器没有"更新条件"选项卡，有"查询去向"选项

  D．视图设计器有"更新条件"选项卡，也有"查询去向"选项

 2．在 Visual Foxpro 中，关于视图的正确描述是（ ）。

  A．视图仅具有查询的功能

  B．视图不仅具有查询的功能，还可以修改数据并使原表随之更新

  C．创建视图与创建查询的作用相同

  D．视图具有查询的功能，还可以修改数据，但不能修改原表的数据

 3．下面有关于视图的描述正确的是（ ）。

  A．可以使用 MODIFY STRUCTURE 命令修改视图的结构

B．视图不能删除，否则影响原来的数据文件

C．视图是对表的复制产生的

D．使用 SQL 对视图进行查询时必须事先打开该视图所在的数据库

四、答案

一、1．D   2．D   3．D

二、1．D   2．C   3．视图

三、1．B   2．B   3．D

单元小结

查询是从指定的表或视图中查找满足条件的记录，再将查询结果根据需要进行定向输出，如进行浏览、保存到表中、输出到报表中等。

视图也是从指定的表或视图中查找满足条件的记录，其结果以表的形式呈现。与查询不同的是，通过适当的设置，利用视图还可更新原始表中的数据。

此外，无论是对于查询还是视图，都可通过在输出字段中添加表达式来输出一些现有表字段中所没有的数据；通过在"分组依据"选项卡中指定分组字段，在输出字段中使用带 SUM、AVG 函数的表达式，还可对记录进行合并，从而能对一些数据求和、求平均等。

第 **6** 单元　关系数据库标准语言 SQL

　　建立数据库的目的不仅仅是为了存储数据，更重要的是利用数据库技术来处理这些数据，以得到这些数据所包含的信息。表的查询是数据处理的重要工作之一，在很多时候，用户所需要的只是大量数据中的一部分而已。

　　前一单元介绍了查询与视图，利用它们可以从数据库中提取出用户所需要的数据，并保存起来，以便日后使用。而借助 SQL 语言，可以更深入地操作数据库，建立更高效与复杂的查询与视图。

【学习任务】

◇　掌握 SQL 语言的特点与组成
◇　掌握 SQL 语言的数据定义功能
◇　掌握 SQL 语言的数据操纵功能。
◇　掌握 SQL 语言的数据查询功能。

【掌握技能】

◇　掌握 SQL 语言的特点与组成
◇　掌握使用 CREATE TABLE 和 ALTER TABLE 命令创建和修改表结构的方法
◇　掌握使用 INSERT INTO、UPDATE 和 DELETE FROM 命令添加、更新和删除记录的方法
◇　掌握使用 SELECT 语句进行数据查询的方法

任务 6.1　认识 SQL

　　SQL 语言是关系数据库的标准语言，其英文全称为 Structured Query Language，中文意思为：结构化查询语言。

相关知识与技能

一、SQL 语言的特点

　　概括起来，SQL 语言主要有如下几个特点：
　　（1）非过程化
　　SQL 是高级的非过程化编程语言，允许用户在高层数据结构上工作。它不要求用户指定对数据的存放方法，也不需要用户了解具体的数据存放方式，因此，具有完全不同底层结构的不同数据库系统可以使用相同的 SQL 语言作为数据输入与管理的 SQL 接口。

（2）以记录集合为操作对象

SQL 以记录集合作为操作对象，所有 SQL 语句接受集合作为输入，返回集合作为输出，这种集合特性允许一条 SQL 语句的输出作为另一条 SQL 语句的输入，所以 SQL 语句可以嵌套，这使它具有极大的灵活性和强大的功能。

在多数情况下，在其他语言中需要一大段程序实现的功能只需要一条 SQL 语句就可以达到目的，这也意味着用 SQL 语言可以写出非常复杂的语句。

（3）涵盖数据库操作的绝大部分功能

SQL 语言的功能非常强大，几何涵盖了数据库的全部操作，如执行查询、可从数据库取回数据、在数据库中插入新的记录、可更新数据库中的数据、可从数据库删除记录、可创建新数据库、可在数据库中创建新表、可在数据库中创建存储过程、可在数据库中创建视图、可以设置表、存储过程和视图的权限等。

（4）可与多种关系数据库程序协同工作

SQL 可与多种关系数据库程序协同工作，如 MS Access、DB2、Informix、MS SQL Server、Oracle、Sybase 以及其他关系数据库系统等。

（5）语言简捷，易学易用

SQL 语言功能极强，但由于设计巧妙，语言十分简捷，完成核心功能只用 9 个动词，如表 6-1 所示。另外，SQL 语言非常接近英语口语，因此容易学习、容易使用。

表 6-1　SQL 语言的动词

SQL 功能	命令动词
数据定义	CREATE，DROP，ALTER
数据操纵	INSERT，UPDATE，DELETE
数据查询	SELECT
数据控制	GRANT，REVOKE

二、SQL 语言的组成

SQL 语言的命令通常分为四类：数据定义语言 DDL、查询语言（QL）、数据操纵语言 DML 和数据控制语言 DCL。

（1）数据定义语言（DDL）

用来创建、修改或删除数据库中各种对象，包括表、视图、索引等。

命令：CREATE TABLE、CREATE VIEW、CREATE INDEX、ALTER TABLE、
　　　DROP TABLE、DROP VIEW、DROP INDEX 等。

（2）查询语言（QL）

按照指定的组合、条件表达式或排序检索已存在的数据库中的数据，而不改变数据。

命令：SELECT…FROM…WHERE…等。

（3）数据操纵语言（DML）

对已经存在的数据库进行记录的插入、删除、修改等操作。

命令：INSERT、UPDATE、DELETE 等。

（4）数据控制语言（DCL）

用来授予或收回访问数据库的某种特权、控制数据操纵事务的发生时间及效果、对数据库进行监视。

命令：GRANT、REVOKE、COMMIT、ROLLBACK 等。

技能训练

一、基本技能训练

1. SQL 语言适用于（   ）结构类型的数据库。

    A. 关系   B. 网状   C. 层次   D. 所有

2. SQL 的核心是（   ）。

    A. 数据定义   B. 数据查询   C. 数据操纵   D. 数据控制

二、国考真题训练

1. SQL 的查询命令是（   ）。

    A. FIND   B. SEEK   C. LOCATE   D. SELECT

三、全国高等学校计算机二级考试真题训练

1. 数据库管理系统通过相关语言能实现对数据库中数据的插入、修改和删除等操作，这种操作称为（   ）。

    A. 数据定义功能   B. 数据管理功能

    C. 数据操作功能   D. 数据控制功能

四、答案

一、1. A   2. B   3. D

二、1. D

三、1. C

任务 6.2　掌握 SQL 的数据定义功能

相关知识与技能

一、建立表结构命令

【命令格式】

CREATE TABLE | DBF tablename1 [NAME longtablename] [FREE]

(fieldname1 fieldtype [(nfieldwidth [, nprecision)]] [NOT NULL]

 [CHECK lexpression1 [ERROR cmessagetext1]]

 [DEFAULT eexpression1]

 [PRIMARY KEY | UNIQUE]

 [PEFERENCES tablename2 [TAG tagname1]]

 [NOCPTRANS]

[, fieldname2]

 [,PRIMARY KEY eexpression2 TAG tagname2

 | UNIQUE eexpression3 TAG tagname3]

 [, FOREIGN KEY eexpression4 TAG tagname4 [NODUP]

 REFERENCES tablename3 [TAG tagname5]]

 [,CHECK lexpression2 [ERROR cmessagetext2]])

| FROM ARRAY arrayname

【命令说明】

（1）tablename1 是数据库表的文件名，NAME longtablename 是该数据库表的长文件名（当该表从属于某一数据库时）。

（2）字段的描述信息必须用花括号扩起来，字段描述项之间用逗号分隔，

（3）加上 FREE 选项，建立的表不添加到当前的数据库中，若创建表时没有打开任何数据库，不必使用 FREE。

（4）PRIMARY KEY 用来设置满足实体完整性的主关键字（主索引）。

（5）CHECK 用来定义字段有效性规则。

（6）ERROR 用于提示出错信息。

（7）DEFAULT 用来定义默认值。

（8）FOREIGN KEY 和 REFERENCES 用来描述表之间的联系。

（9）NULL 或 NOT NULL 用来说明字段允许或不允许为空值。

（10）UNIQUE 用来说明建立侯选索引（注意不是唯一索引）。

（11）FROM ARRAY arrayname 说明根据指定数组的内容建立表，数组的元素依次是字段名、类型等，建议不使用此方法。

【示例】

```
CREATE DATABASE sample              && 创建数据库
&& 创建表
CREATE TABLE myscore(学号 C(9)，数学 N(6,2)，语文 N(6,2), 政治 N(6,2),
                英语 N(6,2))
MODIFY DATABASE                     && 打开数据库设计器，查看数据库
MODIFY STRUCTURE                    && 打开表设计器，查看表结构，如
                                    && 图 6-1 所示
```

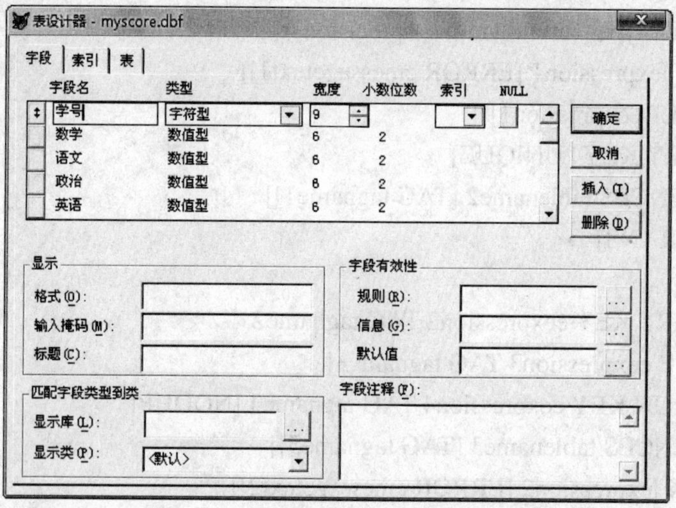

图 6-1 使用 SQL 语句创建的数据库和表

二、修改表结构命令

修改表结构的命令为 ALTER TABLE，其格式如下：

（1）添加字段的命令格式

ALTER TABLE tablename1 ADD fieldname1 fieldtype

    [(fieldwidth [, nprecision)]] [NULL | NOT NULL]

    [CHECK lexpression1 [ERROR cmessagetext1]][DEFAULT eexpression1]

    [PRIMARY KEY | UNIQUE]

    [REFERENCES tablename2 [TAG tagname1]]

【示例】

ALTER TABLE myscore ADD 历史 N(6,2)   && 为表增加一个"历史"字段

（2）修改表中字段属性的命令格式

ALTER TABLE tablename1 ALTER [COLUMN] fieldname1 fieldtype

    [(fieldwidth [, nprecision)]] [NULL | NOT NULL]

    [SET DEFAULT eexpression1] [SET CHECK lexpression1 [ERROR cmessagetext1]]

    [DROP DEFAULT] [DROP CHECK]

【示例】

&& 为"学号"字段设置默认值"000000000"

ALTER TABLE myscore ALTER 学号 SET DEFAULT "000000000"

（3）删除或重命名表中字段的命令格式

ALTER TABLE tablename1

    [DROP [COLUMN] fieldname1]

    [RENAME COLUMN fieldname2 TO fieldname3]

【示例】

ALTER TABLE myscore DROP 历史　　　&& 删除"历史"字段

三、删除表命令

DROP TABLE tablename1
直接从磁盘上或当前打开的数据库中删除 tablename1 所对应的.dbf 文件。

技能训练

一、基本技能训练

1. 用 SQL 语句建立表时为属性定义出错信息，应使用的短语是（　　　）。
   A．DEFAULT　　　　　　　　　B．CHECK
   C．PRIMARY KEY　　　　　　　D．ERROR

2. 将"学生"表的"成绩"字段更名为"总成绩"的正确命令是（　　　）。
   A．MODIFY TABLE 学生 RENAME COLUMN 成绩 TO 总成绩
   B．MODIFY TABLE 学生 RENAME FIELD 成绩 TO 总成绩
   C．ALTER TABLE 学生 RENAME COLUMN 成绩 TO 总成绩
   D．ALTER TABLE 学生 RENAME FIELD 成绩 TO 总成绩

二、国考真题训练

1. SQL 语句中修改表结构的命令是（　　　）。
   A．ALTER TABLE　　　　　　　B．MODIFY TABLE
   C．ALTER STRUCTURE　　　　　D．MODIFY STRUCTURE

2. 用 SQL 语句建立表时要为属性定义有效性规则，应使用的短语是（　　　）。
   A．DEFAULT　　　　　　　　　B．CHECK
   C．PRIMARY KEY　　　　　　　D．ERROR

三、全国高等学校计算机二级考试真题训练

1. 用 SQL 语句建立表时将属性定义为主关键字，应使用的短语是（　　　）。
   A．DEFAULT　　　　　　　　　B．CHECK
   C．PRIMARY KEY　　　　　　　D．ERROR

2. 将 product 表的"名称(c)"字段的宽度由 8 改为 10，应使用 SQL 语句（　　　）。
   A．ALTER TABLE product 名称 WITH c(10)
   B．ALTER TABLE product 名称 c(10)
   C．ALTER TABLE product ALTER 名称 c(10)
   D．ALTER product ALTER 名称 c(10)

四、答案

一、1. D   2. C
二、1. A   2. B
三、1. C   2. C

任务 6.3   掌握 SQL 的数据操纵功能

相关知识与技能

一、添加记录命令

【命令格式】

INSERT INTO tablename ([fname1[, fname2, …]])
    VALUES (eexpression1[, eexpression2, …])
       或
INSERT INTO tablename FROM ARRAY arrayname | FROM MEMVAR

【命令说明】

SQL 语言用 INSERT 命令向表中添加数据，反复使用该命令可添加多行数据，新记录追加在表的尾部。

【示例】

INSERT INTO Users (userId, userName,Account,passWord)
    VALUES (1,'单位管理员', 'admin','7fa8282ad93047a4d6fe6111c93b308a')

二、更新记录命令

【命令格式】

UPDATE tablename
    SET column_name1=eexpression1
    [, column_name2=eexpression2, …]
    [WHERE column_name3=eexpression3]

【命令说明】

如省略 WHERE 子句，则更新全部记录。

【示例】

&& 为 lastname 是"Wilson"的人添加 firstname
UPDATE Person SET FirstName = 'Fred' WHERE LastName = 'Wilson'

三、删除记录命令

【命令格式】

DELETE FROM tablename [WHERE condition]

【命令说明】

此命令为逻辑删除记录，若希望将记录从表中真正删除，应在执行 DELETE 命令后再执行 PACK 命令，此操作称为物理删除。

技能训练

一、基本技能训练

1. 要为职工表的所有女职工增加 100 元工资，正确的 SQL 命令是（　　　）。
    A. REPLACE 职工　SET 工资=工资+100　　WHERE 性别="女"
    B. UPDATE　职工　SET　工资=工资+100　　WHERE 性别="女"
    C. REPLACE 职工　SET　工资=工资+100　　FOR 性别="女"
    D. UPDATE　职工　SET　工资=工资+100　　FOR 性别="女"
2. 要删除"学生"表中所有性别为"女"的学生记录，应使用命令（　　　）。
    A. DELETE FROM　学生　WHERE　性别="女"
    B. ERASE FROM　学生　　WHERE　性别="女"
    C. DELETE FROM　学生　WHILE　性别="女"
    D. ERASE FROM　学生　　WHILE　性别="女"

二、答案

一、1. B　　　　　2. A

任务 6.4　掌握 SQL 的数据查询功能

SQL 的核心是查询，因此，用于查询的 SELECT 语句是其重点。下面就来详细介绍 SELECT 语句的语法。

相关知识与技能

一、SELECT 命令格式

【命令格式】

SELECT [ALL | DISTINCT] [TOP nExpr [PERCENT]]

[Alias.] Select_Item [AS Column_Name]

[, [Alias.] Select_Item [AS Column_Name] ...]

FROM [FORCE]

[DatabaseName!]Table [[AS] Local_Alias]

[[INNER I LEFT [OUTER] I RIGHT [OUTER] I FULL [OUTER] JOIN

DatabaseName!]Table [[AS] Local_Alias]

[ON JoinCondition ...]

[[INTO Destination]

I [TO FILE FileName [ADDITIVE] I TO PRINTER [PROMPT]

I TO SCREEN]]

[PREFERENCE PreferenceName]

[NOCONSOLE]

[PLAIN]

[NOWAIT]

[WHERE JoinCondition [AND JoinCondition ...]

[AND I OR FilterCondition [AND I OR FilterCondition ...]]]

[GROUP BY GroupColumn [, GroupColumn ...]]

[HAVING FilterCondition]

[UNION [ALL] SELECTCommand]

[ORDER BY Order_Item [ASC I DESC] [, Order_Item [ASC I DESC] ...]]

【命令功能】

指定在查询结果中显示的字段、常量和表达式。

【命令说明】

➢ **ALL**：默认，显示查询结果中的全部记录。

➢ **DISTINCT**：排除重复记录。

➢ **TOP nExpr [PERCENT]**：指定查询结果包括多少条（或多少百分比）记录。使用此选项时必须使用 ORDER BY 子句。

➢ **Alias.**：限制相同的项目名。

➢ **Select_Item**：指定包含在查询结果中的项目，它可以表字段、常量值或表达式。

➢ **AS Column_Name**：为输出项目指定列标题。当输出项目为表达式时，该选项尤其有用。

➢ **FROM**：指定要检索的表。

➢ **FORCE**：指定表按它们在 FROM 子句中出现的顺序依次加入。如果省略该选项，VFP 将优化查询。

➢ **DatabaseName!**：指定包含表的数据库名。

➢ **[AS] Local_Alias**：为表指定别名。一旦指定别名，在整个 SELECT 语句中必须使用该别名，而不能再使用原表名。

- ➢ **INNER JOIN、LEFT [OUTER] JOIN、RIGHT [OUTER] JOIN、FULL [OUTER] JOIN**：内部联接、左联接、右联接和完全联接，这些联接的意义请参见上一单元的相关内容。

- ➢ **ON JoinCondition**：指定表被加入的条件。

- ➢ **INTO Destination**：指定查询输出去向，默认为浏览窗口。如果同时包含了 INTO 子句和 TO 子句，则 TO 子句被忽略。Destination 可以是如下子句：ARRAY ArrayName（数组）、CURSOR CursorName [NOFILTER]（临时表）或 DBF | TABLE TableName [DATABASE DatabaseName [NAME LongTableName]]（表，如果包含 DATABASE 子句，表示将表增加到数据库中）。

- ➢ **TO FILE FileName**：将查询结果输出到文本文件中。

- ➢ **ADDITIVE**：将查询结果输出追加到文本文件中。

- ➢ **TO PRINTER [PROMPT]**：将查询结果输出到打印机中。如果给出 PROMPT，打印前将显示一个对话框，用户可利用该对话框进行打印设置。

- ➢ **TO SCREEN**：将查询结构输出到 VFP 主窗口或活动的用户定义窗口中。

- ➢ **PREFERENCE PreferenceName**：保存浏览窗口的属性和选项，以备后用。

- ➢ **NOCONSOLE**：当查询结果输出到文件、打印机或 VFP 窗口时，阻止显示查询结果。

- ➢ **PLAIN**：不显示列标题。如果有 INTO 子句，PLAIN 被忽略。

- ➢ **NOWAIT**：在浏览窗口打开后连续执行程序，而不等待。如果包含 INTO 子句，NOWAIT 被忽略。

- ➢ **WHERE**：指定查询条件。

- ➢ **JoinCondition**：指定字段。如果查询包含多个表，则应为第一个表之外的每个表指定联接条件。可使用 AND 操作符连接多个联接条件，每个联接条件的格式如下：

  FieldName1 Comparison FieldName2

　　其中：FieldName1 和 FieldName2 为来自不同表的字段名，Comparison 可为下列操作符之一：

  = （相等）

  == （精确相等）

  LIKE（模式匹配）

  <>, !=, # （不相等）

  > （大于）

  >= （大于等于）

  < （小于）

  <= （小于等于）

- ➢ **FilterCondition**：指定筛选条件，并且可用 AND 或 OR 连接多个条件，利用 NOT 反转逻辑表达式，使用 EMPTY()检查空字段，如下例所示。

```
customer.cust_id = orders.cust_id
payments.amount >= 1000
company < ALL ;              && 子查询产生的所有值都必须满足条件
(SELECT company FROM customer WHERE country = "UK")
```

company < ANY ;   && 子查询产生的值中至少有一个满足条件

(SELECT company FROM customer WHERE country = "UK")

customer.postalcode BETWEEN 90000 AND 99999

customer.postalcode NOT IN ("98052","98072","98034")

customer.cust_id IN ;

(SELECT orders.cust_id FROM orders WHERE orders.city="Seattle")

customer.country NOT LIKE "UK"

提示

> 用户还可使用%和_通配符，%可代表任意字符串，_代表单个任意字符。

- ➤ **GROUP BY GroupColumn [, GroupColumn ...]**：对查询结果进行分组。
- ➤ **HAVING FilterCondition**：对分组后的查询结果设置筛选条件，必须与 GROUP BY 子句一起使用。
- ➤ **[UNION [ALL] SELECTCommand]**：联合两个 SELECT 结果。默认情况下，UNION 会自动消除重复记录，选择 ALL 表示不消除重复记录。另外，要使用 UNION，两个 SELECT 的查询结果必须有相同数量、数据类型和宽度的字段，并且只有最后的 SELECT 可以有 ORDER BY 子句。
- ➤ **ORDER BY Order_Item**：基于 Order_Item 排序查询结果。另外，ASC 表示按升序排序，默认选项；DESC 表示按降序排序。

二、SELECT 应用举例

为了帮助读者更好地理解 SELECT 语句，我们下面给出一组小例子具体说明 SELECT 语句的用法。

【示例 1】

列表"员工信息表"中全部字段和全部记录，并且给表另起别名"员工基本信息"。

SELECT * FROM 员工信息 AS 员工基本信息

【示例 2】

从"工资管理系统"数据库的"员工信息"表中查询出"性别"为"男"的所有员工信息。

USE 工资管理系统
SELECT * FROM 员工信息 WHERE 性别='男'

【示例 3】

从"工资管理系统"数据库的"员工信息"表中同时查询出"性别"为"男"并且"所任职位"为"经理"的所有员工信息。

SELECT * FROM 员工信息 WHERE 性别='男' AND 所任职位='经理'

【示例 4】

在"工资管理系统"数据库中的"员工信息"表查询出"员工编号"在"10001"和"10009"之间的所有员工信息。

SELECT * FROM 员工信息 WHERE 员工编号 BETWEEN 10001 AND 10009

【示例 5】

查询"员工编号"在"10001"至"10009"之外的所有数据。

SELECT * FROM 员工信息 WHERE 员工编号 NOT BETWEEN 10001 AND 10009

【示例 6】

将"工资管理系统"数据库的"员工信息"数据表按照"员工编号"进行降序排列，以查看最近新到的员工信息。

SELECT * FROM 员工信息 ORDER BY 员工编号 DESC

【示例 7】

对"工资管理系统"数据库中的所有员工信息先按"工资级别"进行升序排列，如果"工资级别"列中有相同的数据，那么再按照"工龄"进行降序排列。

SELECT * FROM 员工信息 ORDER BY 工资级别 ASC,工龄 DESC

【示例 8】

在"工资管理系统"数据库的"员工信息"表中按照"所任职位"查询出对应职位上的统计人数。

SELECT 所任职位,COUNT(员工编号) AS 职位上的人数 FROM 员工信息
　　GROUP BY 所任职位

【示例 9】

从数据库"工资管理系统"数据库的"员工信息"表中按照"所任职位"和"性别"进行分组，并筛选出性别为"男"的员工信息。

SELECT 所任职位,性别,COUNT(员工编号) AS 职位上的人数
　　FROM 员工信息 GROUP BY 所任职位,性别 HAVING 性别='男'

【示例 10】

在"工资管理系统"数据库中从"员工信息"表和"部门信息"表中查询出"员工姓名","性别","所任职位"以及"部门名称"信息，两个表通过"员工信息.所在部门编号"与"部门信息.部门编号"条件建立连接。

SELECT 员工姓名,性别,所任职位,部门名称 FROM 员工信息,部门信息
　　WHERE 员工信息.所在部门编号=部门信息.部门编号

或

SELECT 员工姓名,性别,所任职位,部门名称 FROM 员工信息 JOIN 部门信息
　　ON 员工信息.所在部门编号=部门信息.部门编号

技能训练

一、基本技能训练

1. 使用 SQL 实现数据查询，说明查询的基表（查询来源表），使用（　　）短语。

    A．SELECT   B．FROM

    C．WHERE   D．JOIN …ON

2. 使用 SQL 语句实现数据查询，设置查询结果的顺序，使用（　　）短语。

    A．INDEX ON   B．ORDER ON

    C．ORDER BY   D．GROUP BY

二、国考真题训练

1. 使用 SQL 语句实现数据查询，限制查询结果排序后输出记录的数目，使用（　　）短语。

    A．ABOVE   B．TOP   C．MAX   D．MIN

2. 设成绩表含有学号 C（6），姓名 C（6），课程号 C（3），课程名 C（16），成绩 N（3）字段，其中每个学生有唯一的学号，每门课程有唯一的课程号，查询每名学生选修课程的最高分及课程名，正确的命令为：SELECT 学号，姓名，（　　）AS 最高分，课程名 FROM 成绩 GROUP BY 学号

    A．AVG（成绩）   B．MAX（成绩）C．MIN（成绩） D．SUM（成绩）

三、全国高等学校计算机二级考试真题训练

1. 使用 SQL 语句实现分组查询，使用（　　）短语设置分组依据。

    A．TOTAL ON   B．GROUP ON

    C．ORDER BY   D．GROUP BY

2. 设成绩表含有学号 C（6），姓名 C（6），课程号 C（3），课程名 C（16），成绩 N（3）字段，其中每个学生有唯一的学号，每门课程有唯一的课程号，查询每名学生选修课程的最低分及课程名，正确的命令为：

SELECT 学号，姓名，（　　）AS 最低分，课程名 FROM 成绩 GROUP BY 学号

    A．AVG（成绩）   B．MAX（成绩）

    C．MIN（成绩）   D．SUM（成绩）

3. 设有职工表（职工编号，姓名，出生日期，职称）和工资表（职工编号，基本工资，奖金，扣除），查询职工姓名和实发工资，结果存于表 CX．DBF 中，正确的命令为

SELECT 姓名，（　　）FROM 职工，工资 WHERE 职工表．职工编号=工资表．职工编号 AND YEAR（出生日期）<=1947

INTO TABLE CX

    A．实发工资   B．基本工资 AS 实发工资

    C．基本工资+奖金 AS 实发工资   D．基本工资+奖金-扣除 AS 实发工资

4. 设成绩表含有学号 C（6），姓名　C（6），课程号 C（3），课程名 C（16），成绩 N（3）字段，其中每个学生有唯一的学号，每门课程有唯一的课程号，查询每名学生选修课程的最低分及课程名，正确的命令为：

SELECT 学号，姓名，MIN（成绩）AS 最低分，课程名 FROM 成绩 GROUP BY（　　）

  A．课程号   B．课程名

  C．学号   D．姓名

5. 使用 SQL 语句实现数据查询，将查询结果输出至临时表，应使用（　　　）短语。

  A．INTO ARRAY   B．INTO CURSOR

  C．INTO TABLE   D．TO TABLE

6. 设成绩表含有学号 C（6），姓名　C（6），课程号 C（3），课程名 C（16），成绩 N（3）字段，其中每个学生有唯一的学号，每门课程有唯一的课程号，查询每门课程的选修人数，正确的命令为：

SELECT 课程号，课程名，（　　　）AS 选修人数　FROM 成绩 GROUP BY（　　　）。

  A．COUNT（*），课程名   B．MAX（成绩），课程号

  C．MIN（成绩），课程名   D．SUM（成绩），课程号

四、答案

一、1. B   2. C

二、1. B   2. B

三、1. D   2. C   3. D   4. C   5. B   6. A

单元小结

  本单元简要介绍了数据库结构化查询语言 SQL。由于 SQL 语句的语法通常都很复杂，因此，读者只要掌握它的一些基本用法就可以了。与此同时，掌握这些基本用法对快速操作数据库和表，以及学习 VFP 编程都大有益处。

第 **7** 单元 结构化程序设计

为了便于程序员开发强大、灵活的应用程序，VFP 将结构化程序设计与面向对象的程序设计结合在一起中。

VFP 6.0 支持两种工作方式：交互操作方式和程序执行方式。

➢ **交互操作方式：**用户通过菜单、工具和在命令窗口输入单条命令执行相关操作。

➢ **程序执行方式：**将 VFP 命令编成特定的序列，存入命令文件。需要时只需通过特定的命令调用程序文件，就能自动执行这一程序文件。

在前面所用到的命令是在交互方式下进行操作的，其特点是简单易行，随时可以看到命令执行的结果，它适合完成不需要重复执行的某些操作。但是对于反复执行的操作或完成一些比较复杂的任务，就需要将这些操作命令预先编辑好，存放在一个文件中，以供随时调用，这个文件就是程序文件或源程序文件（简称程序），即程序是能够完成一定任务的命令的有序集合。

【学习任务】

◆ 程序的编辑与使用
◆ 程序的基本控制结构
◆ 模块化程序设计

【掌握技能】

◆ 熟练掌握程序的建立、保存、修改与运行
◆ 熟练掌握分支语句的使用
◆ 熟练掌握循环语句的使用
◆ 了解模块化程序设计思想
◆ 掌握过程及自定义函数的使用
◆ 理解公共变量、私有变量和本地变量的作用域
◆ 掌握编写程序的基本技能

任务 7.1   掌握程序的编辑与使用方法

编写程序就是建立一个称为源程序的文本文件。这个源程序文件由若干行命令语句组成，它能够完成特定的任务。

VFP 程序设计方法包括面向过程的程序设计方法和面向对象的程序设计方法，其特点如下：

> **面向过程程序设计：** 是最主要、最通用的程序设计方法，是运用顺序结构、分支结构和循环结构来编写程序。
> **面向对象程序设计（OOP）：** 是采用事件驱动编程机制的语言。在事件驱动编程中，程序员只要编写响应用户动作的程序，不必考虑按精确次序执行的每个步骤。

相关知识与技能

一、程序文件的建立、保存、修改与运行

1. 程序的建立

> **方法1：** 使用工具和菜单方式建立源程序文件

单击"常用"工具栏中的"新建"按钮，或选择"文件"菜单中的"新建"命令 → 在"新建"对话框中选择"文件类型"为"程序"→ 单击"新建文件"按钮 → 在"程序"编辑窗口输入程序内容。

> **方法2：** 使用命令方式建立源程序文件

在命令窗口输入命令 MODIFY COMMAND <程序文件名>。

【说明】

> 一行最多只能写一条命令。
> 每个程序行最长为 2048 字节。
> 每条命令均以回车结束。
> 星号（*）、NOTE 以及&&符号均作为注释行标志，可对命令进行说明。
> 若需要分行书写一条命令，需要在分行处先输入续行符";"，再按回车，系统将认为下一行的内容仍为本语句的内容。

程序方式和交互方式不同的是，在程序方式输入完一条命令并按回车键后，不直接执行该命令，而是将所有命令都输入完后，将其保存在一个程序文件中，执行该程序文件时才被执行。

2. 程序的保存

程序文件编辑完之后，必须将程序文件进行保存，其扩展名为.PRG。

要保存文件，可单击"常用"工具栏中的"保存"按钮，或选择"文件"菜单中的"保存"命令。如果希望换名保存文件，可选择"文件"菜单中的"另存为"命令。

3. 程序的修改

修改程序文件时，需要先打开程序编辑窗口，然后再进行修改。打开程序编辑窗口的常用方法如下：

> **方法1：** 选择"文件"菜单中的"打开"命令或单击"常用"工具栏中的"打开"按钮 → 选择"文件类型"为"程序"→ 双击要打开的程序文件即可。
> **方法2：** 在命令窗口执行命令"MODIFY COMMAND <程序文件名>"，其中，程序文件的扩展名可省略。

4．程序的运行

要执行程序，其常用方法如下：

➢ **方法1**：单击"常用"工具栏中的"运行"按钮 ，。
➢ **方法2**：选择"程序"菜单中的"运行"命令。
➢ **方法3**：在命令窗口执行命令"DO <程序文件名>"，其中，程序文件的扩展名可省略。

【说明】

➢ 为了清楚地看到程序运行的结果，最好关闭各编辑窗口。
➢ 程序运行出错时，系统将显示程序错误提示对话框，给出错误提示，用户可根据情况进行选择：
　　① 取消：为默认值，取消运行程序。
　　② 挂起：暂停运行程序，并返回命令窗口，选择"程序"菜单中"恢复"，便可从断点处继续运行该程序。
　　③ 忽略：忽略错误，继续运行程序。
➢ 在程序运行过程中按 Esc 键，可终止程序运行。

【操作样例 7-1】

【要求】

建立一个程序文件 lx11.prg，输入如下内容，保存并运行程序文件。

```
*关于程序的建立、保存与运行（顺序结构）
CLEAR
USE student
LIST
LOCATE FOR  性别="男"
DISP
USE
```

要建立程序文件，而不是在命令窗口输入。

【操作步骤】

步骤 1▶　建立程序：单击"常用"工具栏中的"新建"按钮 ，→　在"新建"对话框中选择"文件类型"为"程序"→ 单击"新建文件"按钮 → 在程序编辑窗口输入前面的程序内容。

步骤 2▶　保存程序：单击"常用"工具栏中的"保存"按钮 → 输入文件名 lx11（扩展名可省略），单击"保存"按钮。

步骤 3▶　运行程序：关闭程序编辑窗口，单击"常用"工具栏中的"运行" ，按钮或在命令窗口输入命令"DO lx11"。

二、程序文件中的专用命令

1. 程序中的退出命令

➤ **RETURN**：返回上一级程序，若无上一级程序则返回到命令窗口。

➤ **CANCEL**：终止程序运行，清除私有变量，并返回到命令窗口。

➤ **QUIT**：强制退出 VFP 6.0 系统返回到 Windows 系统。

2. 程序中的注释命令

➤ **星号（*）、NOTE**：可以放在行的开始，表示该行为注释行。

➤ **&&符号**：可位于某行中的任意位置，此时，系统执行行左边的命令，而忽视右边的文字直至回车符。

三、程序中简单的输入输出命令

通常，一个程序包含数据输入、数据处理和处理结果输出 3 个部分。输入/输出方式分为非格式化的输入输出和格式化的输入输出，如图 7-1 所示。

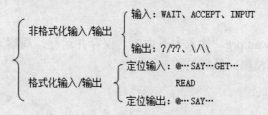

图 7-1　非格式化和格式化的输入输出命令

输入是使程序从外部获取数据，输出是将程序的执行结果显示出来，有助于用户了解程序的执行情况。

非格式化输入/输出方式的特点：是在命令中没有规定输入数据、输出数据在屏幕上的显示位置，也没有规定数据的显示格式。

格式化输入/输出方式的特点：是在命令中规定了输入数据、输出数据在屏幕上的显示位置和显示格式。屏幕的显示位置是以行、列坐标来表示的，屏幕左上角的坐标是（0，0）。

1. 非格式化输入命令

VFP 提供了 3 个非格式化的输入命令，如图 7-2 所示。

非格式化的输入输入 {
　单字符接收命令（WAIT）
　字符型数据接收命令（ACCEPT）
　任意类型数据接收命令（INPUT）
}

图 7-2　非格式化输入命令

（1）字符接收命令（WAIT）

【命令格式】

WAIT [<字符表达式>] [WINDOW] [TO <内存变量>] [TIMEOUT<数值表达式>]

【命令功能】

暂停程序的执行，直到用户在键盘上按任意一个键或单击鼠标左键，程序才会继续执行。

【命令说明】

➤ **<字符表达式>**：作为提示信息显示。省略时，显示系统默认的提示信息。

➤ **WINDOW**：将提示信息显示在屏幕右上角的系统信息窗口中。

➤ **TO <内存变量>**：将用户输入的数据保存在内存变量中。所输入的字符只能是一个且为字符型。若输入的是回车或单击鼠标左键，则将空字符保存到内存变量中，长度为 0。

➤ **TIMEOUT<数值表达式>**：由表达式的值来确定暂停的时间（单位为秒），超时未按键，将继续程序的运行，并将空字符赋予内存变量；省略时，程序暂停执行，一直等待用户输入字符。

【操作样例 7-2】

【要求】

建立一个程序文件 wait.prg，输入如下内容，保存并运行，观察 wait 语句。

```
*关于 WAIT 命令的使用（循环结构）
CLEAR
USE STUDENT
SCAN                    && 扫描循环开始
    CLEAR
    DISPLAY
    WAIT TIMEOUT 2      && 程序暂停 2 秒
ENDSCAN                 && 扫描循环结束
USE
```

【说明】

（1）运行程序时，命令窗口被自动关闭。只有终止运行程序或程序运行结束后，才会重新显示它。

（2）运行程序时，如果按任意键或单击鼠标，则系统会自动显示下一条记录。如果不按任意键或单击鼠标，则每过 2 秒，系统也将自动显示下一条记录。所有记录显示完毕后，程序自动结束。

（3）如果按 Esc 键，可终止程序运行，此时系统将给出图 7-3 所示提示对话框。单击"取消"可终止程序运行，单击"忽略"可继续程序运行；单击"挂起"可暂停程序运行。暂停程序运行后，如果希望恢复程序运行，可以按 **Ctrl+M** 组合键或选择"程序"菜单中的"继续运行"命令。

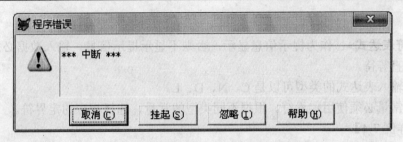

图 7-3 中断程序运行提示对话框

（2）符型数据接收命令（ACCEPT）

【命令格式】

ACCEPT [<字符表达式>] [TO <内存变量>]

【命令功能】

暂停程序的执行，接收用户输入的数据并存入内存变量中，以回车键结束输入。

【命令说明】

➢ **<字符表达式>**：作为提示信息显示，否则不显示提示信息。
➢ 用户输入的任何数据都作为字符型数据保存，不加定界符；若使用定界符，则定界符也作为字符串被保存；若不输入字符，直接按回车，则将空字符保存在内存变量中。

【操作样例 7-3】

【要求】

建立一个程序文件 accept.prg，输入如下内容，保存并运行，观察 accept 语句。

```
*关于 ACCEPT 命令的使用（顺序结构）
CLEAR
USE STUDENT
LIST
ACCEPT "请输入要查询员工的姓名：" TO xm
LOCATE FOR  姓名=xm
DISPLAY
USE
```

（3）任意类型数据接收命令（INPUT）

【格式】

INPUT [<字符表达式>]TO <内存变量>

【功能】

暂停程序的执行，接收用户输入的表达式，并将表达式的值存入内存变量中，以回车键结束输入。<内存变量>的类型由表达式的值的类型来决定。

【说明】

> **<字符表达式>**：作为提示信息显示，否则不显示提示信息。输入数据必须正确，否则一直等待。

> 用户输入表达式的类型可以是 C、N、D、L。

> 输入常量必须使用定界符。根据不同类型的常量，选择相应的定界符。

【操作样例 7-4】

【要求】

建立一个程序文件 input.prg，输入如下内容，保存并运行，观察 input 语句。

```
* 关于 INPUT 命令的使用（顺序结构）
CLEAR
USE STUDENT
LIST
INPUT "请输入要查询员工的出生日期：" TO rq
LOCATE FOR  出生日期=rq
DISP
USE
```

日期型常量的定界符是{}，并且要使用严格的日期格式，如{^1980-2-15}。

2. 非格式化输出命令

（1）?与??命令

【格式】

?/?? [<表达式表>]

【功能】

?在屏幕或窗口中换行显示表达式的值。若只输出一空行，可省略表达式。??在屏幕的当前行显示表达式的值，即显示信息前不换行。

【说明】

输出多个表达式时，各表达式之间用"，"隔开。

（2）\与\\命令

【格式】

\<文本行>/\\<文本行>

【功能】

将位于<文本行>中的文本行输出到屏幕上。

【说明】

➢ 先执行命令 SET TEXTMERGE ON，可在文本行中包含内存变量、表达式及函数。

➢ 内存变量、表达式及函数必须包含在文本读取符<< >>中。若无<< >>，则系统把它们视为普通字符。

➢ \<文本行>：在文本输出前产生回车和换行。\\<文本行>则不会，只在当前光标处输出。

【操作样例 7-5】

【要求】

建立一个程序文件 lx12.prg，输入如下内容，保存并运行。

```
* 关于\命令的使用（顺序结构）
SET TALK OFF
SET TEXTMERGE ON
STORE "朋友们,大家好!" TO hello
CLEAR
\hello
\<<hello>>
\今天的日期是<<DATE()>>
? hello
SET TEXTMERGE OFF
SET TALK ON
```

程序运行结果：
```
hello
朋友们,大家好!
今天的日期是10/09/10
朋友们,大家好!
```

3．格式化输入输出命令

【格式】

@<行，列> [SAY <表达式 1>] [GET <变量名>] [DEFAULT <表达式 2>]

【功能】

在屏幕的指定行、列输出 SAY 子句的表达式值，并可修改 GET 子句的变量值。

【说明】

➢ <行，列>：表示数据在屏幕中显示的位置，行号和列号均从 0 开始。

➢ SAY 子句：用来输出数据。

➢ GET 子句：用来输入及编辑数据，若缺省 SAY 子句，GET 变量值从指定位置开始显示；含有 SAY 子句，先显示<表达式 1>的值，然后空一个格显示 GET 变量的值。

➢ GET 子句中的变量必须具有初值，也可以使用 DEFAULT 子句的<表达式 2>给变量设置一个默认值。否则将提示变量没找到信息。

➢ GET 子句的变量必须使用 "READ" 命令来激活。

【操作样例7-6】

【要求】

建立一个程序文件 lx13.prg，输入如下内容，保存并运行。

```
* 显示 score.dbf 表中分数在指定范围内的记录（顺序结构）
SET TALK OFF
CLEAR
USE score
LIST
@25,5 SAY "请输入成绩的下限值：" GET xx DEFAULT 0      && 如图 7-4 所示
@26,5 SAY "请输入成绩的上限值：" GET sx DEFAULT 0
READ
LIST FOR  成绩>=xx AND  成绩<=sx
USE
SET TALK ON
```

记录号	学号	课程号	成绩
1	993503439	0001	92
2	993503439	0002	86
3	993503437	0001	87
4	993503439	0005	80
5	993503433	0009	74
6	993503433	0010	66
7	993501122	0004	56
8	993501122	0007	85
9	993502235	0006	77
10	993502235	0001	63
11	993503412	0009	95
12	993506112	0010	84
13	993504228	0005	57
14	993504228	0002	88
15	993511236	0005	74
16	993511236	0007	64
17	993503234	0004	87
18	993501122	0001	45
19	993502235	0009	50
20	993402235	0005	0
21	993501122	0009	98

请输入成绩的下限值：   70
请输入成绩的上限值：   90

记录号	学号	课程号	成绩
2	993503439	0002	86
3	993503437	0001	87
4	993503439	0005	80
5	993503433	0009	74
8	993501122	0007	85
9	993502235	0006	77
12	993506112	0010	84
14	993504228	0002	88
15	993511236	0005	74
17	993503234	0004	87

图 7-4　定位输入输出效果

输入一个值后，按回车键确认。

技能训练

一、基本技能训练

1. 在 VFP 的命令窗口中，建立和修改程序文件的命令是（　　）。

    A．MODIFY 文件名　　　　　　　　　　B．CREATE 文件名

C．MODIFY STRUCTURE 文件名　　　　D．MODIFY COMMAND 文件名
　2．在 VFP 的命令窗口中，执行程序文件的命令是（　　）。
　　A．LOAD　文件名　　　　　　　　　B．DO 文件名
　　C．USE　文件名　　　　　　　　　　D．CLEAR
　3．在使 ACCEPT 命令给内存变量输入数据时，内存变量获得的数据类型是（　　）。
　　A．数值型　　　　　　　　　　　　B．字符型
　　C．日期型　　　　　　　　　　　　D．逻辑型

二、国考真题训练

　1．在 Visual FoxPro 中，程序文件的扩展名是＿＿＿＿＿＿＿＿＿＿＿。
　2．MODIFY COMMAND 命令建立的文件的默认扩展名是（　　）。
　　A．prg　　　　　　　　　　　　　　B．app
　　C．cmd　　　　　　　　　　　　　　D．exe
　3．欲执行程序 temp.prg，应该执行的命令是（　　）。
　　A．DO PRG temp.prg　　　　　　　　B．DO temp.prg
　　C．DO CMD temp.prg　　　　　　　　D．DO FORM temp.prg

三、答案

一、1．D　　　　2．B　　　　3．B
二、1．prg　　　2．A　　　　3．B

任务 7.2　掌握程序的基本控制结构

　　程序有 3 种基本结构：顺序结构、分支（或选择）结构和循环结构，下面分别介绍其特点用法。

相关知识与技能

一、顺序结构

　　顺序结构是根据事物的处理顺序和要求，将相应的命令按照它们所完成的功能有机地结合起来，其特点是程序中的命令按先后顺序执行。

　　例如，【操作样例 7-1】、【操作样例 7-3】等采用的都是顺序结构。但是，大多数问题仅仅使用顺序结构是不够的，可根据实际需要来使用分支结构和循环结构。

　　VFP 程序主体上采用顺序结构，每条命令执行后自动开始执行下一条命令，只有遇到分支结构、循环结构、过程、函数等才会暂时改变命令执行的顺序。

二、选择结构

　　分支结构是根据条件是否成立来控制程序执行的流向。支持分支结构的语句分为单条件

分支语句（IF 条件语句）和多条件分支语句（DO CASE 语句），如图 7-5 所示。

$$\left\{\begin{array}{l}\text{单条件分支结构（IF 语句）}\left\{\begin{array}{l}\text{单边分支结构（IF…ENDIF）}\\ \text{双边分支结构（IF…ELSE…ENDIF）}\end{array}\right.\\ \text{多条件分支结构（DO CASE…ENDCASE 语句）}\end{array}\right.$$

图 7-5　分支结构组成

1．单条件分支语句（IF 条件语句）

（1）单边分支结构

【命令格式】

IF <条件表达式>

　　<语句序列>

ENDIF

【命令功能】

当<条件表达式>为真值时，执行<语句序列>中的命令语句，然后执行 ENDIF 后的第一条语句；而当<条件表达式>为假值时，不执行<语句序列>中的命令语句，而是立即执行 ENDIF 后的第一条语句。

【操作样例 7-7】

【要求】

建立一个程序文件 lx21.prg，输入如下内容，保存并运行。

```
* 单边分支结构
SET TALK OFF
USE student
CLEAR
ACCEPT   "请输入要查询的学生姓名："   TO   xm
LOCATE FOR  姓名=xm
IF   FOUND()                          && 分支语句
    DISP
ENDIF
IF NOT FOUND()                        && 分支语句
      WAIT "无此学生，按任意键退出。"
ENDIF
USE
```

（2）双边分支结构

【命令格式】

IF <条件表达式>

```
    <语句序列 1>
ELSE
    <语句序列 2>
ENDIF
```

【命令功能】

当<条件表达式>为真值时，执行<语句序列 1>中的命令语句，然后执行 ENDIF 后的第一条语句；而当<条件表达式>为假值时，执行<语句序列 2>中的命令语句，然后执行 ENDIF 后的第一条语句。

【命令说明】

不论<条件表达式>为何值时，<语句序列 1>和<语句序列 2>只有一个被执行，执行完毕后程序将转到 ENDIF 后的第一个语句继续执行。

【操作样例 7-8】

【要求】

建立一个程序文件 lx22.prg，输入如下内容，保存并运行。

```
* 双边分支结构
SET TALK OFF
USE student
CLEAR
ACCEPT "请输入要查询的学生姓名：" TO xm
LOCATE FOR  姓名=xm
IF    FOUND()
    DISP
ELSE
    WAIT "无此学生，按任意键退出。"
ENDIF
USE
```

【操作样例 7-9】

【要求】

编写一个程序文件 lx23.prg，判断某年是不是闰年。

```
**闰年条件：年份能被 400 整除，或年份能被 4 整除但不能同时被 100 整除。
SET TALK OFF
CLEAR
INPUT "请输入年份：" TO   nf
IF MOD(nf,4)=0 AND MOD(nf,100)<>0 OR MOD(nf,400)=0
    ?ALLTRIM(STR(nf))+"年是闰年"
ELSE
```

```
    ?ALLTRIM(STR(nf))+"年不是闰年"
ENDIF
SET TALK ON
```

（3）嵌套式 IF 语句

可以将一个 IF…ENDIF 结构设定在另一个 IF…ENDIF 程序结构内，从而形成嵌套 IF 语句。

【操作样例 7-10】

【要求】

建立一个程序文件 lx24.prg，输入如下内容，保存并运行。

```
**嵌套式 IF 语句
SET TALK OFF
CLEAR
INPUT "请输入一个数（正数、负数或零）: "   TO   x
IF x>0
    ?"你输入的是正数!"
ELSE
    IF   x=0
        ?"你输入的是零!"
    ELSE
        ?"你输入的是负数!"
    ENDIF
ENDIF
RETURN
```

2. 多条件分支结构（DO CASE 语句）

当遇到多条件选择时，用 IF…ENDIF 嵌套结构来编制程序存在许多缺点。比如，编程难度大、程序不直观、难以阅读、容易出错，难于调试修改等问题，此时可以选择多条件分支结构。分支语句可以嵌套，但不可以交叉。

【命令格式】

```
DO CASE
    CASE <条件 1>
        <条件 1 为真时所要执行的语句序列>
    CASE <条件 2>
        <条件 2 为真时所要执行的语句序列>
        …
    CASE <条件 n>
        <条件 n 为真时所要执行的语句序列>
    [OTHERWISE
```

<以上条件都不成立时所要执行的语句序列>]

ENDCASE

【命令功能】

依次判断命令中列出的条件，只要找出某一条为真，就执行与之相关的语句序列，然后执行 ENDCASE 后的第一条语句。余下的条件不再判断，有关的命令语句也不会执行。而当所有条件都不成立时，若有 OTHERWISE，则执行其后的语句序列，然后执行 ENDCASE 后的第一条语句；否则什么也不做，转去执行 ENDCASE 后的第一条语句。

【命令说明】

➤ DO CASE 与 CASE 之间不应书写可执行的语句，系统不会执行这个位置上的语句。

➤ 如果同时有多个 CASE 条件为真，也只运行第一个为真的 CASE，其后为真值的 CASE 不会被执行。

【操作样例 7-11】

【要求】

建立一个程序文件 lx25.prg，输入如下内容，保存并运行。

```
**使用 DO CASE 语句完成【操作样例 7-10】的功能
SET TALK OFF
CLEAR
INPUT "请输入一个数（正数、负数或零）：" TO x
DO CASE
    CASE x>0
        ?"你输入的是正数!"
    CASE x=0
        ?"你输入的是零!"
    OTHERWISE
        ?"你输入的是负数!"
ENDCASE
RETURN
```

三、循环结构

循环结构用于控制部分命令的反复执行。VFP 有 3 种循环：条件循环（DO WHILE 语句）、计数循环（FOR 语句）和扫描循环（SCAN 语句）。

在循环中要重复执行的命令行称为循环体。在循环体中，EXIT（退出循环命令）和 LOOP（结束本次循环命令）可以改变语句的执行顺序。

1. DO WHILE 语句（条件循环）

【命令格式】

DO WHILE <逻辑表达式>
    <循环体>

```
        [LOOP] | [EXIT]
ENDDO
```

【命令功能】

判断<逻辑表达式>是否为真，若为真则执行循环体。执行到 ENDDO 时，将回到 DO WHILE 处，再次检查<逻辑表达式>是否仍然为真，若仍然为真则继续执行循环体。直至<逻辑表达式>为假时，才退出循环，执行 ENDDO 后的第一条语句。

【命令说明】

➢ **LOOP 的功能：** 中止本次循环的执行，返回到循环的起始语句，使 LOOP 后面的语句在这次循环时不被执行。

➢ **EXIT 的功能：** 退出本循环体，无条件转去执行循环终端语句后的第一条语句，不再考虑循环条件。

➢ LOOP 和 EXIT 只能在循环体中出现。

【操作样例 7-12】

【要求】

编写一个程序文件 lx26.prg，其功能是计算 1-100 内的偶数之和，用 DO WHILE 语句实现。

```
**DO WHILE 语句的使用
SET TALK OFF
CLEAR
CLEAR ALL
s=0
n=1
DO WHILE n<=100
    IF n%2=0
        s=s+n
    ENDIF
    n=n+1
ENDDO
?"1-100 偶数和为："+ALLTRIM(STR(s))
SET TALK ON
```

2．FOR 语句（计数循环）

【命令格式】

```
FOR  变量=<数值表达式 1> TO <数值表达式 2> [STEP <数值表达式 3>]
    <循环体>
        [LOOP] | [EXIT]
ENDFOR/NEXT
```

【命令功能】

首先把初值赋予变量，然后判断是否越过终值，若未越过终值，则执行循环体。遇到 ENDFOR，返回 FOR 语句，将循环控制变量增加一个步长值，再判断是否越过终值，未越过终值，则执行循环体。如此重复，直至控制变量越过终值方停止循环，继续执行 ENDFOR 后的第一个语句。

【命令说明】

<数值表达式 1 >的值作为初值，<数值表达式 2>的值作为终值，<数值表达式 3>的值作为步长。

【操作样例 7-13】

【要求】

编写一个程序文件 lx27.prg，其功能是计算 1-100 内的奇数之和，用 FOR 语句实现。

```
**FOR 语句的使用
SET TALK OFF
CLEAR
CLEAR ALL
s=0
FOR n=1 TO 100 STEP 2
        s=s+n
ENDFOR
?"1-100 奇数和为："+ALLTRIM(STR(s))
SET TALK ON
```

【操作样例 7-14】

【要求】

编写一个程序文件 lx28.prg，逐条显示 student 表中男性的记录，用 FOR 语句实现。

```
**逐条显示 student 表中男性的记录，用 FOR 语句实现。
SET TALK OFF
CLEAR ALL
CLEAR
USE student
FOR i=1 TO RECCOUNT()
    GO i
    IF  性别="男"
        DISP
    ENDIF
ENDFOR
SET TALK ON
```

3. SCAN 语句（数据库扫描循环）

【命令格式】

SCAN [<范围>] [FOR <逻辑表达式>]

    <循环体>

ENDSCAN

【命令功能】

对当前正在使用的表文件，在指定范围中从上到下移动记录指针，当遇到符合指定条件的记录时就执行循环体中的各条语句。

【命令说明】

因为 SCAN 语句自动扫描表文件中符合条件的记录，故循环体中不必使用 SKIP 命令。

【操作样例 7-15】

【要求】

编写一个程序文件 lx29.prg，逐条显示 student 表中男性的记录，用 SCAN 语句实现。

```
**逐条显示 student 表中男性的记录，用 SCAN 语句实现。
SET TALK OFF
CLEAR ALL
CLEAR
USE student
SCAN FOR  性别="男"
     DISP
ENDSCAN
SET TALK ON
```

4. 多重循环结构

如果在一个循环程序的循环体内再包含着一些循环，就构成了多层循环，即循环嵌套，也称为多重循环。

【操作样例 7-16】

【要求】

阅读并运行程序文件 lx210.prg，写出程序运行结果。

```
**阅读程序，写出运行结果。
SET TALK OFF
CLEAR
CLEAR ALL
ACCEPT "请输入任意一个字符或符号，并回车："TO c
FOR i=1 TO 10              && i 表示行数
    ??SPACE(20-i)
```

```
      FOR j=1 TO    2*i-1        && j 表示符号的个数
          ??c
      ENDFOR
      ?
ENDFOR
SET TALK ON
```

程序运行结果：

```
请输入任意一个字符或符号，并回车：a
                a
               aaa
              aaaaa
             aaaaaaa
            aaaaaaaaa
           aaaaaaaaaaa
          aaaaaaaaaaaaa
         aaaaaaaaaaaaaaa
        aaaaaaaaaaaaaaaaa
       aaaaaaaaaaaaaaaaaaa
```

【操作样例 7-17】

【要求】

阅读程序文件 lx211.prg，写出程序功能。

```
** LOOP 的使用
CLEAR
USE  教师表
LIST
GO TOP
DO WHILE NOT EOF()
    IF  性别="男"
        SKIP
        LOOP              && 结束本次循环，开始下一次循环
    ENDIF
    REPLACE  工资  WITH  工资+100
    SKIP
ENDDO
LIST
USE
```

程序运行结果：

将性别为"女"的所有教师的工资增加 100 元。

【操作样例 7-18】

【要求】

编写程序文件 lx212.prg，其程序功能是输出 3～50 之间的所有素数，并运行程序。

```
CLEAR
n=0                              && 用于记录素数的个数
FOR x=3 TO 50                    && 外循环
   FOR y=2 TO x-1                && 内循环
      IF MOD(x,y)=0
         EXIT                    && 退出本循环体，对本程序来说是内循环
      ENDIF
      IF y>=x-1
         IF n/5=INT(n/5)         && 控制输出格式，每行 5 个数
            ?x
         ELSE
            ??x
         ENDIF
         n=n+1
      ENDIF
   ENDFOR
ENDFOR
RETURN
```

程序运行结果：

```
3        5        7        11       13
17       19       23       29       31
37       41       43       47
```

技能训练

一、基本技能训练

1. 关于分支语句 **IF-ENDIF**，下列说法不正确的是（　　）。

    A. IF 和 ENDIF 语句可以无 ELSE 子句

    B. IF 和 ENDIF 语句必须成对出现

    C. 分支语句可以嵌套，但不可以交叉

    D. IF 和 ENDIF 语句必须有 ELSE 子句

2. 在 **DO WHILE…ENDDO** 循环结构中，EXIT 的作用是（　　）。

    A. 退出过程，返回程序开始处

    B. 转移到 DO WHILE 语句行，开始下一个判断和循环

    C. 终止程序执行

    D. 终止循环，将控制转移到本循环结构 ENDDO 后面的第一条语句继续执行

3. LOOP 和 EXIT 语句用于（　　）语句中。

    A. IF…ENDIF   B. TEXT…ENDTEXT

    C. DO WHILE…ENDDO   D. DO CASE…ENDCASE

二、国考真题训练

1. 下列程序段执行时在屏幕上显示的结果是（　　　）。

```
    DIME a(6)
    a(1)=1
    a(2)=1
    FOR i=3 TO 6
        a(i)=a(i-1)+a(i-2)
    NEXT
    ?a(6)
```

　　A. 5　　　　　　　B. 6　　　　　　　C. 7　　　　　　　D. 8

2. 下列程序段执行以后，内存变量 y 的值是（　　　）。

```
x=76543
y=0
  DO WHILE x>0
      y=x%10+y*10
      x=int(x/10)
  ENDDO
```

　　A. 3456　　　　　B. 34567　　　　　C. 7654　　　　　D. 76543

3. 有下程序，请选择最后在屏幕显示的结果（　　　）。

```
SET EXACT ON
s="ni"+SPACE(2)
IF s=="ni"
    IF s="ni"
        ?"one"
    ELSE
        ?"two"
    ENDIF
ELSE
    IF s="ni"
        ?"three"
    ELSE
        ?"four"
    ENDIF
ENDIF
RETURN
```

　　A. one　　　　　B. two　　　　　C. three　　　　　D. four

三、全国高等学校计算机二级考试真题训练

1. 运行下列程序段执行的功能是（　　　）。

```
USE GZ
LOCATE   FOR 性别="女"
DO   WHILE .NOT .EOF()
        IF 姓名="王明"
              DELETE
        ENDIF
        CONTINUE
ENDDO
PACK
USE
```

  A．将性别为"女"的所有职工的记录物理删除

  B．将性别为"女"、名字为"王明"的职工记录逻辑删除

  C．将性别为"王明"的所有职工记录物理删除

  D．将性别为"女"、名字为"王明"的职工记录物理删除

2. 下面程序执行后，输出的 s 值为（　　　）。

```
s=10
FOR k=8 TO 1 STEP -2
     s=s+k
ENDFOR
?s
```

  A．25   B．30   C．20   D．36

3. 运行下列程序后，语句?"123"被执行的次数是（　　　）。

```
I=0
DO WHILE i<10
     IF INT(i/2)=i/2
          ?"123"
     ENDIF
     ?"ABC"
     i=i+1
ENDDO
RETURN
```

  A．10   B．5   C．11   D．6

四、答案

 一、1. D 2. D 3. C

二、1. D　　2. B　　3. C

三、1. D　　2. B　　3. D

任务 7.3　掌握模块化程序设计方法

在程序设计中，如果某些有独立功能的程序需要多次重复使用，可以将这些程序段组成独立的程序，将这些具有独立功能的程序写成可供其他程序调用的子程序、过程或自定义函数，这就是所谓的程序模块化设计。因此，所谓模块就是命名的一个程序段，如子程序、过程或自定义函数等都是模块。

相关知识与技能

一、子程序及子程序调用

在 VFP 6.0 中，任何一个程序文件都可以被另一个程序所调用，这个被调用的程序文件就是子程序。调用子程序的程序称为主程序。

子程序和主程序均为命令文件，扩展名都为.PRG。但子程序的最后一条语句必须有 RETURN 返回语句，以便返回到调用它的主程序处。

1. 主程序调用子程序的命令

【命令格式】

DO <子程序文件名> [WITH <实参表>]

【命令功能】

调用子程序或过程。

【命令说明】

➢ **<子程序文件名>**：被调用的子程序名或过程名。

➢ **[WITH <实参表>]**：用来向被调用程序传递参数。<实参表>可以是常量、变量和表达式。被调用的程序中的第一个可执行语句必须是接收参数语句。

2. 子程序的语法格式

【命令格式】

[PARAMETERS <形参表>]

<命令序列>

RETURN [TO MASTER]

【命令说明】

➢ 若调用程序选择[WITH <实参表>]，则 PARAMETERS 必须是被调用程序（子程序）的第一个语句。PARAMETERS 语句的功能是指定内存变量以接收 DO 命令发送的实参值，返回时把内存变量值回送给调用程序中相应的内存变量。

➢ 命令中的形参被 VFP 默认为私有变量，返回主程序时回送参数值后即被清除。

> ➤ 命令中的形参依次与调用命令 WITH 子句中的实参相对应，形参的数目不能少于实参的数目。如果形参的数目少于实参的数目，系统会出现运行时错误。如果形参的数目多于实参的数目，则多余的形参系统都赋予初值逻辑假（.F.）。

> ➤ **RETURN 语句**：返回到主程序中调用子程序语句的下一语句，并且在回传参数值后释放该子程序中定义的私有变量。

> ➤ RETURN [TO MASTER]：返回到最外层主调程序。

【操作样例 7-19】

【要求】

读下列程序，写出程序运行结果。

```
*****主程序 zz.prg
SET TALK OFF
STORE 2 TO x1,x2,x3
x1=x1+1
DO z1                      && 调用语句
?x1+x2+x3
RETURN
*****子程序 z1.prg
PROCEDURE z1
    x2=x2+1
    DO z2                  && 调用语句
    ?x1+x2+x3
RETURN
*****子程序 z2.prg
PROCEDURE z2
    x3=x3+1
RETURN TO MASTER          && 返回最外层主调程序
```

程序运行结果：9

二、过程及过程调用

每个子程序都是单独存放在磁盘上的一个程序文件（.prg）。每调用一个子程序都要到磁盘上查找一次目录，再将该文件从磁盘上读入到内存，增加了处理的时间。为此，VFP 6.0 系统提供了过程文件。

可以将过程和函数放在一个大文件中，这个大文件就是过程文件。每次只要打开该过程文件，系统便将该文件中的多个过程和函数同时装入到内存，主程序可以直接调用各个过程或函数。另外，也可以将多个子程序用过程书写在调用程序的后面，作为程序文件的一个组成部分。

1. 过程的书写格式

PROCEDURE <过程名>

[PARAMETERS <形参表>]

<语句序列行>

RETURN

2. 过程文件的书写格式

PROCEDURE <过程名 1>

[PARAMETERS <形参表 1>]

<语句序列行 1>

RETURN

……

PROCEDURE <过程名 n>

[PARAMETERS <形参表 n>]

<语句序列行 n>

RETURN

[FUNCTION <自定义函数名 1>]

[PARAMETERS <形参表 1>]

<语句序列行 1>

RETURN <表达式 1>

……

[FUNCTION <自定义函数名 m>]

[PARAMETERS <形参表 m>]

<语句序列行 m>

RETURN <表达式 m>

3. 过程文件的使用

（1）过程文件的建立命令

MODIFY COMMAND <过程文件名>

（2）过程文件的调用命令

SET PROCEDURE TO <过程文件名>

（3）过程文件中过程的调用命令

DO <过程名> [WITH <参数表>]

（4）过程文件的关闭命令

SET PROCEDURE TO 或 CLOSE PROCEDURE

【说明】

过程文件程序不可以直接运行，必须使用主程序调用来执行。一般采用先分别独立编辑调试每个过程程序，然后将各过程程序编写到过程文件中的方法。PARAMETERS <形参表>功能是接收调用命令中相应实参值，并在调用结束后返回对应参数的计算值。

【操作样例 7-20】

【要求】

建立一个程序 lx31，程序内容如下，并运行此程序。

```
**下面程序的功能是：通过调用带参过程，计算 s=1!+2!+...+m!。
SET TALK OFF
INPUT "输入正整数: " TO m
STORE 0 TO s,a                    && 给变量赋初值
FOR i=1 TO m
    DO sub WITH a,i              && 调用带参过程 sub，求阶乘
    s=s+a
ENDFOR
?"s="+ALLTRIM(STR(s))
SET TALK ON
RETURN
PROCEDURE sub                    && 定义名称为 sub 的带参过程
   PARAMETERS p,n
   p=1
   FOR l=1 TO n
       p=p*l
   ENDFOR
RETURN      && 返回时，要把 p 的值回传给 a，把 n 的值回传给 i，之后释放 p 和 n
```

三、自定义函数

有些程序段频繁地使用，用户可将此定义为独立的函数以减少程序的数量和复杂性，这些程序段称为自定义函数。

1．自定义函数的书写格式

[FUNCTION <自定义函数名>]

[PARAMETERS <形参表>]

<语句序列行>

RETURN <表达式>

2．使用说明：

➢ 自定义函数可以作为独立的文件存储，也可以包含在调用程序中作为它的一部分。

➢ **FUNCTION <自定义函数名>**：为自定义函数的说明语句，若无此选项表示该自定义函数是一个独立的文件。

➢ 自定义函数名不能与系统函数名和内存变量名同名，函数名长度不得超过 10 个字符，函数名必须以字母或下划线开头。

➢ **自定义函数与系统函数的调用方法相同，形式为**：函数名（实参表）。

➢ 自定义函数返回一个表达式的值。

【操作样例 7-21】

【要求】

阅读并运行如下程序。

```
**下列程序的功能是：调用过程文件中的自定义函数，求圆的面积。
******main.prg
SET TALK OFF
CLEAR ALL
CLEAR
SET PROCEDUR TO subp              && 打开过程文件 subp.prg
INPUT "请输入圆的半径：" TO r
s=circle(r)                       && 调用自定义函数 circle( )
?"圆的面积="+ALLTRIM(STR(s,10,2))
CLOSE PROCEDURE
SET TALK ON
RETURN
******过程文件 subp.prg
FUNCTION circle                   && 自定义函数 circle( )的定义
    PARAMETER r
RETURN 3.14*r*r                   && 函数返回 3.14*R*R 的值
```

四、变量的作用域

由于用户定义的变量有一定的作用域，所以在多模块程序中，在某个模块的变量在其他模块不一定能使用。

以变量的作用域来分，内存变量可分为 3 种：全局变量（公共变量）、私有变量和本地变量。

1. 全局变量

全局变量指在所有程序中均可使用的变量，其作用范围是所有程序。

（1）定义全局变量

➢ **方法 1：** 在命令窗口定义的变量均为全局变量。

➢ **方法 2：** 在程序中使用 PUBLIC 命令定义的变量为全局变量。

【命令格式】

PUBLIC <内存变量名表>

【命令功能】

将指定的内存变量设置为全局变量，并把这些变量的初值均赋为逻辑假（.F.）。

（2）释放全局变量：

使用 RELEASE 或 CLEAR MEMORY 命令。

2．私有变量

私有变量仅在定义该变量的程序以及其下层模块中有效，在定义它的模块运行结束时自动清除。在程序中未被说明的内存变量均被看作是私有变量，也可使用 PRIVATE 命令定义。

【命令格式】

PRIVATE [<内存变量名表>]| [ALL [LIKE/EXCEPT <通配符]]

【命令功能】

将指定内存变量的作用域限制在所属的程序、过程或自定义函数中，此时在上级程序中的同名变量被屏蔽，直到所属的程序、过程或自定义函数执行结束后，系统将恢复被屏蔽起来的同名变量，屏蔽起来的同名变量可以继续使用。

3．本地变量

本地变量又称局部变量，它只能在定义它的模块中使用，而且不能在高层或低层模块使用，该模块运行结束时本地变量就自动释放。

【命令格式】

LOCAL <内存变量名表>

【命令功能】

将指定的内存变量设置为本地变量，并将变量的初值赋予.F.。

【操作样例 7-22】

【要求】

阅读程序，并写出程序运行结果。

```
*****mian.prg
PRIVATE x              && 主程序定义了一个私有变量 x
x=10
DO SUB1                && 主程序调用过程 SUB1
??x,y
RETURN
PROCEDURE sub1         && 过程 sub1
    PUBLIC y           && 过程 sub1 定义了一个公有变量 y
    y=5
    x=y
    ?x,y
RETURN                 && 返回主程序调用语句的下一语句
```

程序运行结果为：　5　　5　　5　　5

【操作样例 7-23】

【要求】

阅读程序，并写出程序运行结果。

```
*****main.prg
x=5                  && 主程序定义的私有变量 x
y=7                  && 主程序定义的私有变量 y
DO sub1
?x,y                 && 输出主程序定义的私有变量 x 和 y
PROCEDURE sub1
    PRIVATE y    && 过程 sub1 定义的私有变量 y，此时屏蔽主程序的 y
    x=10         && 给主程序定义的私有变量 x 赋予新值 10
    y=x          && 把主程序定义的私有变量 x 的值 7 赋予过程 sub1 定义的
                 && 私有变量 y
RETURN           && 释放过程定义的私有变量 y，返回主程序
```

程序运行结果为：10   7

【操作样例 7-24】

【要求】

阅读程序，并写出程序运行结果。

```
*** **主程序 main.prg
SET TALK OFF
x=200
y=100
DO sub1        && 调用过程 sub1
?x,y
SET TALK ON
PROC sub1
    PRIV x    && 过程 sub1 定义的私有变量 x，此时屏蔽主程序的 x
    LOCA y    && 过程 sub1 定义的本地变量 y
    x=300
    DO sub2   && 调用过程 sub2
RETU          && 释放过程 sub1 定义的私有变量 x 和本地变量 y，并返回主调程序 main
PROC sub2
    y=400
RETU          && 返回主调程序 sub1
```

程序运行结果为：200   400

技能训练

一、基本技能训练

1. 下列说法中正确的是（   ）。

　A. 若函数不带参数，则调用时函数名后面的圆括号可以省略

    B. 若函数有多个参数，则各参数间应用空格隔开

    C. 调用函数时，参数的类型、个数和顺序不一定要一致

    D. 调用函数时，函数名后面的圆括号无论有无参数都不可以省略

2. 在命令窗口中执行命令 x=5 后，则默认该变量的作用域是（   ）。

    A. 全局   B. 局部   C. 私有   D. 不定

3. 能被所有程序访问的变量类型为（   ）。

    A. 局部变量   B. 私有变量

    C. 公共变量   D. 私有变量和局部变量

二、国考真题训练

1. 在 Visual FoxPro 中，有如下程序，函数 IIF（）返回值是（   ）。

```
PRIVATE x, y
STORE "男" TO x
y=LEN(x)+2
?IIF(y<4,"男","女")
RETURN
```

    A. "女"   B. "男"   C. .T.   D. .F.

2. 在 Visual FoxPro 中，程序中不需要用 PUBLIC 等命令明确声明和建立，可直接使用的内存变量是（   ）。

    A. 局部变量   B. 私有变量

    C. 公共变量   D. 全局变量

3. 有如下程序,执行命令 DO test 后，屏幕显示的结果应是（   ）。

```
**程序名：test.prg
SET TALK OFF
PRIVATE x,y
x="数据库"
y="管理系统"
DO sub1
?x+y
RETURN
**子程序：sub1
PROCEDU sub1
    LOCAL x
    x="应用"
    y="系统"
    x=x+y
 RETURN
```

三、全国高等学校计算机二级考试真题训练

1. 在 Visual FoxPro 中, 既不能被上级例程访问, 也不能被下级例程访问的变量类型是
(   )。

    A. 局部变量   B. 私有变量

    C. 公共变量   D. 私有变量和局部变量

2. 程序名为 test.prg, 执行命令 DO test, 屏幕的显示结果为 (   )。

```
SET TALK OFF
CLOSE ALL
CLEAR ALL
mx="Visual FoxPro"
my="二级"
DO sub1 WITH mx
?my+mx
RETURN
*子程序: sub1.prg
PROCEDUR sub1
    PARAMETERS mx1
    Local mx
    mx="Visual FoxPro DBMS 考试"
    my="大学生计算机等级考试"+my
RETURN
```

    A. 二级 Visual FoxPro

    B. 大学生计算机等级二级 Visual FoxPro DBMS 考试

    C. 二级 Visual FoxPro DBMS 考试

    D. 大学生计算机等级考试二级 Visual FoxPro

3. 私有变量用 (   ) 来定义?

    A. PUBLIC   B. PRIVATE   C. LOCAL   D. PROTECT

四、答案

一、1. D   2. A   3. C

二、1. A   2. B   3. 数据库管理系统

三、1. A   2. D   3. B

单元小结

本单元主要学习了程序文件的建立、保存、修改与运行, 结构化程序设计的基本结构: 顺序结构、分支结构和循环结构, 以及模块化程序设计方法等。这些内容是进行 Visual FoxPro 应用程序开发的基础, 因此, 读者务必全面掌握。

第 **8** 单元　表单设计与应用

一个应用程序的好坏，给用户的第一印象既不是程序代码的好坏，也不是运行效率的高低，而是用户界面是否友好。为此，VFP 6.0 为用户提供了强大的程序界面设计功能，这便是表单。实际上，我们看到的各种对话框和窗口都是表单不同的外观表现形式。

【学习任务】

◇　掌握面向对象程序设计的基本概念、基本思想与基本方法
◇　掌握创建表单的方法与要点
◇　掌握常用控件的功能和用法

【掌握技能】

◇　熟悉表单设计器的组成和功能
◇　熟悉属性窗口的组成和用法
◇　了解类、对象、属性、事件和方法程序的概念
◇　掌握创建表单的各种方法
◇　掌握表单的常用属性、事件和方法程序
◇　掌握各种控件的功能、用途和用法

任务 8.1　掌握面向对象程序设计的基本概念

表单程序设计主要包括对对象的事件和方法代码的设计。那么，什么是对象、方法和事件呢？实际上，这些概念都源自面向对象程序设计这样一种程序设计方法，而对这些概念的透彻理解是进行表单程序设计所必需的。因此下面我们首先对这种程序设计方法作一简单介绍。

相关知识与技能

一、创建第一个表单

传统的程序设计方法被称为面向过程的程序设计或结构化程序设计，我们在编写这类程序时，大量的时间花在了程序结构设计和算法设计等细节问题上。因此，使用这种方法开发的程序重用性差、难于维护。在这种情况下，面向对象的编程思想诞生了。

所谓面向对象的程序设计（Object Oriented Programming，简称 OOP），其核心自然是对象。在这种编程思想中，我们编写程序时的主要精力放在了如何利用系统提供的各种对象，

以及在这些对象之间建立联系来完成编程目标上。对于对象来说，我们只关心它的功能与对外接口，至于其内部的实现原理与方法，则不再予以考虑。

这种编程思想模拟了我们平常的思维方式。当我们需要解决一个问题时，首先会将该问题层层分解，转化为一个个的小问题，然后将这些小问题落实到人（对象），并在各人之间建立合理的衔接程序与方法（对象之间的联系）。

为了帮助读者更好地理解下面将要介绍的面对对象程序设计的概念，我们先来创建一个最简单的表单。

【操作样例 8-1】

【要求】

设计一个表单，并在表单中添加一个标签和一个命令按钮。运行表单时，画面如图 8-1 所示。

图 8-1　表单运行结果

【操作步骤】

步骤 1▶　打开前面创建的"学生管理.pjx"项目，在项目管理器中打开"文档"选项卡，在内容列表区单击选中"表单"，然后单击"新建"按钮。

步骤 2▶　在打开的"新建表单"对话框中单击"新建表单"按钮，此时系统将打开图 8-2 所示表单设计器窗口、"表单控件"工具栏和属性窗口。

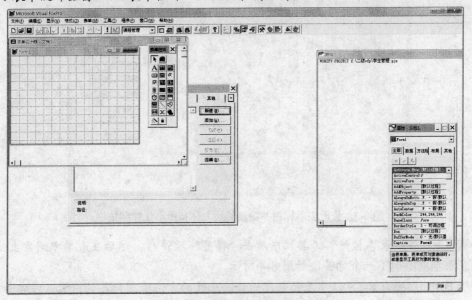

图 8-2　表单设计器窗口和属性窗口

227

步骤 3▶ 在属性窗口中单击 Caption 项目，在上方的内容编辑框中输入"表单示例"，如图 8-3 左上图所示；在属性窗口中分别单击 MaxButton 和 MinButton 项目，利用上方的编辑框将这两个项目的内容由".T. – 真"改为".F. – 假"，如图 8-3 右上图所示。我们再来观察一下表单设计器中的表单窗口，此时其标题栏中的文字已由"Form1"变成了"表单示例"，且其右上角的最大化和最小化控制按钮均已消失，如图 8-3 下图所示。

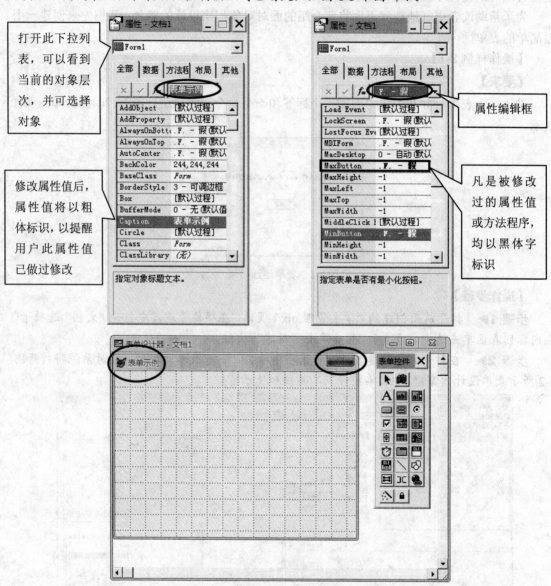

图 8-3　修改表单标题并隐藏其最大化和最小化控制按钮

步骤 4▶ 在"表单控件"工具栏中单击"标签"控件 **A**，然后在表单中间靠上位置单击，就在表单中添加了一个标签，如图 8-4 所示。

步骤 5▶ 参照表 8-1，以及上面介绍的修改属性的方法修改标签的内容、字体等属性，结果如图 8-5 所示。

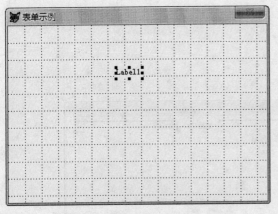

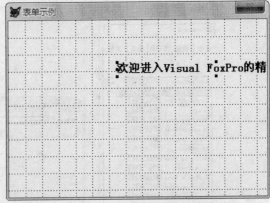

图 8-4　在表单中添加一个标签控件　　　　　图 8-5　修改标签的内容、字体等属性

表 8-1　设置标签的属性

属性	含义	设置值
Caption	标题	欢迎进入 Vissual FoxPro 的精彩世界！
FontSize	字号	12
FontBold	是否采用粗体字	.T.
AutoSize	能否随内容自动调整标签框大小	.T.

步骤 6▶　单击标签，将其向中间拖动，使其居中放置。在"表单控件"工具栏中单击"命令按钮"控件▢，然后在表单窗口标签的正下方单击，为表单增加一个命令按钮，如图 8-6 所示。

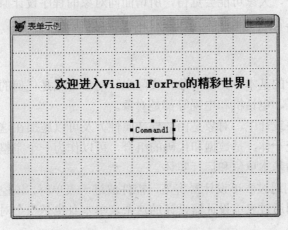

图 8-6　调整标签的位置并为表单增加一个命令按钮

步骤 7▶　利用属性窗口将命令按钮的 Caption 属性值修改为"确定"。在属性窗口中打开"方法程序"选项卡，双击 Click Event 方法程序，打开方法程序编辑窗口，在其中输入如下语句（参见图 8-7）：

THISFORM.RELEASE　　　　　　&& 释放表单

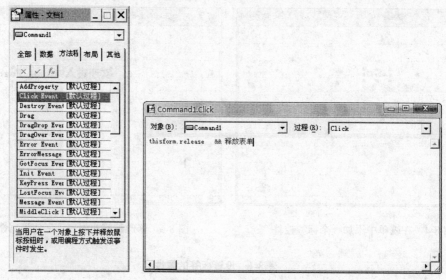

图 8-7　为命令按钮编写 Click Event 方法程序

步骤 8▶　关闭方法程序编辑窗口，单击"常用"工具栏中的"保存"按钮🖫，将表单保存为"第一个表单.scx"。

步骤 9▶　按 Ctrl+E 组合键，单击"常用"工具栏中的"运行"按钮❗，或者在命令窗口中执行"DO FORM 第一个表单"命令，运行表单，将显示图 8-1 所示对话框。单击"确定"按钮，可退出对话框（即表单）。

二、对象、属性、事件和方法程序

通过上面这个例子，大家可能会觉得，所谓面向对象的程序设计原来这么简单。的确如此，下面我们就结合这个例子来向大家面向对象程序设计的一些概念。

1. 对象

面向对象程序设计的基本单元是对象，实际上，对象可以是任何的具体事物。例如，我们现实生活中的计算机、电话机和电视等都是对象。

在面向对象的程序设计中，对象是由数据（属性）及可以施加在这些数据上的可执行操作（方法）所构成的统一体，是数据和代码的组合，可以作为一个完整的、独立的单位模块来处理，是构成程序的基本单位和运行实体。

在 VFP 中，当我们通过表单设计器将某一控件放进一表单时，该控件就成为了我们的一个对象，而实际上我们通过表单设计器设计的这个表单本身也是一个对象。

2. 属性

尽管对象可以各不相同，但它们都有各自的特征和行为。例如，一部电话有一定的颜色和大小。当把一部电话放在办公室中，它又有了一定的位置，而它的听筒也有拿起和挂上两种状态。

在 Visual FoxPro 中，创建的对象也具有属性，这些属性由对象所基于的类决定。属性值既能在设计时刻也可在运行时刻进行设置。例如，我们在前面的例子中通过标签和命令按钮的 Caption 属性可设置标签内容和命令按钮提示。Visual FoxPro 6.0 中各种对象常用的属性如表 8-2 所示。

表 8-2　VFP 6.0 中常用的属性

属　　性	功　　能
Alignment	指定与控件相关的文本对齐格式
AutoCenter	指定表单对象第一次显示于 VFP 主窗口时，是否自动居中放置
AutoSize	指定控件是否依据其内容自动调节大小
BackColor	指定用于显示对象中文本和图形的背景颜色
BackStyle	指定对象的背景是否透明
BorderColor	指定对象的边框颜色
BorderStyle	指定对象的边框样式
ButtonCount	指定命令按钮组或选项按钮组中的按钮个数
Caption	指定对象标题中显示的文本内容
ColumnCount	指定表格、组合框或列表框控件中列对象的数目
ControlSource	指定与对象绑定的数据源
Enable	指定对象能否响应用户激活的事件
FontBold	指定文本是否使用粗体
FontName	指定显示文本的字体名称
FontSize	指定显示文本的字体大小
ForeColor	指定用于显示对象中文本和图形的前景色
Height	指定对象在屏幕上的高度
InputMask	指定控件中数据的输入格式和显示格式
Interval	指定计时器控件的 Timer 事件之间的时间间隔，单位毫秒
Left	对于控件，指定其最左边相对于父对象的位置。对于表单，是指表单最左边与 VFP 窗口之间的距离
Name	指定在代码中引用对象时所用的名称
PasswordChar	指定文本框控件内是显示用户输入的字符还是显示占位符，需要指定用于占位符的具体符号
Picture	指定需要在控件中显示的位图文件、图标文件或通用字段
RecordSource	指定与表格控件相绑定的数据源
RecordSourceType	指定与表格控件相绑定的数据源如何打开
RowSource	指定组合框或列表框控件中值的来源
RowSource	指定组合框或列表框控件中值的来源类型
Style	指定控件的样式
Top	对于控件，指定其顶端相对于父对象的位置。对于表单，是指表单顶端与 VFP 窗口之间的距离
Value	指定控件的当前状态值
Visible	指定对象是可见，还是隐藏

3. 事件和方法程序

每个对象都可以对一个被称为事件的动作进行识别和响应。事件是一种预先定义好的特定动作，由用户或系统激活。在多种情况下，事件是通过用户的交互操作产生的。例如，对一部电话来说，当用户提起听筒时，便激发了一个事件。同样，当用户拨号打电话时也激发了若干事件。

在 Visual FoxPro 中，可以激发事件的用户动作包括：单击鼠标、移动鼠标和按键，可以由系统激发的事件主要包括对象加载、创建对象、释放对象、对象获得焦点、对象失去焦点等。VFP 6.0 中常用的事件如表 8-3 所示。

表 8-3   VFP 6.0 中常用的事件

事　件	说　明
Load	当表单或表单集被加载到内存中时发生的事件
Unload	从内存中释放表单或表单集时发生的事件
Init	创建对象时发生的事件
Destroy	从内存中释放对象时发生的事件
Click	鼠标左键单击对象时发生的事件
Dbclick	鼠标左键双击对象时发生的事件
Rightclick	鼠标右键单击对象时发生的事件
GotFocus	对象接收到焦点时发生的事件
LostFocus	对象失去焦点时发生的事件
KeyPress	当用户按下或释放键时发生的事件
InteractiveChange	以交互方式改变对象的值时发生的事件
ProgrammaticChange	以编程方式改变对象的值时发生的事件

方法程序是与对象相关联的过程，但又不同于一般的 Visual FoxPro 过程。方法程序紧密地和对象连接在一起，并且与一般 Visual FoxPro 过程的调用方式也有所不同。

所有事件都具有与之关联的方法程序（又称事件处理程序），当事件发生时，该方法程序将立即被执行（称为事件驱动）。例如，为 Click 事件编写的方法程序代码将在 Click 事件出现时被执行。

另外，事件集合虽然范围很广，但却是固定的，即用户不能创建新的事件。然而，方法程序集合却可以无限扩展，并且方法程序还可以独立于事件而单独存在，不过，此类方法程序必须在代码中被显式地调用。

三、类及其特性

类是一种对象的归纳和抽象，它就像一个模具，所有产品都是由它"生产"的。在 Visual FoxPro 中，系统提供了很多类，如我们前面使用的表单、标签、命令按钮等。将类用于某个具体的场合，它便成了对象。因此，对象是类的实例。下面我们就来一起了解类的特性，以及 VFP 中的类。

（一）封装

封装（Encapsulation）是将代码及其处理的数据绑定在一起的一种编程机制，该机制保证了程序和数据都不受外部干扰且不被误用。理解封装性的一个方法就是把它想成一个黑匣子，它可以阻止在外部定义的代码随意访问内部代码和数据。对黑匣子内代码和数据的访问通过一个适当定义的接口严格控制。

例如，电脑主机里有电路板、硬盘等电子部件，而从外面只能看到它的外观。人们在使用电脑时，只需了解它的外壳上的按钮都有哪些功能即可，而不需要知道主机是怎么实现这些功能的。这些按钮就是主机箱连接外界的接口。

封装的目的在于使对象的设计者和使用者分开，使用者不必知道对象行为实现的细节，只需要使用设计者提供的接口来访问对象。

封装是 OOP 设计者追求的理想境界，它可以为开发员带来两个好处：模块化和数据隐藏。模块化意味着对象代码的编写和维护可以独立进行，不会影响到其他模块，而且有很好的重用性；数据隐藏则使对象有能力保护自己，它可以自行维护自身的数据和方法。因此，封装机制提高了程序的安全性和可维护性。

（二）继承

继承是面向对象程序设计中两个类之间的一种关系，是一个类可以继承另一个类（即它的父类）的状态和行为。被继承的类称为超类或父类，继承父类的类称为子类。

例如，山地车、双人自行车都属于自行车，那么在面向对象程序设计中，山地车与双人自行车都是自行车类的子类，自行车类是山地车与双人自行车的父类。

一个父类可以同时拥有多个子类，这时这个父类实际上是所有子类的公共变量和方法的集合，每一个子类从父类中继承了这些变量和方法。例如，山地车、双人自行车共享了自行车类的状态，如双轮、脚踏、速度等。同样，每一个子类也共享了自行车类的行为，如刹车、改变速度等。

然而，子类也可以不受父类提供的状态和行为的限制。子类除了具有从父类继承而来的变量和方法外，还可以增加自己的变量和方法。例如，双人自行车有两个座位，增加了一个变量即后座位，对父类进行了扩充。

子类也可以改变从父类继承来的方法，即可以覆盖继承的方法。例如，杂技人员使用的自行车不仅可以前进，还可以后退，这就改变了普通自行车（父类）的行为。

继承使父类的代码得到重用，在继承父类提供的共同特性的基础上增加新的代码，从而使编程不必一切从头开始，进而有效提高了编程效率。

（三）多态

多态性可以用"一个对外接口，多个内在实现方法"来表示。也就是说，我们可以在一个类中定义多个同名方法，程序在调用某个方法时，系统会自动根据参数类型和个数的不同调用不同的方法，这种机制被称为方法重载。

此外，当我们利用继承由父类创建子类时，如果父类中的某些方法不适合子类，我们无法删除它们，但可以重新定义它们，这被称为覆盖。如此一来，当我们利用子类创建对象时，如果调用对象的某个方法，系统会首先在子类中查找此方法。如果找到，则调用子类的方法；否则，将向上查找，即在父类中查找此方法。这种情况被称为父类与子类之间方法的多态性。

（四）VFP 中的类

Visual FoxPro 中的类包括两种，一种被称为容器类，一种被称为控件类，如图 8-8 所示。使用容器类创建的对象中还可以包括其他对象，例如，我们可以在表单中添加按钮、标签、复选框、组合框等。表 8-4 列出了每种容器类所能包含的对象。而使用控件类创建的对象只能放在容器中，且不能再作为其他对象的父对象。

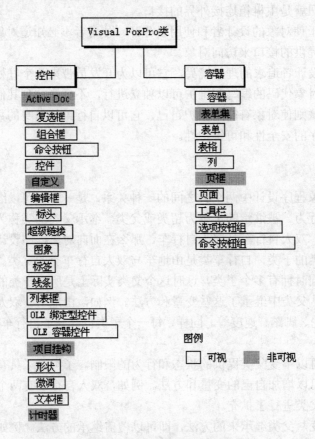

图 8-8　Visual FoxPro 中的类

表 8-4　每种容器类所能包含的对象

容器	能包含的对象
命令按钮组	命令按钮
容器	任意控件
控件	任意控件
自定义	任意控件、页框、容器和自定义对象
表单集	表单、工具栏
表单	页框、任意控件、容器或自定义对象

续表 8-4

容器	能包含的对象
表格列	表头和除表单集、表单、工具栏、计时器和其他列以外的其余任一对象
表格	表格列
选项按钮组	选项按钮
页框	页面
页面	任意控件、容器和自定义对象
项目	文件、服务程序
工具栏	任意控件、页框和容器

四、VFP 中的对象引用

正如我们要使用某个文件夹中的文件，必须指明其路径一样，要在 VFP 程序中引用某个对象，也必须依据对象嵌套层次指明对象的路径。为此，VFP 提供了几个用于对象引用的关键字。

表 8-5 对象引用关键字

关键字	引 用
ActiveControl	当前活动表单中具有焦点的控件
ActiveForm	当前活动表单
ActivePage	当前活动表单中的活动页
Parent	包含当前对象的父对象，即当前对象的直接容器对象
THIS	当前对象
THISFORM	包含当前对象的表单
THISFORMSET	包含当前对象的表单集

在程序中引用对象时，有如下几点需要特别注意：

（1）用来引用对象的程序代码所处位置与引用对象的路径书写方式密切相关。即使引用同一个对象，如果程序代码所处层次或对象不同，对象的引用方式也不同。例如，如果希望在【操作样例 8-1】中单击表单空白处或单击"确定"按钮，均更改标签的内容，则应将按钮的 Click 事件代码修改为：

```
THISFORM.Label1.Caption="Visual FoxPro 的世界是如此精彩！"
```

此外，还应为表单的 Click 事件编写如下代码：

```
&& 下面的 THIS 也可改为 THISFORM，都表示当前表单
THIS.Label1.Caption="Visual FoxPro 的世界是如此精彩！"
```

（2）在引用路径中，各层次对象名之间，以及对象名和其属性、方法之间均以"."符号分隔，如上例所示。

（3）引用对象的事件处理程序时，只保留其事件名称，去掉"Event"。例如，在上例中，我们也可为表单的 Click 事件书写如下代码：

THIS.Command1.Click && 调用命令按钮的 Click 事件处理程序

提示

调用对象的属性和方法时不存在此问题，只要"原文照搬"就可以了。

（4）引用路径的开始项通常为 THISFORM、THIS 等，而不能是对象名。例如，如果我们将前面按钮的 Click 事件代码修改为：

Form1.Label1.Caption=="Visual FoxPro 的世界是如此精彩！" && Form1 为表单名

这样写看起来好像也没错，但运行表单时，系统将告知用户：找不到对象 FORM1，如图 8-9 所示。

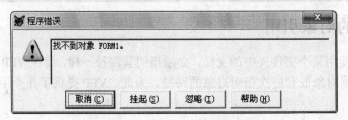

图 8-9 运行表单时系统报错

如果要在当前对象的事件处理程序或方法程序中引用其他对象，通常的引用方式如下：

➤ 要引用同级对象，通常可使用 "THIS.parent.引用对象名" 格式。

➤ 要引用直接下级对象，通常可使用 "THIS.引用对象名" 格式。要引用非直接下级对象（即包括多个层次），通常可使用 "THIS.….引用对象名" 格式，中间的省略号表示各级对象名。

➤ 要引用上级对象，且该上级对象是表单的直接下级对象，通常可使用 "THISFORM.引用对象名" 格式。如果被引用的对象不是表单的直接下级对象，通常可使用 "THISFORM.….引用对象名" 格式，中间的省略号表示各级对象名。

（5）引用对象的表示方法通常不止一种，用户可根据需要进行选择。

技能训练

一、基本技能训练

1. 在面向对象程序设计中，构成程序的基本单位和运行实体是＿＿＿＿＿＿＿＿＿。

2. 下列关于属性、方法和事件的叙述，错误的是（　　　）。

　A．属性用于描述对象的状态，方法用于表示对象的行为

　B．基于同一类的两个对象可以分别设置自己的属性值

　C．事件代码也可以像方法一样被显式调用

　D．在新建表单时，可以添加新的属性、方法和事件

3. 类具有多态性、＿＿＿＿＿＿＿和＿＿＿＿＿＿＿。

二、全国高等学校计算机二级考试真题训练

1. 有程序代码：Thisform.Label1.Caption="Visual FoxPro"，则 Thisform.Label1、Caption、"Visual FoxPro"分别代表（　　）。

    A．对象、值、属性　　　　　　　　　B．对象、方法、属性

    C．对象、属性、值　　　　　　　　　D．属性、对象、值

2. 某一"口令表单"上有一个标签 Label1、一个文本框 Text1 和两个命令按钮 Command1 和 Command2。要使表单的标题显示"输入密码"，可在表单 Form1 的 Load 事件代码中写入相应语句，以下语句错误的是（　　）。

    A．Thisform.Caption.=[输入密码]　　　B．Form1.Caption.=[输入密码]

    C．This.Caption.="输入密码"　　　　　D．Thisform.Caption.="输入密码"

3. 某一"口令表单"上有一个标签 Labe11、一个文本框 Text1 和两个命令按钮 Command1 和 Command2。在命令按钮 Command1 的 Click 事件代码中要判断用户输入的口令是否正确，若正确就调用表单文件"主表单.scx"，其中，调用"主表单"的命令是（　　）。

    A．DO　主表单　　　　　　　　　　B．DO FORM　　主表单

    C．DO "主表单"　　　　　　　　　　D．DO FORM　　"主表单"

4. 不论什么控件，都必须具有的属性是（　　）。

    A．Caption　　　　B．Name　　　　C．Text　　　　　D．ForeColor

5. 释放当前表单的程序代码是 ThisForm.Release，其中的 Release 是表单对象的（　　）。

    A．标题　　　　　　　　　　　　　B．属性

    C．事件　　　　　　　　　　　　　D．方法

6. VFP 中常用的表单方法有四种，下列不属于表单方法的是（　　）。

    A．Thisform.Show　　　　　　　　　B．Thisform.Load

    C．Thisform.Refresh　　　　　　　　D．Thisform.Release

7. 新创建的表单默认标题为 Form1，为了修改表单的标题，，应设置表单的（　　）属性。

    A．AlwaysOnTop　　　　　　　　　B．Caption

    C．Name　　　　　　　　　　　　　D．Title

三、答案

一、1. 对象　　　　2. D　　　　3. 继承性、封装性

二、1. C　　　　2. B　　　　3. B　　　　4. B

   5. D　　　　6. B　　　　7. B

任务 8.2　掌握创建表单的方法与要点

我们在前面的例子中已设计了一个表单，因此读者对于表单的设计、保存和运行已有所了解。在本任务中，我们将全面学习表单的设计与管理。

相关知识与技能

一、创建表单的方法

要创建表单，主要有如下几种方法：

➤ 选择"文件"菜单中的"新建"，或单击"常用"工具栏中的"新建"按钮，设置文件类型为"表单"，然后单击"新建文件"按钮□。

➤ 在项目管理器中选择"表单"，然后单击"新建"按钮。

➤ 执行 CREATE FORM 命令。

二、使用表单向导创建表内容编辑表单

通过前面的学习，读者已经了解，要浏览和编辑表内容，可使用浏览窗口。但是，浏览窗口毕竟有些简陋，而且使用起来也不是太方便。为此，我们可以利用表单向导为表创建表单，利用该表单可浏览、打印、编辑、查找表内容，还可添加、删除记录，十分方便。

（一）为单表创建表单

【操作样例 8-2】为 student.dbf 表创建表单。

【操作步骤】

步骤 1▶ 在项目管理器中单击选中"表单"项目，单击"新建"按钮，打开"新建表单"对话框，单击"表单向导"按钮，如图 8-10 左图所示。在随后打开的"向导选取"对话框中单击选中"表单向导"，然后单击"确定"按钮，如图 8-10 右图所示。

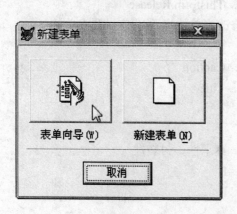
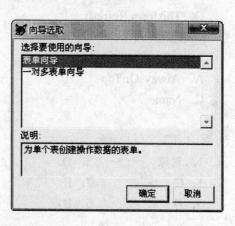

图 8-10　启动表单向导

步骤 2▶ 在字段选取对话框中，"课程管理"数据库和"STUDENT"表被自动选中，故可直接单击中间的▸▸按钮，将 Student 表中的全部字段添加到"选定字段"列表中，如图 8-11 所示。

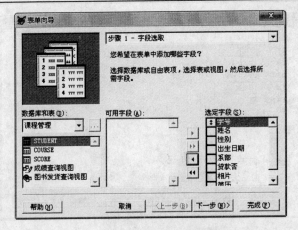

图 8-11　选择字段

步骤 3▶　单击"下一步"按钮，选择字段文本框和表单中各种控制按钮的样式与类型，如图 8-12 左图所示。继续单击"下一步"按钮，可选择排序字段，此处可不选，如图 8-12 右图所示。

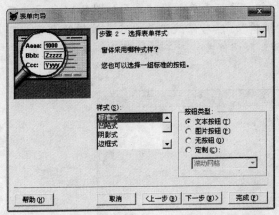 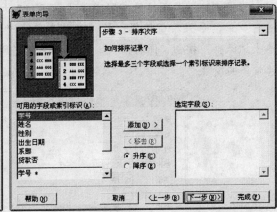

图 8-12　选择表单样式和排序字段

步骤 4▶　继续单击"下一步"按钮，可设置表单标题，如图 8-13 上图所示。如果此时单击"预览"按钮，还可预览即将生成的表单，如图 8-13 下图所示。

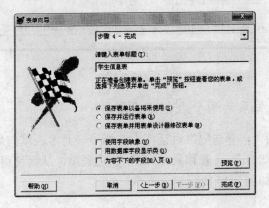

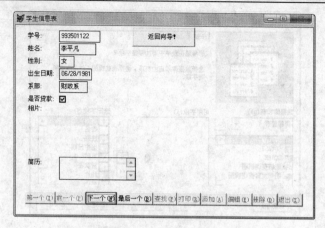

图 8-13　为表单设置标题并预览生成的表单

步骤 5▶　预览结束后，单击预览窗口上方的"返回向导"按钮，返回表单向导。单击"完成"按钮，在打开的"另存为"对话框中将创建的表单以"学生信息表单.scx"名称保存。

步骤 6▶　在项目管理器中单击"运行"按钮，运行表单，此时画面如图 8-14 所示。在该窗口中，如果希望编辑记录，可首先单击"编辑"，然后修改记录内容。编辑结束后，可单击"保存"按钮，保存修改，也可单击"还原"取消修改。至于其他操作，就非常简单了，此处不再赘述。

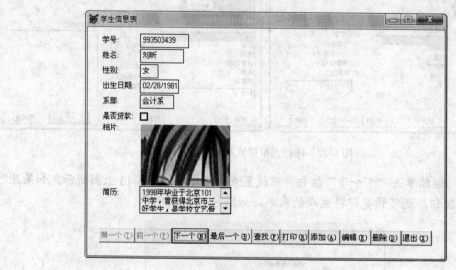

图 8-14　运行表单

（二）为具有一对多关系的两个表创建表单

通过在图 8-10 右图"向导选取"对话框中选择"一对多表单向导"，我们还可以为具有一对多关系的两个表（如 student 表和 score 表）创建表单，从而使得用户能在一个表单中同时编辑两个表的内容，如图 8-15 所示。

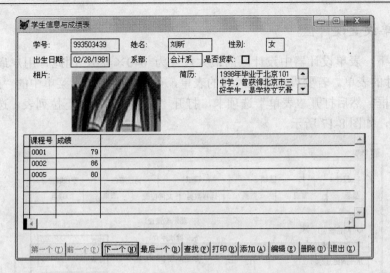

图 8-15　为具有一对多关系的两个表创建的表单

一对多表单向导的用法与表单向导基本类似，只是用户要分别选择父表和子表中要显示和编辑的字段，并指定两个表之间的连接字段（如"学号"）。

另外，如果用户对创建的表单不满意，还可对其进行修改，如图 8-16 所示。

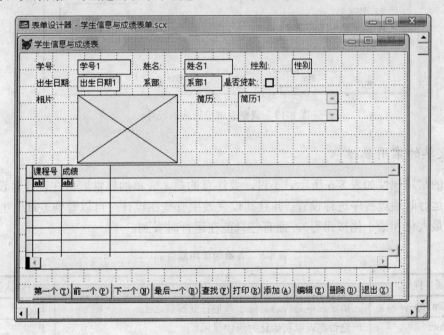

图 8-16　修改表单

三、表单设计要点

在本小节中，我们将对表单设计的一些要点进行归纳总结，以便读者在设计表单时进行参考。

（一）为表单设置设计区

默认情况下，表单设计器中设计区的最大尺寸为 640×480，因此，用户最大只能设计 640×480 尺寸的表单。若要设计更大尺寸的表单，可选择"工具"菜单中的"选项"，打开"选项"对话框，然后打开"表单"选项卡，打开"最大设计区"下拉列表，选择合适的最大设计区尺寸，如图 8-17 所示。

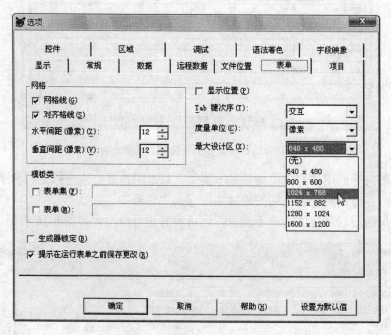

图 8-17　调整表单设计区的尺寸

（二）表单的常用属性

表单的常用属性如表 8-6 所示。不过，要注意的是，表单的属性既可在设计时设置，又可在表单运行时通过程序进行设置；并且其设置效果有些在设计时可以看到（如尺寸、颜色、是否显示最大化和最小化按钮等），而有些只能在运行时看到。

表 8-6　表单的常用属性

属　性	描　述	默认值
AlwaysOnTop	指定表单是否总是位于其他打开窗口之上	.F.
AutoCenter	是否在表单初始化时居中显示	.F.
BackColor	指定表单窗口的背景颜色	255,255,255
BorderStyle	决定表单是否没有边框，还是具有单线边框、双线边框或系统边框。如果 BorderStyle 为 3 — 可调边框，表示表单运行时，用户就能调整表单大小	3
Caption	显示于表单标题栏上的文本	Form1
Closable	决定表单的右上角的关闭按钮是否有效	.T.

续表 8-6

属　性	描　述	默认值
DataSession	指定表单中的表是在全局能访问的工作区打开（设置值为1）还是在表单自己的工作区打开（设置值为2）	1
MaxButton	确定表单右上角是否有最大化按钮	.T.
MixButton	确定表单右上角是否有最小化按钮	.T.
Movable	确定表单能否移动	.T.
Scrollbars	指定表单的滚动条类型。可取值为：0（无），1（水平），2（垂直），3（既水平又垂直）	0
Visible	决定表单是否可见	.T.
WindowState	指定表单的状态：0（正常），1（最小化），2（最大化）	0
WindowType	指定表单是模式表单（设置值为1）还是非模式表单（设置值为0）。在一个应用程序中，如果运行了一个模式表单，那么在关闭该表单之前不能访问应用程序中的其他表单	0

（三）表单的常用事件和方法程序

表单的常用事件如表 8-7 所示。了解这些表单的意义，为其编写合适的事件处理程序是使用表单的一项重要工作。

表 8-7　表单的常用事件

事件名称	引发时机
Load 事件	加载表单时引发
Unload 事件	释放表单时引发
Init 事件	创建表单时引发
Activate 事件	当表单被激活时引发
Deactivate 事件	当表单由活动转为不活动时引发
Destroy 事件	释放表单时引发
Click 事件	在表单中单击时引发
DbClick 事件	在表单中双击时引发
RightClick 事件	在表单中右击时引发
MiddleClick 事件	使用鼠标中键单击时引发
MouseDown 事件	按下鼠标按键时引发
MouseUp 事件	释放鼠标按键时引发
KeyPress 事件	按下并释放按键时引发
GotFocus 事件	当表单获得焦点时引发
LostFocus 事件	当表单失去焦点时引发
Scrolled 事件	单击或拖动水平或垂直滚动条时引发

表单的常用方法程序包括：

（1）**Release 方法程序：**将表单从内存中释放。另外，表单运行时，用户单击表单右上角的关闭按钮，系统会自动执行 Release 方法。

（2）**Refresh 方法程序**：刷新表单。

（3）**Show 方法程序**：显示表单。该方法将表单的 Visible 属性设置为.T.。

（4）**Hide 方法程序**：隐藏表单。该方法将表单的 Visible 属性设置为.F.。与 Relase 方法不同，Hide 只是把表单隐藏，但并不将表单从内存释放，之后可用 Show 方法重新显示表单。

（四）为表单设置数据环境

每一表单或表单集都包括一个数据环境。数据环境是一个对象，它包含与表单相互作用的表或视图，以及表单所要求的表之间的关系。可以在"数据环境设计器"中直观地设置数据环境，并与表单一起保存，如图 8-18 左图所示。

在表单运行时数据环境可自动打开、关闭表和视图。此外，很多控件都提供了 ControlSource 属性，利用该属性可将控件与表字段相连。选择 ControlSource 属性，打开属性编辑框的下拉列表，可以看到数据环境中所有表的字段，用户可从中进行选择，如图 8-18 右图所示。

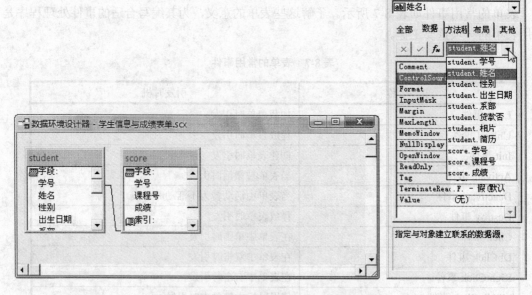

图 8-18　数据环境设计器与 ControlSource 属性

数据环境的默认名称为 Dataenvironment，它有如下 3 个重要的属性：

➤ **AutoCloseTables**：控制释放表或表单集时是否关闭表或视图。默认为.T.。

➤ **AutoOpenTables**：控制运行表单时是否打开数据环境中的表或视图。默认为.T.。

➤ **InitialSelectedAlias**：当运行表单时选定的表或视图。默认为"无"。

总体而言，数据环境设计器的用法与数据库设计器非常类似。要打开数据环境设计器，可在打开表单后选择"显示"菜单中的"数据环境"，或者在表单设计器的空白区右击，在弹出的快捷菜单中选择"数据环境"。

打开数据环境设计器后，"数据环境"菜单出现，通过选择其中的相关菜单项，可以向数据环境设计器中添加表或视图，或者从中移去表或视图等。

四、创建单文档和多文档界面

Visual Foxpro 允许创建两种类型的应用程序：

➤ 多文档界面（MDI）各个应用程序由单一的主窗口组成，且应用程序的窗口包含在主窗口中或浮动在主窗口顶端。Visual FoxPro 基本上是一个 MDI 应用程序，带有包含于 Visual FoxPro 主窗口中的命令窗口、编辑窗口和设计器窗口。

➤ 单文档界面（SDI）应用程序由一个或多个独立窗口组成，这些窗口均在 Windows 桌面上单独显示。Word 2007 即是一个 SDI 应用程序的例子，在该软件中打开的每个文档均显示在自己独立的窗口中。

由单个窗口组成的应用程序通常是一个 SDI 应用程序，但也有一些应用程序综合了 SDI 和 MDI 的特性。例如，Visual FoxPro 将调试器显示为一 SDI 应用程序，而它本身又包含了自己的 MDI 窗口。

为了支持这两种类型的界面，Visual FoxPro 允许创建以下几种类型的表单（参见图 8-19）：

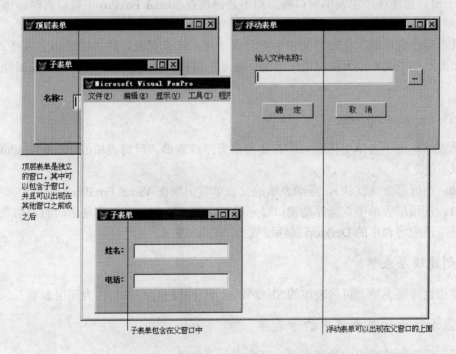

图 8-19　子表单、浮动表单和顶层表单

➤ **子表单**：包含在另一个窗口中，用于创建 MDI 应用程序的表单。子表单不可移至父表单（主表单）边界之外，当其最小化时将显示在父表单的底部。若父表单最小化，则子表单也一同最小化。

➤ **浮动表单**：属于父表单（主表单）的一部分，但并不包含在父表单中。而且，浮动表单可以被移至屏幕的任何位置，但不能在父窗口后台移动。若将浮动表单最小化时，它将显示在桌面的底部。若父表单最小化，则浮动表单也一同最小化。浮动表单也可用于创建 MDI 应用程序。

➤ **顶层表单**：没有父表单的独立表单，用于创建一个 SDI 应用程序，或用作 MDI 应用程序中其他子表单的父表单。顶层表单与其他 Windows 应用程序同级，可出现在其前台或后台，并且显示在 Windows 任务栏中。

创建各种类型表单的方法大体相同，但需设置特定属性以指出表单应该如何工作。如果创建的是子表单，则不仅需要指定它应在另外一个表单中显示，而且还需指定是否是 MDI 类的子表单，即指出表单最大化时是如何工作的。如果子表单是 MDI 类的，它会包含在父表单中，并共享父表单的标题栏、标题、菜单以及工具栏。非 MDI 类的子表单最大化时将占据父表单的全部用户区域，但仍保留它本身的标题和标题栏。

（一）创建子表单

若要建立一个子表单，可将表单的 ShowWindow 属性设置为下列值之一：

➤ **0**：在屏幕中（默认）。子表单的父表单将为 Visual FoxPro 主窗口。

➤ **1**：在顶层表单中。当子窗口显示时，子表单的父表单是活动的顶层表单。如果希望子窗口出现在顶层表单窗口内，而不是出现在 Visual FoxPro 主窗口内时，可选用该项设置。

如果希望子表单最大化时与父表单组合成一体，可设置表单的 MDIForm 属性为"真"（.T.）；如果希望子表单最大化时仍保留为一独立的窗口，可设置表单的 MDIForm 属性为"假"（.F.）。

（二）创建浮动表单

浮动表单是由子表单变化而来。若要指定为浮动表单，可将表单的 ShowWindow 属性设置为以下值之一：

➤ **0**：在屏幕中（默认）。浮动表单的父表单将出现在 Visual FoxPro 主窗口。

➤ **1**：在顶层表单中。当浮动窗口显示时，浮动表单的父表单将是活动的顶层表单。

此外，还应将表单的 Desktop 属性设置为"真"（.T.）。

（三）创建顶层表单

若要指定顶层表单，可将表单的 ShowWindow 性设置为"2 - 作为顶层表单"。

（四）显示位于顶层表单中的子表单

要显示位于顶层表单中的子表单，可执行如下步骤：

（1）在顶层表单的事件代码中包含 DO FORM 命令，指定要显示的子表单的名称。例如，在顶层表单中建立一个按钮，然后在按钮的 Click 事件代码，包含如下的命令：

```
DO FORM MyChild
```

在显示子表单时，顶层表单必须是可视的、活动的。因此，不能使用顶层表单的 Init 事件来显示子表单，因为此时顶层表单还未激活。

（2）激活顶层表单，如有必要，触发用以显示子表单的事件。

（五）隐藏 Visual FoxPro 主窗口

在运行顶层表单时，可能不希望 Visual FoxPro 主窗口是可视的，此时可对应用程序对象的 Visible 属性进行设置。其中：

（1）在表单的 Init 事件中，包含下列代码行：

Application.Visible = .F.

（2）在表单的 Destroy 事件中，包含下列代码行：

Application.Visible = .T.

五、使用表单集

表单集是一个包含有一个或多个表单的父层次的容器，它主要有以下优点：

（1）可同时显示或隐藏表单集中的全部表单。

（2）可以可视模式调整多个表单以控制它们的相对位置。

（3）因为表单集中所有表单都是在单个 .scx 文件中用单独的数据环境定义的，可自动地同步改变多个表单中的记录指针。如果在一个表单的父表中改变记录指针，另一个表单中子表的记录指针则被更新和显示。

> 运行表单集时，将加载表单集所有表单和表单的所有对象。若不想在最初让表单集里的所有表单可视的，可以在表单集运行时，将不希望显示的表单的 Visible 属性设置为"假"（.F.），将希望显示的表单的 Visible 属性设置为"真"（.T.）。

要创建表单集，可在打开表单设计器后，从"表单"菜单中选择"创建表单集"选项，此时表单被自动加入到表单集中。

创建了表单集后，要向表单集中添加新表单，可从"表单"菜单中选择"添加新表单"；要从表单集中删除表单，可首先在表单设计器属性窗口的对象列表框中选择要删除的表单，然后选择"表单"菜单中的"移除表单"命令。

要删除表单集，可从"表单"菜单中选择"移除表单集"。

六、为表单创建自定义属性和方法程序

要为表单创建自定义属性或自定义方法程序，选择"表单"菜单中的"新建属性"或"新建方法程序"，然后命名属性或方法程序即可。

七、向表单传递参数与表单返回值

在运行表单时，为设置属性值或者指定操作的默认值，有时需要将参数传递到表单。为此，可执行如下操作：

（1）创建容纳参数的表单属性，如 ItemName 和 ItemQuantity。

（2）在表单的 Init 事件代码中包含 PARAMETERS 语句：

PARAMETERS cString, nNumber

（3）在表单的 Init 事件代码中将参数分配给属性：

THIS.ItemName = cString

THIS.ItemQuantity = nNumber

（4）当运行表单时，在 DO FORM 命令中包括一个 WITH 子句：

DO FORM myform WITH "Bagel", 24

要从表单返回值，可执行如下操作：

（1）将表单的 WindowType 属性设置为 1，使表单成为有模式表单。

（2）在与表单的 UnLoad 事件相关的代码中包含一个带返回值的 RETURN 命令。

（3）在运行表单的程序或方法程序中，在 DO FORM 命令中包含 TO 关键字。例如，如果 FindCust ID 是一个返回字符值的有模式表单，下面的一行代码将返回值返回到一个名为 cCustID 的变量中。

DO FORM FindCustID TO cCustID

技能训练

一、全国高等学校计算机二级考试真题训练

1．某一"口令表单"上有一个标签 Label1、一个文本框 Text1 和两个命令按钮 Command1 和 Command2。为了在按下回车键时执行命令按钮 Command2（"确认"按钮）的 Click 事件过程，需要把该命令按钮的（　　）属性设置为.T.（真）。

    A．Value　　　　B．Default　　　　C．Cancel　　　　D．Enabled

2．某一"口令表单"上有一个标签 Label1、一个文本框 Text1 和两个命令按钮 Command1 和 Command2。为了在按下 Esc 键时执行命令按钮 Command2（"取消"按钮）的 Click 事件过程，需要把该命令按钮的（　　）属性设置为.T.（真）。

    A．Value　　　　B．Default　　　　C．Cancel　　　　D．Enabled

3．某一"开始表单"上有一个标签 Label1、一个计时器 Timer1、一个图像 Image1 和两个命令按钮 Command1 和 Command2。要让表单运行 3 秒后自动释放，可以使用计时器控件，此时应将计时器 Timer1 的 Interval 属性设置为（　　）。

    A．3　　　　B．30　　　　C．300　　　　D．3000

4．某一"查询表单"上有一个标签 Label1、一个文本框 Text1、一个选项按钮 Optiongroup1（其中有 4 个选项按钮）、一个复选框 Check1 和两个命令按钮 Command1 和 Command2。要表示复选框为被选中状态，应对 Check1 的（　　）属性进行设置。

    A．Visible　　　　　　　　　　　B．Caption

    C．Enabled　　　　　　　　　　D．Value

5．某一"查询表单"上有一个标签 Label1、一个文本框 Text1、一个选项按钮组 Optiongroup1（其中有 4 个选项按钮）、一个复选框 Check1 和两个命令按钮 Command1 和 Command2。在"确认"按钮 Command1 的 Click 事件代码中，引用第一个选项按钮的标题属性时，正确的是（　　　）。

    A．Thisform.Optionl.Caption

    B．Thisform.Optiongroupl.Caption

    C．Thisform.Optiongroupl.Optionl.Caption

    D．This.Parent.Optionl.Caption

二、答案

    一、1. B   2. C   3. D   4. D   5. C

任务 8.3　掌握常用控件的功能与用法

要学习表单设计，用户除了需要学习表单的设计方法和设计技巧外，还需要了解各种控件的功能和用法。

相关知识与技能

一、控件的基本操作

（一）向表单中添加控件的方法

要创建控件，可单击"表单控件"工具栏中的某个控件按钮，然后在表单中单击（此时将创建标准尺寸的控件），或者在表单中拖出一个矩形区域，然后释放鼠标。

（二）设计时编辑控件的基本方法

（1）选定控件

用鼠标单击控件可以选定该控件，被选定的控件四周出现 8 个控点。要选定多个控件，可按住 Shift 键单击控件。另外，在表单空白处单击，然后拖出一个矩形选择框，则框内的所有控件均被选中。

（2）移动控件

先选定控件，然后用鼠标将控件拖动到需要的位置上即可。另外，也可用方向键对控件进行移动。

（3）调整控件大小

选定控件，然后拖动控件四周的某个控制点可以改变控件的宽度和高度。也可以在按住 Shift 键的同时，用方向键对控件大小进行微调。

（4）复制控件

先选定控件，然后按 Ctrl+C 组合键、单击"常用"工具栏中的"复制"按钮或选择"编辑"菜单中的"复制"命令，将所选控件复制到剪贴板。

接下来按 Ctrl+V 组合键、单击"常用"工具栏中的"粘贴"按钮或选择"编辑"菜单中的"粘贴"命令，可将粘贴保存在剪贴板中的控件。

最后，如果需要的话，还可将复制的的新控件拖动到所需要的位置。

（5）删除控件

选定不需要的控件，然后按 Del 键、Ctrl+X 组合键（剪切对象）或选择"编辑"菜单中"剪切"命令。

（三）控件的公共属性

一般来说，大部分控件都具有如下一些属性：

> **Name**：控件的名称，它是代码中访问控件的标识。
> **Visible**：控件是否显示。
> **Enable**：控件运行时是否有效。如果为.T.，则表示控件有效，否则运行时控件不可使用。
> **TabIndex**：连续按 Tab 键时光标经过表单中控件的顺序。
> **Height**：控件的高度。
> **Width**：控件的宽度。
> **Fontname**：字体名。
> **Fontbold**：字体样式为粗体。
> **Fontsize**：字体大小。
> **Fontitalic**：字体样式为斜体。
> **Forecolor**：前景色。

二、输入类控件

输入类控件主要包括文本框、编辑框、列表框、组合框和微调框，如图 8-20 所示。

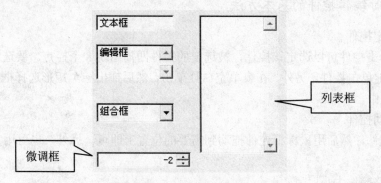

图 8-20　VFP 的输入类控件

（一）文本框（Text）控件

1. 文本框的功能

（1）用于显示或接收单行文本信息（不设置 ControlSource 属性），默认输入类型为字符型，最大长度为 256 个字符。

（2）用于显示或编辑对应变量或字段的值（设置 ControlSource 属性为已有变量或字段

名）。

2. 文本框常用属性

➤ **ControlSource**：设置文本框的数据来源。一般情况下，可以利用该属性为文本框指定一个字段或内存变量。

➤ **Text**：以字符串形式获取文本框的内容。该属性为只读。

➤ **Value**：用来设置或获取文本框的内容。如果没有为 ControlSource 属性指定数据源，可以通过该属性设置或获取文本框的内容。利用该属性为文本框赋值时，赋值的数据类型将决定文本框中值的数据类型（下面的例子将详细解释这一点）。如果为 ControlSource 属性指定了数据源，该属性值及其类型与 ControlSource 属性指定的变量或字段的值及其类型相同。

➤ **PassWordChar**：设置输入口令时显示的字符。

➤ **Readonly**：确定文本框是否为只读，为 ".T." 时，文本框的值不可修改。

【操作样例 8-3】文本框使用方法与要点。

【要求】

首先参照图 8-21 所示制作一个表单，然后分别为两个按钮编写 Click 事件代码，重点了解文本框的 Text 和 Value 属性的异同。

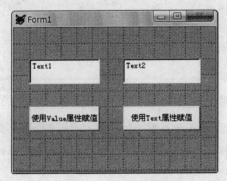

图 8-21　文本框测试表单

【操作步骤】

步骤 1▶ 新建一个表单，参照图 8-21 所示，在其中放置两个文本框和两个命令按钮。其中，左侧命令按钮的名称为 Command1，右侧命令按钮的名称为 Command2，而文本框的名称已显示在画面中。

步骤 2▶ 双击左侧命令按钮，打开其方法程序编辑窗口，然后参照图 8-22 所示编写如下程序代码：

```
&& 将 Text1 的内容赋值给 Text2，此时 Text2 文本框内容的数据类型将取决于 Text1
&& 文本框内容的数据类型
THISFORM.Text2.Value=THISFORM.Text1.Value
THISFORM.Text1.Value=1          && 为 Text1 文本框赋值，此时 Text1 文本框
                                && 内容的数据类型将变为数值
```

步骤 3▶ 在方法程序编写窗口的上方，打开"对象"下拉列表，选择 Command2 对象，然后为该对象的 Click 事件编写如下程序代码（参见图 8-23）。

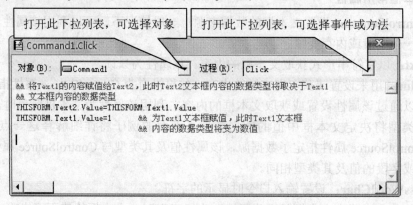

图 8-22 方法程序编写窗口

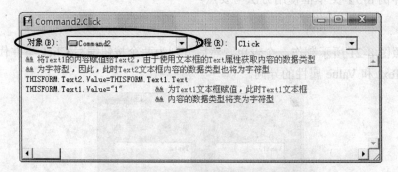

图 8-23 为 Command2 的 Click 事件编写事件处理程序

```
&& 将 Text1 的内容赋值给 Text2，由于使用文本框的 Text 属性获取内容的数据类型
&& 为字符型，因此，此时 Text2 文本框内容的数据类型也将为字符型
THISFORM.Text2.Value=THISFORM.Text1.Text
THISFORM.Text1.Value="1"        && 为 Text1 文本框赋值，此时 Text1 文本框
                                && 内容的数据类型将变为字符型
```

步骤 4▶ 按 Ctrl+E 组合键，运行表单，首先在左侧文本框中输入"We are ready!"，如图 8-24 左图所示。然后单击左侧命令按钮，结果如图 8-24 右图所示。

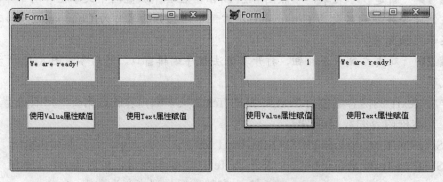

图 8-24 为 Text1 文本框输入内容并赋值

步骤 5▶　再次在两个文本框中输入内容，我们将发现只能在 Text1 中输入数字，而在 Text2 中可以输入数字和其他字符，如图 8-25 所示。这是因为，开始时我们在 Text1 中输入了一组字符串，而将它赋值给 Text2 后，Text2 的数据类型自然就是字符型了。

步骤 6▶　再次单击左侧命令按钮，将 Text1 中的数字赋值给 Text2，此时两个文本框的数据类型都将变为字符型。也就是说，两个文本框都只能输入数字了，如图 8-26 所示。

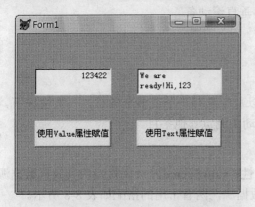

图 8-25　只能在 Text1 中输入数字

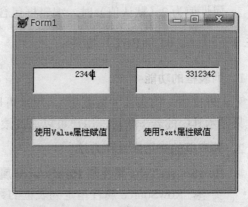

图 8-26　两个文本框都只能输入数字

步骤 7▶　单击右侧按钮，将 Text1 的内容以字符串形式赋值给 Text2，并为 Text1 赋值一个字符串，此时两者都将变为字符型，我们将可以在其中输入任意字符了，如图 8-27 所示。

图 8-27　将两个文本框都变为字符型

（二）编辑框（Edit）控件

1. 编辑框的功能

编辑框与文本框基本相同，它通常用于显示或编辑多行文本信息。编辑框实际上是一个简单的字处理器，在编辑框中能够选择、复制、剪切、粘贴正文，可以实现自动换行等。

2. 编辑框常用属性

➢ **ControlSource**：设置编辑框的数据源，一般为数据表的备注字段。

➢ **Value**：获取或设置编辑框的内容。利用该属性设置编辑框的初始内容时，赋值的数据类型决定了编辑框的数据类型。

> **Text**：以字符串形式获取编辑框的内容。该属性为只读。
> **SelText**：返回用户在编辑区内选定的文本，如果没有选定任何文本，则返回空串。
> **SelLength**：返回用户在文本输入区中所选定字符的数目。
> **Readonly**：确定用户是否能修改编辑框中的内容。
> **Scrollbars**：指定编辑框是否具有滚动条。当属性值为 0 时，编辑框没有滚动条；当属性值为 2（默认值）时，编辑框包含垂直滚动条。

（三）列表框（ListBox）控件

1. 列表框的功能

列表框提供一组条目（数据项），用户可以从中选择一个或多个条目。一般情况下，列表框只显示其中的若干条目，用户可以通过滚动条浏览其他条目。

2. 列表框的常用属性和方法

> **RowSourceType 属性与 RowSource 属性**：RowSourceType 属性指明列表框数据源的类型，RowSource 属性指定列表框的数据源，两者常用的搭配如表 8-8 所示。

表 8-8　RowSourceType 属性与 RowSource 属性搭配用法

RowSourceType 属性	RowSource 属性
0- 无	无。在程序运行时，通过 AddItem 方法添加列表框条目，通过 RemoveItem 方法移去列表框条目
1- 值。列出在 RowSource 属性中指定的所有数据项	可以是用逗号隔开的若干数据项的集合，例如，在设计时，在本属性框中输入：北京,上海,长沙
5- 数组。列出数组的所有元素	使用一个已定义的数组名
6- 字段。列出一个字段的所有值	字段名
7- 文件。列出指定目录的文件清单	磁盘驱动器或文件目录
8- 结构。列出数据表的结构	表名

> **List 属性**：用来存取列表框中数据项的字符串数组。例如，List[1]代表列表框中的第一行（第一个数据项）。
> **ListCount 属性**：返回列表框中数据项的数目。
> **ListIndex 属性**：返回或设置列表框中选定项的索引号。
> **ColumnCount 属性**：指定列表框控件中列对象的数目。
> **Value 属性**：返回列表框中被选中的条目。
> **ControlSource 属性**：该属性在列表框中的用法与在其他控件中的用法有所不同，在这里，用户可以通过该属性指定一个字段或变量，用以保存用户从列表框中选择的结果。
> **Selected 属性**：该属性是一个逻辑型数组，第 N 个数组元素代表第 N 个数据项是否为选定状态。
> **MultiSelect 属性**：指定用户能否在列表框内进行多重选定。
> **Value 属性**：返回当前所选项的值，等同于 List[ListIndex]。

- ➢ **MoverBars**：设置每个列表项行首是否显示可移动按钮，上下拖动此按钮可调整列表项的顺序。默认为.F.，不显示可移动按钮。
- ➢ **AddItem 方法**：向列表中增加新数据项，格式为：AddItem（数据项[，索引号] [，列号]）。
- ➢ **RemoveItem 方法**：从列表中删除数据项，格式为：RemoveItem（索引号）。

【操作样例 8-4】列表框的应用。

【要求】

按图 8-28 所示设计一个表单。要求表单运行时，List1 列表框显示 student 表的所有字段名，单击右箭头按钮时，在 List1 中选择的字段名被加入到 List2 中；单击左箭头按钮时，List2 中选中的字段名被移回 List1 中。

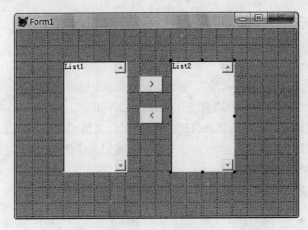

图 8-28　列表框应用

【操作步骤】

步骤 1▶ 按图 8-21 所示在表单中加入两个列表框、两个标签和两个命令按钮。

步骤 2▶ 在表单的 Init 事件中加入如下代码：

```
USE student                        && 打开表
FOR i=1 TO FCOUNT()                && 将字段名添加到 List1 列表中
    THISFORM.List1.AddItem(FIELDS(i))
NEXT
USE                                && 关闭表
THISFORM.List1.ListIndex=1         && List1 列表中第一项被自动选中
```

步骤 3▶ 在右箭头按钮（Command1）的 Click 事件中加入如下代码：

```
&& 如果当前没有项目被选中，则自动选中第 1 项
IF THISFORM.List1.ListIndex=0
    THISFORM.List1.ListIndex=1
ENDIF
IF THISFORM.List1.ListCount<>0     && 如果 List1 列表不空，则执行如下操作
```

```
THISFORM.List2.AddItem(THISFORM.List1.List[THISFORM.List1.ListIndex])
&& THISFORM.List1.List[THISFORM.List1.ListIndex]等同于
&& THISFORM.List1.Value
THISFORM.List1.RemoveItem(THISFORM.List1.ListIndex)
&& 如果是第一次向 List2 中添加项目，则 List2 中第一项被自动选中
IF THISFORM.List2.ListCount=1
    THISFORM.List2.ListIndex=1
ENDIF
ENDIF
```

步骤 4▶ 在左箭头按钮（Command2）的 Click 事件中加入如下代码：

```
&& 如果当前没有项目被选中，则自动选中第 1 项
IF THISFORM.List2.ListIndex=0
    THISFORM.List2.ListIndex=1
ENDIF
IF THISFORM.List2.ListCount<>0      && 如果 List2 列表不空，则执行如下操作
    THISFORM.List1.AddItem(THISFORM.List2.Value)
    THISFORM.List2.RemoveItem(THISFORM.List2.ListIndex)
    && 如果是 List1 清空后第一次添加项目，则 List1 中第一项被自动选中
    IF THISFORM.List1.ListCount=1
        THISFORM.List1.ListIndex=1
    ENDIF
ENDIF
```

步骤 5▶ 单击"常用"工具栏中的"运行"按钮 ！，分别单击两个按钮，测试结果如图 8-29 所示。

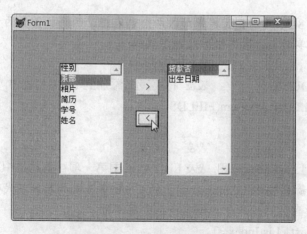

图 8-29　列表框测试表单 1

【操作样例 8-5】

设计一个如图 8-30 所示的表单。

【要求】

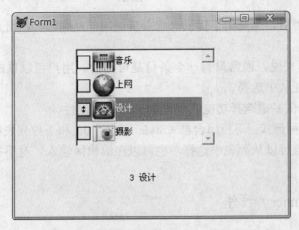

图 8-30　列表框测试表单 2

（1）利用事件处理程序为列表框填充内容。

（2）在列表项的行首设置一个可移动按钮，并在每个列表项左侧显示一个图形。

（3）若用鼠标单击列表中的某选项，能在下面的标签中显示顺序号与选项内容。

【操作步骤】

步骤 1▶　创建 3 个对象：1 个表单 Form1、1 个列表框 List1、1 个标签 Label1。

步骤 2▶　设置标签 Label1 的 AutoSize 为.T.，列表框 List1 的 MoverBars 属性为.T.，以使标签可以根据内容自动调整尺寸，列表框中各选项左侧显示可移动按钮。

步骤 3▶　为列表框 List1 的 Init 事件书写如下代码：

```
THIS.Additem("音乐")                    && 在列表框中增加选项
THIS.Additem("上网")
THIS.Additem("设计")
THIS.Additem("摄影")
THIS.Picture(1)="music.bmp"              && 为各选项设置左侧显示的图形
THIS.Picture(2)="internet.bmp"
THIS.Picture(3)="design.bmp"
THIS.Picture(4)="photo.bmp"
THIS.Listindex=1                         && 选定第 1 项
```

步骤 4▶　为 List1 的 Click 事件书写如下代码：

```
FOR i=1 TO THIS.ListCount           && ListCount 属性返回列表的项个数
    IF THIS.Selected(i)=.t.              && 如果某项被选中，显示该项的序号和内容
        THISFORM.Label1.Caption=ALLTRIM(STR(i))+SPACE(1)+THIS.Value
    ENDIF
ENDFOR
```

步骤 5▶　按 Ctrl+E 组合键，运行表单。在列表中单击，观察窗口下方标签内容的变化。

（四）组合框（ComboBox）控件

组合框与列表框类似，也是用于提供一组条目供用户从中选择，组合框和和列表框的主要区别在于：

（1）对于组合框来说，通常只有一个条目是可见的。用户可以单击组合框上的下拉按钮打开条目列表，以便从中选择。

（2）组合框不提供多重选择功能，没有 MultiSelect 属性。

（3）组合框有两种形式：下拉组合框（Style 属性为 0）和下拉列表框（Style 属性为 2）。对下拉组合框，用户既可以从列表中选择，也可以在编辑区输入。对下拉列表框，用户只能从列表中选择。

（五）微调框（Spinner）控件

1. 微调框的功能

用于为程序或其他控件提供数值。用户既可以用键盘输入，又可以单击该控件中的向上按钮或向下按钮来增减其当前值。

2. 微调框的常用属性

➢ **Value**：表示微调控件的当前值。

➢ **KeyBoardHighValue**：设定键盘输入数值高限。

➢ **KeyBoardLowValue**：设定键盘输入数值低限。

➢ **SpinnerHighValue**：设定按钮微调数值高限。

➢ **SpinnerLowValue**：设定按钮微调数值低限。

➢ **Increment**：设定按一次向上或向下按钮的增减数，默认为 1.00。

3. 微调框的常用事件

➢ **DownClick 事件**：按微调控件的向下按钮事件。

➢ **UpClick 事件**：按微调控件的向上按钮事件。

三、输出类控件

输出类控件主要包括标签控件、图象控件、线条控件和形状控件等，如图 8-31 所示。这些控件的特点如下。

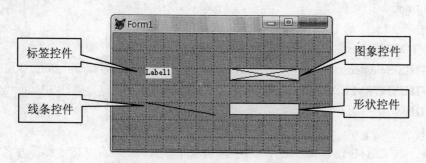

图 8-31　标签控件、图象控件、线条控件和形状控件

（一）标签（Label）控件

标签主要用于在表单中显示固定的文本信息，常用作提示或说明。该控件的使用方法非常简单，使用时通常只需设置其 Caption 属性就可以了。

（二）图象（Image）控件

图象控件允许用户在表单中添加图片（.bmp 文件）。图象控件和其他控件一样，具有一整套的属性、事件和方法程序。因此，在运行时刻可以动态地更改它，并可以通过单击、双击和其他方式来与其进行交互。

下面列出了图象控件的一些主要属性：

- **Picture**：设置要显示的图片（.bmp 文件）。
- **BorderStyle**：决定图象是否具有可见的边框。
- **Stretch**：如果 Stretch 设置为"0 - 剪裁"，那么超出图象控件范围的那一部分图象将不显示；如果 Stretch 设置为"1 - 等比填充"，图象控件将保留图片的原有比例，并在图象控件中显示最大可能的图片；如果 Stretch 设置为"2 - 变比填充"，则将图片调整到正好与图象控件的高度和宽度匹配。

（三）线条（Line）与形状（Shape）控件

线条和形状主要用于以可视方式将表单中的组件归成组。其中：设计时常用的线条属性有如下两个：

- **BorderWidth**：设置线宽，单位为像素，默认为 1 个像素。
- **LineSlant**：当线条不为水平或垂直时，该属性用于设置线条倾斜的方向。这个属性的有效值为斜杠（/）和反斜杠（\）。

设计时常用的形状属性有如下 3 个：

- **Curvature**：设置形状的曲率，取值范围为从 0（直角）到 99（圆或椭圆）。
- **FillStyle**：确定形状是透明的，还是具有一个指定的背景填充方案。
- **SpecialEffect**：确定形状是平面的还是三维的，仅当 Curvature 属性设置为 0 时才有效。

四、控制类控件

控制类控件主要包括命令按钮控件、命令按钮组控件、复选框控件、选项按钮组控件和计时器控件等，如图 8-32 所示。

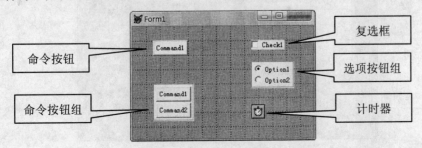

图 8-32　命令按钮、命令按钮组、复选框、选项组和计时器控件

（一）命令按钮（Command）控件

1. 命令按钮的功能

命令按钮通常用来依靠事件处理程序来执行一些特定功能，如关闭表单、移动记录指针、打印报表等。

2. 命令按钮的常用属性

- **Default**：默认值为.F.，如果设置为"真"（.T.），可使该命令按钮成为默认选择。默认选择的按钮比其他按钮多一个粗的边框。如果一个命令按钮是默认选择，那么按 Enter 键后，将选择该按钮并执行这个按钮的 Click 事件。
- **Cancel**：默认为.F.，如果设置为.T.，表示用户可以按 Esc 键选择该按钮并执行命令按钮的 Click 事件处理程序。
- **Caption**：设置在按钮上显示的文字。
- **Picture**：设置在按钮上显示的图片文件。
- **ToolTipText**：设置按钮提示信息文本。
- **Visible**：显示或隐藏命令按钮。
- **Enable**：默认为.T.，如果设为.F.，将禁止使用该按钮，即此时单击、双击该按钮不会执行对应的事件处理程序。

（二）命令按钮组（Commandgroup）控件

1. 命令按钮组的功能

命令按钮组是包含一组命令按钮的容器控件。

2. 命令按钮组及其命令按钮的使用

（1）命令按钮组中的每个按钮都有自己的名称、属性、事件等，这和普通命令按钮完全相同。要编辑命令按钮组中各命令按钮的属性，或者为它们编写事件处理程序，应首先右击命令按钮组，从弹出的快捷菜单中选择"编辑"，进入命令按钮组的编辑状态，然后单击选择某个具体的命令按钮即可，如图 8-33 所示。

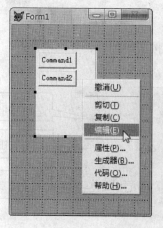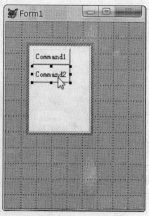

图 8-33　编辑命令按钮组中各命令按钮

（2）命令按钮组中按钮的数量由 ButtonCount 属性确定。

（3）要引用命令按钮组中的按钮，可使用两种形式，一是直接使用各命令按钮的名称，二是使用命令按钮组的 Buttons 属性数组。例如，要为命令按钮组中的 2 个按钮设置提示文本，可在命令按钮组的 Init 事件中加入如下代码：

```
THIS.Command1.Caption="确定"
THIS.Command2.Caption="取消"
```

或

```
THIS.Buttons[1].Caption="确定"
THIS.Buttons[2].Caption="取消"
```

（4）在命令按钮组中具体按下了哪个按钮，由按钮组的 Value 属性返回。Value 的默认值为 1。如下例所示：

```
DO CASE
    CASE THIS.Value = 1
        WAIT WINDOW "You clicked " + THIS.cmdCommand1.Caption NOWAIT
        * 执行某些动作
    CASE THIS.Value = 2
        WAIT WINDOW "You clicked " + THIS.cmdCommand2.Caption NOWAIT
        * 执行其他动作
    CASE THIS.Value = 3
        WAIT WINDOW "You clicked " + THIS.cmdCommand3.Caption NOWAIT
        * 执行第三种动作
ENDCASE
```

（5）如果同时为命令按钮组和某个命令按钮编写了 Click 事件处理程序，则单击该命令按钮时，将只执行命令按钮的 Click 事件处理程序，而不再执行命令按钮组的 Click 事件处理程序。否则，如果没有为命令按钮编写 Click 事件处理程序，则执行命令按钮组的 Click 事件处理程序。

（三）复选框（CheckBox）控件

可以使用复选框让用户指定一个布尔状态："真"、"假"；"开"、"关"；"是"、"否"。然而有时不能将问题准确地归为"真"或"假"，如对"真"或"假"的调查表不作出任何回答。为此，复选框提供了 3 种状态，如表 8-9 所示。

表 8-9　复选框的 3 中状态

式　样	Value 属性值	说　明
☐	0 或.F.	（默认值），未被选中
☑	1 或.T.	被选中
☑	>=2 或.null.	不确定

Value 属性的默认值为 0，数据类型为数字型。通过为其赋一个逻辑值或数字，可改变其类型。通过读取该属性值，可获取复选框的状态。

（四）选项按钮组（OptionGroup）控件

1. 选项按钮组的功能

选项按钮组又称选项组，它是包含选项按钮的一种容器。一个选项按钮组中往往包含若干个选项按钮，但用户只能从中选择一个按钮。当用户单击某个选项按钮时，该按钮即成为被选中状态，而选项按钮组中的其他选项按钮，不管原来是什么状态，都变为未选中状态，被选中的选项按钮中会显示一个圆点。

2. 选项按钮组的常用属性

选项按钮组与命令按钮组基本类似，其常用属性如下：

➤ **Value 属性**：用于指定选项按钮组中哪个选项按钮被选中，默认为 1。若为 2，则表示第 2 个按钮被选中。若为 0，则表示没有一个按钮呈选中状态。另外，选项按钮的 Value 属性用于表示选项按钮的状态，1 表示选定，0 表示未选定。

➤ **ButtonCount**：指定选项按钮组中选项按钮的数目。

➤ **Buttons**：用于存取选项组中每个选项按钮的数组。

3. 选项按钮组生成器

在初步创建选项按钮组后，我们还可借助"选项组生成器"来快速调整它，例如，调整其中包含的按钮数量、为各按钮设置标题、设置其布局是垂直还是水平、各按钮之间的间隔、按钮组边框样式等。

当然，我们也可像前面介绍的编辑命令按钮组的方法一样，首先右击选项按钮组，在弹出的快捷菜单中选择"编辑"，进入选项按钮组的编辑状态，然后对各按钮进行编辑。

【操作样例 8-6】创建图 8-34 所示表单，使用表单制作一个简单的计算器。

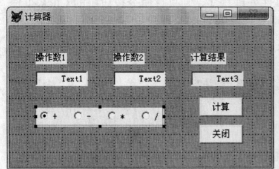 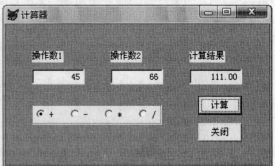

图 8-34　简易计算器

【要求】

（1）表单文件名和表单控件名均为 calculator，表单标题为"计算器"。

（2）表单运行时，分别在操作数 1（Label1）和操作数 2（Label2）下的文本框（分别为 Text1 和 Text2）中输入数字（不接受其他字符输入），通过选项按钮组（Optiongroup1）选择计算方法（Option1 为 "+"，Option2 为 "-"，Option3 为 "*"，Option4 为 "/"），然后单击命令按钮 "计算"（Command1），就会在 "计算结果"（Label3）下的文本框（Text3）中显示计算结果。

（3）要求使用 DO CASE 语句判断选择的计算分类，在 CASE 表达式中直接引用选项按钮组的相关属性。

（4）表单另有一命令按钮（Command2），按钮标题为 "关闭"，表单运行时单击此按钮可关闭表单。

【操作步骤】

步骤 1▶ 创建一个表单，参照图 8-35 所示，在其中放置标签、文本框、选项按钮组、命令按钮等控件。

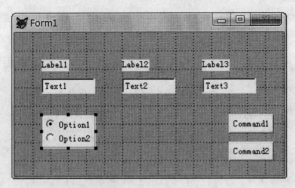

图 8-35 初步制作表单

步骤 2▶ 按 Ctrl+S 组合键，将表单文件以 calculator.scx 名称保存。

步骤 3▶ 按下拉说明分别进行设置：

（1）表单：Name: calculator、Caption: 计算器。

（2）Label1: Caption: 操作数 1。

（3）Label2: Caption: 操作数 2。

（4）Label3: Caption: 计算结果。

（5）Text1: Value: 0、InputMask: 999999999、Alignment:0-左。

（6）Text2: Value: 0、InputMask: 999999999、Alignment:0-左。

（7）Text3: Value: 0、ReadOnly: .T.、InputMask: 9999999999.99、Alignment:1-右。

（8）Command1: Caption: 计算。

（9）Command2: Caption: 关闭。

步骤 4▶ 右击选项按钮组，在弹出的快捷菜单中选择 "生成器"，打开 "选项组生成器"，将 "按钮的数目" 修改为 4（默认为 2），在下面的 "标题" 列分别设置 4 个选项按钮的标题为+、-、*、/，如图 8-36 左图所示。

步骤 5▶ 打开 "选项组生成器" 的 "布局" 选项卡，将 "按钮布局" 设置为 "水平"，将 "按钮间隔" 设置为 20，如图 8-36 右图所示。

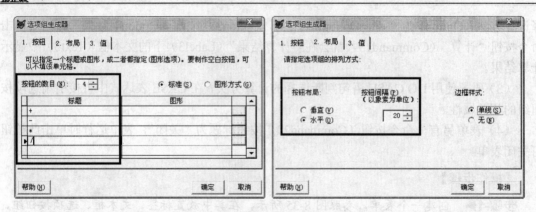

图 8-36 利用"选项组生成器"设置选项按钮组的按钮数量、按钮标题、布局和按钮间隔

步骤 6▶ 单击"确定"按钮，关闭"选项组生成器"。在表单中适当调整选项按钮组和两个命令按钮的位置，结果如图 8-37 所示。

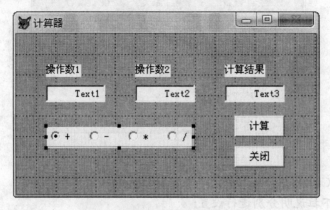

图 8-37 最终完成的计算器界面

步骤 7▶ 双击 Command1 按钮，打开方法程序编辑窗口，为其 Click 事件编写如下程序：

```
DO CASE
    CASE THISFORM.Optiongroup1.Value=1
        THISFORM.Text3.Value=THISFORM.Text1.Value+THISFORM.Text2.Value
    CASE THISFORM.Optiongroup1.Value=2
        THISFORM.Text3.Value=THISFORM.Text1.Value-THISFORM.Text2.Value
    CASE THISFORM.Optiongroup1.Value=3
        THISFORM.Text3.Value=THISFORM.Text1.Value*THISFORM.Text2.Value
    CASE THISFORM.Optiongroup1.Value=4
        THISFORM.Text3.Value=THISFORM.Text1.Value/THISFORM.Text2.Value
ENDCASE
THISFORM.Refresh
```

步骤 8▶ 在方法程序编辑窗口上方打开"对象"下拉列表，选择 Command2，在下方的程序编辑区输入：THISFORM.Release。

步骤9►　关闭方法程序编辑窗口，按 Ctrl+S 组合键，保存表单；按 Ctrl+E 组合键，运行表单；分别在两个编辑框中输入不同的数值，并选择不同的选项按钮，然后单击"计算"按钮，观察计算结果。测试结束后，单击"关闭"按钮，退出表单。

【操作样例 8-7】 命令按钮组、选项按钮组、复选框与编辑框应用示例。

【要求】

首先按图 8-38 左图所示设计一个表单，要求当用户单击"确定"按钮时，在编辑框中显示用户对选项组和复选框的选择。

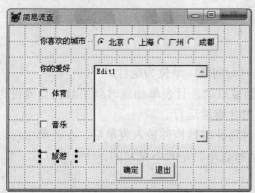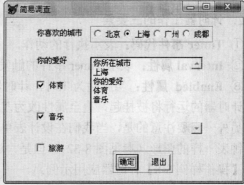

图 8-38　命令按钮组、选项按钮组、复选框与编辑框应用示例

【操作步骤】

步骤1►　首先参照上例和图 8-38 左图设计表单。

步骤2►　双击命令按钮组，打开其方法程序编辑窗口，然后为其输入如下程序：

```
IF THISFORM.Commandgroup1.Value=2    && 如果单击"退出"按钮，则关闭表单
    THISFORM.Release
ELSE
    cstr="你所在城市"+CHR(13);
        +THISFORM.Optiongroup1.Buttons[THISFORM.Optiongroup1.Value].Caption;
        +CHR(13)
    cstr=cstr+"你的爱好"+CHR(13)
    IF THISFORM.Check1.Value=1
        cstr=cstr+THISFORM.Check1.Caption+CHR(13)
    ENDIF
    IF THISFORM.Check2.Value=1
        cstr=cstr+THISFORM.Check2.Caption+CHR(13)
    ENDIF
    IF THISFORM.Check3.Value=1
        cstr=cstr+THISFORM.Check3.Caption+CHR(13)
    ENDIF
```

> THISFORM.Edit1.Value=cstr
> ENDIF

步骤 3▶ 按 Ctrl+S 组合键，保存表单；按 Ctrl+E 组合键，运行表单。

（五）计时器（Timer）控件

1. 计时器控件的特点

计时器能周期性地按时间间隔自动执行它的 Timer 事件代码，因此，在应用程序中可用它来处理可能反复发生的动作。

2. 计时器工作的三要素

① **Timer 事件代码**：表示执行的动作。

② **Interval 属性**：表示 Timer 事件的触发时间间隔，单位为毫秒。

③ **Enabled 属性**：当属性为.T.时，计时器被启动，且表单加载时就生效；当属性为.F.时，计时器的运行将被挂起，直至属性改为.T.时才继续运行。

另外一点要注意的是，当我们在设计表单时将计时器控件放入表单后，在表单中可以看到一钟表一样的图形（参见图 8-32）。但是，运行表单时是看不见它的。

【操作样例 8-8】计时器应用示例。

【要求】

设计一个表单，在其中制作一个游动的字幕，文本为"只要努力，就有收获！"；并在表单右下角设置一个数字时钟。如图 8-39 所示。

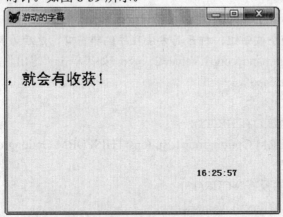

图 8-39　游动的字幕与数字时钟

【操作步骤】

步骤 1▶ 参见图 8-40 所示，创建一个表单，在其中放置 2 个标签和 2 个计时器（由于计时器在运行表单时看不见，因此，其位置可随意放置），并进行如下设置：

（1）Label1 的属性：Caption：只要努力，就会有收获！、AutoSize：.T.、FontSize：16、FontName：黑体。

（2）Label2 的属性：AutoSize：.T.、FontBold:.T.、Forecolor：255,0,0（红色）。

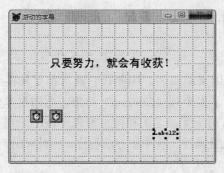

图 8-40 创建表单

步骤 2▶ 将 Timer1 的 Interval 属性设置为 200，为其 Timer 事件编写如下代码：

```
IF THISFORM.Label1.Left+THISFORM.Label1.Width<0
    THISFORM.Label1.Left=THISFORM.Width
ELSE
    THISFORM.Label1.Left=THISFORM.Label1.Left-10
ENDIF
```

步骤 3▶ 将 Timer2 的 Interval 属性设置为 1000，为其 Timer 事件编写如下代码：

```
IF THISFORM.Label2.Caption!=TIME()
    THISFORM.Label2.Caption=TIME()
ENDIF
```

步骤 4▶ 按 Ctrl+S 组合键，保存表单；按 Ctrl+E 组合键，运行表单。

五、容器类控件

容器类控件主要包括表格控件、页框控件和容器控件，如图 8-41 所示。下面就来介绍这几个控件的功能、特点和用法。

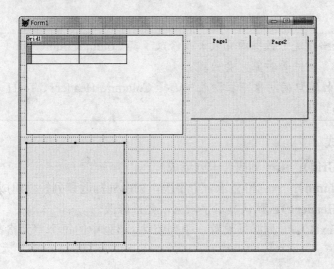

图 8-41 表格、页框和容器控件

（一）表格（Grid）控件

1. 表格控件的功能

表格控件（Grid）主要用来编辑表，因此，它通常都要与某个或多个表进行链接。表格是一个容器对象，其中包含了多个列（Column）对象，而列对象也是一个容器，其中又包含了标头对象（Header1，通常对应字段名）和控件对象（Text1，对应字段值，通常为文本框）。所有这些对象拥有自己的一组属性、事件和方法程序，因此，用户可对表格进行复杂的控制，如图 8-42 所示。

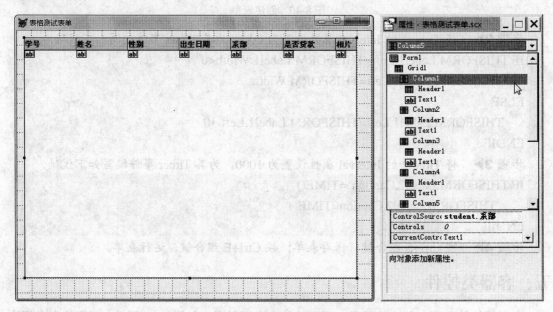

图 8-42　表格及其控件

> 　　只有在为表格指定了数据源（表）或修改了其 ColumnCount 属性（决定表的列数）后，列及其标头、控件等对象才会出现。
> 　　此外，在属性窗口的对象下拉列表中选择 Column、Header1、Text1 等对象后，将自动进入表格的编辑状态。

2. 表格的组成

（1）**表格（Grid）**：由一列或若干列组成。

（2）**列（Column）**：一列可显示一个字段，列由列标题和列控件组成。

➢ **列标题（Header1）**：默认显示字段名，允许修改。

➢ **列控件（Text1）**：一列必须设置一个列控件，该列中的每个单元格都可用此控件来显示字段的值。

提示

> 表格、列、列标题和列控件都有自己的属性、事件和方法程序，其中表格和列都是容器。

3．创建表格的方法

（1）**从数据环境创建**：打开数据环境设计器，拖动表的标题栏到表单窗口，系统会自动根据所选表创建表格。

（2）**利用表格生成器创建**：首先在表单中创建一个表格，然后右击表格，从弹出的快捷菜单中选择"生成器"，打开"表格生成器"，接下来依次指定要在表格中显示的字段，表格的样式，列标题与表示字段值的控件，以及两表间的关系等，如图 8-43 所示。单击"确定"按钮，表格即会按所做设置进行调整。

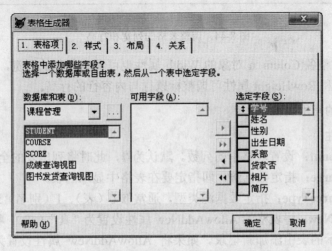

图 8-43 "表格生成器"对话框

4．表格编辑方法

（1）设置列数

要设置表格的列数，可调整 Grid 对象的 ColumnCount 属性。如果将该属性值设置为-1（默认值），表示包含其链接表中的全部字段。不过，要对列进行更复杂的设置，例如，保留哪些列，删除哪些列，只能使用"表格生成器"了。

（2）修改列标题

➤ **用代码修改**：Thisform.Grid1.Column2.Header1.Caption="要改的名字"。

➤ **在属性窗口中修改**：选定 Header1 对象，修改 Caption 属性。

（3）调整表格行高和列宽

要手工调整表格的列宽和行高，可首先右击表格，从弹出的快捷菜单中选择"编辑"，进入表格的编辑状态。将光标移至两列分界线处，当光标变为水平双向箭头时左右拖动鼠标可调整左侧列的列宽；将光标移至表格左侧标题行与控件行的分界线处，当光标变成垂直双向箭头时上下拖动鼠标，可调整标题行的行高；将光标移至表格左侧控件行的下方，当光标变成垂直双向箭头时上下拖动鼠标，可调整内容行的行高。如图 8-44 所示。

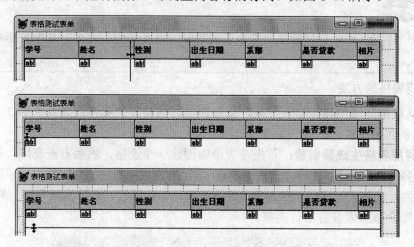

图 8-44 调整表格的列宽和行高

此外，通过调整各 Colum n 对象的 Width 属性也可调整各列的列宽，通过调整 Grid 的 HeaderHeight 属性和 RowHeight 属性可调整标题行与内容行的行高。

5．表格和列的常用属性

（1）表格属性

➢ **ColumnCount**：设置表格中的列数。默认为-1，此时将列出表的全部字段。

➢ **RecordSource**：指定数据源，即指定要在表格中显示的表。

➢ **RecordSourceType**：指定数据源类型，通常取 0（表）、1（别名）或 4（SQL 语句）。

➢ **AllowAddNew**：将表格的 AllowAddNew 属性设置为"真"（.T.），将允许用户手工向表格中显示的表中添加新记录。如果将 AllowAddNew 属性设置为真，当用户选中了最后一个记录时，按向下的方向键↓，即可向表中添加新记录。

（2）列属性

➢ **ControlSource**：指定某表的字段为数据源。

➢ **CurrentControl**：为列指定活动控件，默认为 Text1。

➢ **Sparse**：取值为.T.（默认）时，在列中只有选中的单元格以 CurrentControl 指定的控件显示，其他单元格仍为文本显示；取值为.F.（默认）时，该列的所有单元格均以 CurrentControl 指定的控件显示。

【操作样例 8-9】表格应用示例。

【要求】

设计一个表单，在其中插入一个表格，并将其与 Student 表链接。由于"性别"字段只能为"男"或"女"，"贷款否"字段只能为"T"或"F"，因此，我们将在这两个列中分别插入一个组合框和一个复选框，以方便用户输入和修改数据，如图 8-45 所示。

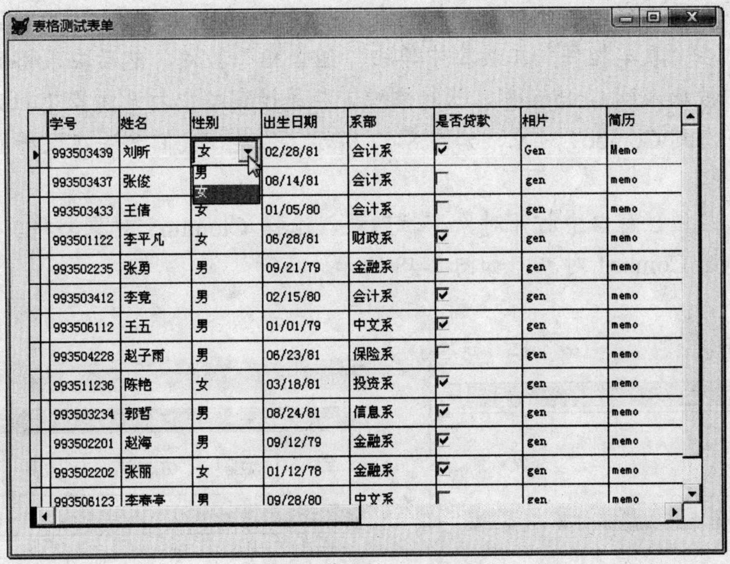

图 8-45 使用表格浏览和修改表内容

【操作步骤】

步骤 1▶ 不知道大家是否还记得，我们曾经在第 4 单元为 student 表创建了一个插入触发器 "RECCOUNT()<=13"，其意思是 student 表中记录数不能超过 13。为了便于进行后面的操作，请首先打开 student 表设计器，删除该触发器。

步骤 2▶ 新建一个表单，在其中添加一个 "表格" 控件。右击表格控件，从弹出的快捷菜单中选择 "生成器"，打开 "表格生成器"，将 student 表中的全部字段都添加到表格中。适当调整表格位置和大小，结果如图 8-46 所示。

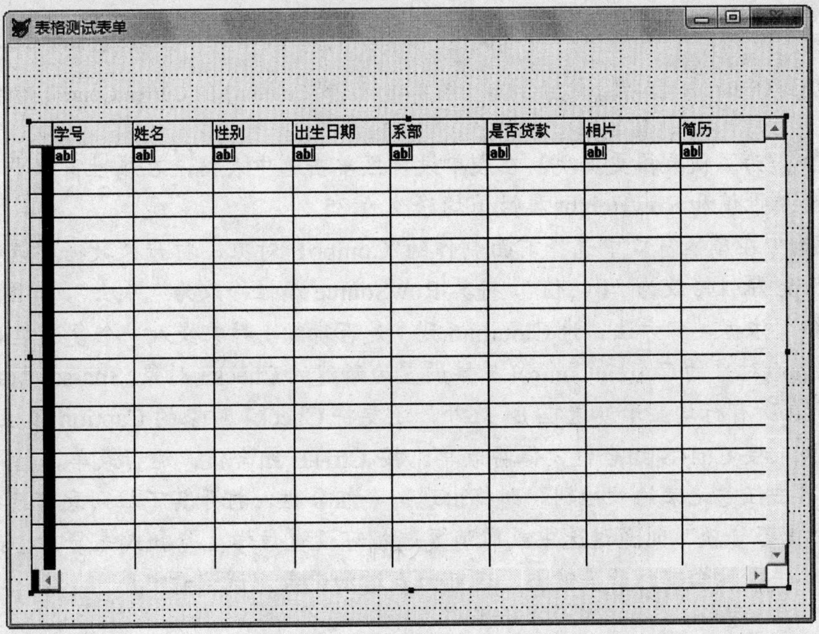

图 8-46 在表单中加入表格

步骤 3▶ 在属性窗口打开对象下拉列表，选择 Column3 对象（"性别"列）作为要嵌入控件的父列，在"表单控件"工具栏中单击"组合框"控件，然后在表格的第 3 列单击，则组合框控件即被加入到 Column3 容器对象中，在属性窗口中打开对象下拉列表，应该能在 Column3 对象下看到 Combo1 对象，如图 8-47 所示。但是，我们无法在设计界面中看到添加的组合框。

步骤 4▶ 在属性窗口中打开对象下拉列表，选择 Cloumn3 对象，将其 CurrentControl 属性设置为新建的 Combo1 对象，如图 8-48 所示。

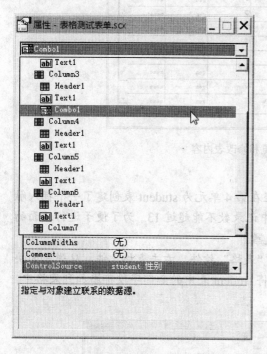
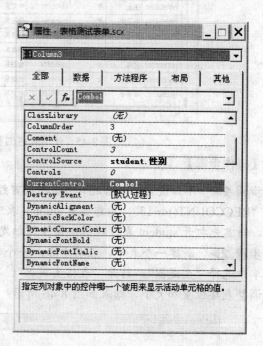

图 8-47　添加到 Column3 列对象下的组合框　　图 8-48　设置 Column3 的 CurrentControl 属性为 Combo1

步骤 5▶ 为了使表格更美观，在表单设计区单击选中表格，在属性窗口中将 Grid1 的 HeaderHeight 属性值和 RowHeight 属性值均修改为 25。

步骤 6▶ 在属性窗口中选择前面制作的 Combo1 对象，打开"数据"选项卡，将其 RowSourceType 属性修改为"1 - 值"，将其 RowSource 属性修改为"男,女"，如图 8-49 所示。

步骤 7▶ 依据类似方法，为 Cloumn6 列（是否贷款）对象嵌入一个复选框 Check1。接下来将 Cloumn6 对象的 CurrentControl 属性设置为新建的 Check1 对象，Sparse 属性修改为".F. - 假"（表示在所有行均显示复选框）；此外，还要将 Check1 对象的 Caption 属性修改为空。

步骤 8▶ 按 Ctrl+S 组合键，保存表单；按 Ctrl+E 组合键，运行表单，结果如图 8-45 所示。此时单击任意记录的"性别"列将出现一个组合框，打开其下拉列表可选择"男"或"女"；在"是否贷款"列通过选中或取消复选框可设置该学生贷款或未贷款。此外，在最后一条记录单击，按向下的箭头键↓，还可为表增加记录。试试看吧！

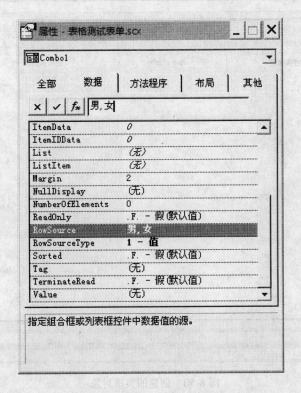

图 8-49　修改 Combo1 的属性

（二）页框（Page）控件

页框是包含页面（Page）的容器，页面又可包含控件。页框、页面和放在页面中的控件都有独立的属性、事件和方法程序。

1. 创建页框的一般方法

创建页框的通常步骤如下：

（1）在"表单控件"工具栏中选择"页框"按钮，并在"表单"窗口拖动到想要的尺寸。

（2）在属性窗口中选择页框对象 Pageframe1，设置其 PageCount 属性为 3（默认为 2），指定页框中包含的页面数。

（3）打开对象下拉列表，选择 Page1 页面对象，设置其 Caption 属性为"学生信息表"；选择 Page2 页面对象，设置其 Caption 属性为"学生成绩表"；选择 Page3 页面对象，设置其 Caption 属性为"教师开课表"。此时画面大致如图 8-50 所示。

> 选择页框中的任意对象，页框都将进入编辑状态。否则，应首先右击页框，从弹出的快捷菜单中选择"编辑"，将页框激活为容器。

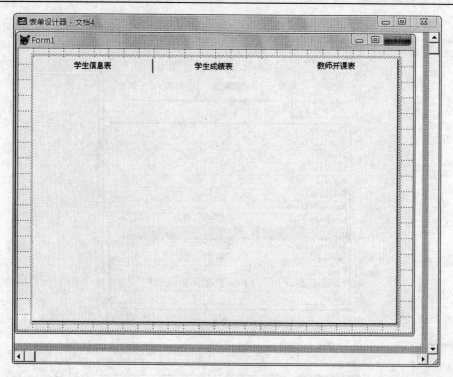

图 8-50　创建的页框对象

（4）接下来我们就可以在各个页面中创建控件对象了，其方法和在表单中直接创建控件对象没什么区别。在图 8-51 中，我们分别在 3 个页面中各创建了表格控件，并将它们分别与 student、score 和 course 表进行了链接。

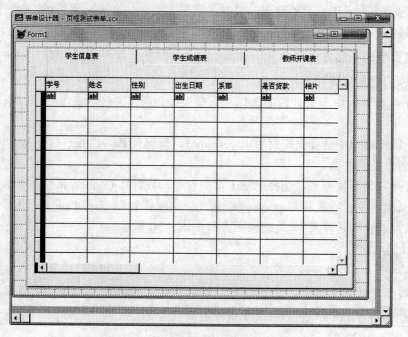

图 8-51　在各页面中分别插入一个表格

2. 页框的常用属性

- ➢ **PageCount**：页框中的页面数，默认为 2。
- ➢ **TabStyle**：0 表示所有的页框标题布满页面宽度（默认），1 表示以紧缩方式显示页面标题。
- ➢ **TabStretch**：1 表示以单行显示所有页面标题，当显示位置不够时仅显示部分标题（默认）；0 表示以多行显示所有页面标题。
- ➢ **ActivePage**：用来设置和获取当前打开的页面（即活动页面）。页面的编号自左向右依次为 1、2、3 等。
- ➢ **Tabs**：确定是否显示页面标题，默认为.T.。

（三）容器（Container）控件

利用容器控件可在表单中创建容器对象，在容器编辑状态下可以向其中添加其他控件。当程序界面比较复杂时，可以考虑利用容器进行分区。由于容器的使用方法非常简单，故不再赘述。

六、连接类控件

连接类控件主要包括 ActiveX 控件、ActiveX 绑定控件和超级链接控件等。其中，利用 ActiveX 控件可以在表单中插入 OLE 对象，如一篇文档、一幅图片等，双击这些 OLE 对象可调用相关程序来浏览或编辑其内容。

ActiveX 绑定控件通常用于和表的通用字段链接（设置其 ControlSource 属性），然后可以利用这个控件显示通用字段的内容。例如，我们在前面利用表单向导创建的表单中，"相片"字段使用的就 ActiveX 绑定控件，如图 8-52 所示。

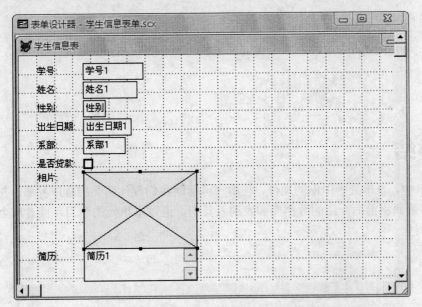

图 8-52　ActiveX 绑定控件

超级链接控件用于将 VFP 与网络相连,它提供了 NavigateTo 方法,可帮助程序打开指定网页。

技能训练

一、全国高等学校计算机二级考试真题训练

1. 某一"口令表单"上有一个标签 Label1,一个文本框 Text1 和两个命令按钮 Command1 和 Command2。若要对标签的文字设置字号,应设置(   )属性。

A. Caption
B. FontBold
C. FontName
D. FontSize

2. 某一"口令表单"上有一个标签 Label1、一个文本框 Text1 和两个命令按钮 Command1 和 Command2。若要使标签控件显示其背景色不与表单背景色相同,要对它的(   )属性进行设置。

A. ForeColor
B. BackColor
C. BorderStyle
D. DisableBackcolor

3. 某一"开始表单"上有一个标签 Label1、一个计时器 Timert1、一个图像 Image1 和两个命令按钮 Command1 和 Command2。若要将图像设置为背景透明,应设置 Image1 的(   )属性。

A. BackStyle
B. BackColor
C. BorderStyle
D. DisableBackColor

4. 某一"开始表单"上有一个标签 Label1、一个计时器 Timer1、一个图象 Image1 和两个命令按狃 Command1 和 Command2。若要使标签的文字加有边框,应设置 Label1 的(   )属性。

A. Backstyle
B. backcolor
C. borderstyle
D. disableBackcolor

二、答案

一、1. D   2. B   3. A   4. C

单元小结

在 VFP 中,表单处于中枢的地位,利用它可帮助我们设计精美的程序界面,并通过界面设计和程序编码将前面介绍的数据库和表纳入其中。通过本单元的学习,读者应全面掌握表单设计的方法。

第 9 单元　报表和标签设计

报表是各种数据最常用的输出形式，在以往的 dBASE、FoxBASE 中，设计报表一直是一个令人头痛的问题。报表设计技术虽然很简单，但工作却很繁琐，尤其是在应用系统需要大量各种报表的情况下。现在，借助于报表设计器（Report Designer），以往令人头痛的打印报表问题得到了解决。报表设计器不仅仅是按行打印出数据库的内容，它还综合了统计计算、自动布局等功能，使得打印复杂的报表也成为轻而易举的事。

标签是一种多列报表布局，它具有为匹配特定标签纸而对列的特殊设置。在 Visual FoxPro 中，用户可以使用标签向导和标签设计器来创建标签。

【学习任务】

◇　了解报表的类型
◇　了解在 VFP 中设计报表的基本步骤
◇　熟悉 VFP 6.0 报表设计器

【掌握技能】

◇　掌握使用报表向导创建报表的方法
◇　掌握利用报表设计器编辑报表布局的方法

任务 9.1　报表设计的步骤与方法

通常情况下，报表的数据均来自用户已建立的各种表，而且这些数据既可能来自一个表，也可能来自多个表。此外，报表中的数据还可能是表中某些数据的运算结果。因此，用户在着手创建一个具体的报表之前，有必要先了解这种报表的类型。

相关知识与技能

一、常见报表类型

日常生活中，尽管人们看到的表格种类繁多，归纳起来，却不外乎以下几种（参见图 9-1）：

（1）列报表。每行一条记录，每条记录的字段在页面上按水平方向放置，如分组/总计报表、财政报表、存货清单、销售总结。

（2）行报表。每条记录的字段在一侧竖直放置，如人事、产品档案。

（3）一对多报表。一条记录或一对多关系，如发票、会计报表。

（4）多栏报表。多列记录，每条记录的字段沿左边缘竖直放置，如电话号码簿、名片。

（5）标签。多列记录，每条记录的字段沿左边缘竖直放置，打印在特殊纸上，如邮件标签、名签等。

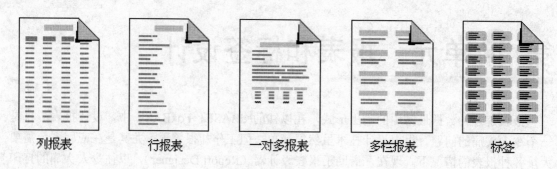

| 列报表 | 行报表 | 一对多报表 | 多栏报表 | 标签 |

图 9-1　常见报表类

二、报表设计的步骤

在 Visual FoxPro 中，报表设计通常包括如下四个主要步骤：

（1）决定要创建的报表类型。

（2）创建报表布局文件。

（3）修改和定制布局文件。

（4）预览和打印报表。

三、创建报表布局的方法

Visual FoxPro 提供了三种途径来创建报表的布局：

（1）用报表向导创建简单的单表或多表报表。

（2）用快速报表从单表中创建一个简单报表。

（3）用报表设计器修改已有的报表或创建自己的报表。

以上每种方法创建的报表布局文件都可以用"报表设计器"进行修改。

【操作样例 9-1】利用报表向导创建报表布局文件。

【要求】

创建学生信息报表。

【操作步骤】

步骤 1▶　在项目管理器中打开"文档"选项卡，单击选中"报表"项目，然后单击"新建"按钮，打开"新建报表"对话框。

步骤 2▶　单击"报表向导"按钮，在打开"向导选取"对话框中单击选择"报表向导"，如图 9-2 所示。

步骤 3▶　在"报表向导"对话框中，单击对话框左下角"数据库和表"设置区中的三点按钮┈，在打开的"打开"对话框中选择一个要使用的表，本例为 student.dbf。正如本例所示，如果所选表是数据库表，则该数据库中的所有表和视图都将出现在对话框左下方的列表区中，如图 9-3 所示。

步骤 4▶ 在表和视图列表区单击选中 STUDENT 表，然后单击对话框中间的 按钮，将所选表中全部字段添加到"选定字段"列表中，如图 9-3 所示。

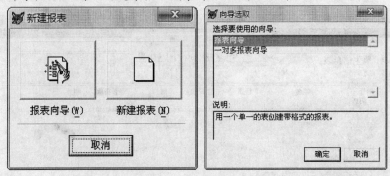

图 9-2 启动报表向导

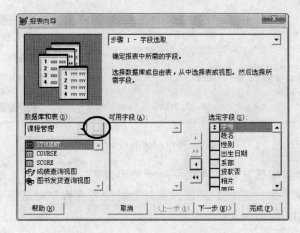

图 9-3 选择表和字段

步骤 5▶ 单击 3 次"下一步"按钮，可分别选择用于分组记录的字段、报表样式，以及报表布局，此处均选用默认值。

步骤 6▶ 再次单击"下一步"按钮，将"学号"字段设置为排序字段，如图 9-4 左图所示；单击"下一步"按钮，设置报表标题为"学生信息"表，如图 9-4 右图所示。

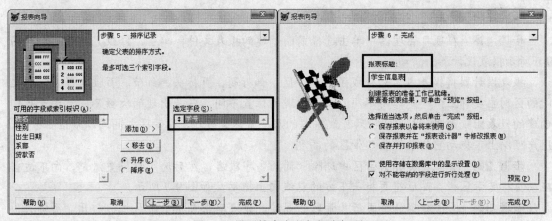

图 9-4 设置排序字段与报表标题

步骤7▶ 单击"预览"按钮，可观察报表效果，如图9-5所示。显然，此时报表的布局不是太合理，因此，我们下一节将介绍如何利用报表设计器调整报表布局。

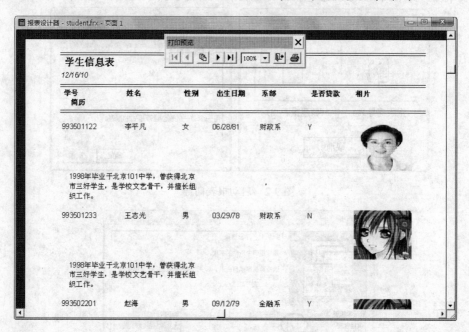

图9-5　预览创建的报表布局

步骤8▶ 单击"打印预览"工具栏中的"关闭预览"按钮，关闭报表预览画面。在"报表向导"对话框中单击"完成"按钮，在打开的"另存为"对话框中保存创建的报表布局文件（扩展名为.frx）。

四、使用报表设计器

利用报表设计器可以对报表布局进行任意调整，因此，它非常灵活。下面我们就结合前面报表布局的调整介绍其用法。

【操作样例9-2】使用报表设计器修改报表布局。

【操作步骤】

步骤1▶ 在项目管理器中单击选择前面创建的报表文件，单击"修改"按钮，打开图9-6所示报表设计器。

报表设计器将报表内容划分成了若干带区，如标题、页标头、细节、页注脚等。它们之间的区别主要有三：一是作用不同，二是出现的位置不同，三是出现的次数不同。由于我们创建的报表比较简单，因此，它只有最基本的几个带区。另外，各带区之间均以带区栏分隔，用户可以上下拖动它们来调整各带区的高度。

步骤2▶ 首先在页标头带区中删除"简历"字段名，然后为了看得更清楚，向下适当拖动页标头带区栏，然后将页标头下方的双线向上拖动，如图9-7所示。

步骤3▶ 为了精确调整页标头带区的高度，还可双击页标头带区栏，打开"页标头"

对话框，适当减小页标头带区的高度，然后单击"确定"按钮，如图 9-8 所示。

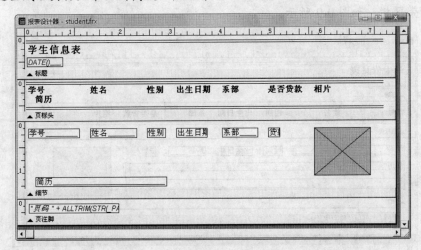

图 9-6　报表设计器

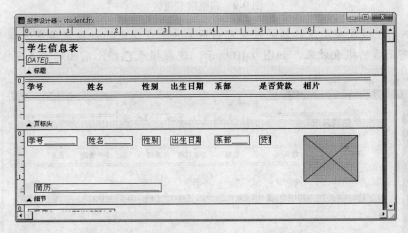

图 9-7　删除页标头带区中的"简历"并向上移动页标头下方的双线

图 9-8　精确调整页标头带区的高度

步骤 4▶ 在细节带区将"简历"字段适当向左上方拖动，并适当调整其尺寸，然后向上拖动细节带区栏，如图 9-9 所示。

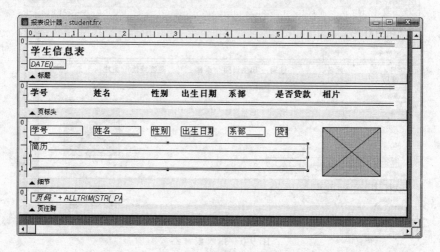

图 9-9　调整细节带区

步骤 5▶ 在报表布局设计器的任意空白区右击，在弹出的快捷菜单中选择"预览"，预览调整报表布局后的报表效果，如图 9-10 所示。现在报表已经比前面好看多了。

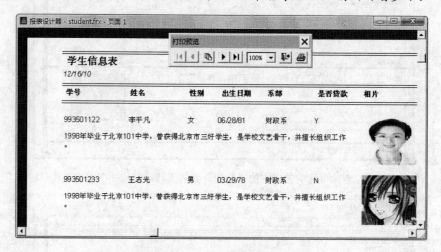

图 9-10　预览报表

步骤 6▶ 关闭报表预览画面，按 Ctrl+S 组合键，保存修改后的报表布局文件，然后关闭它。

技能训练

一、基本技能训练

1. 常见的报表类型不包括（　　）。

　　A. 列报表　　　　B. 行报表　　　　C. 标签　　　D. 两页形式不同的报表

2. 在报表设计器中，系统将不同的内容放进了不同的带区。其中，标题带区（　　）。

　　A．每页出现一次　　　　　　　B．每报表出现一次

　　C．每记录出现一次　　　　　　D．每组出现一次

3. 我们设计报表实际上设计的是报表布局，这句话对吗？（　　）。

4. 如果希望将页标头的高度精确控制在 0.5 英寸，可以＿＿＿＿＿＿＿＿＿＿＿。

5. 如果希望简单地调整细节带区的高度，不要精确，可以＿＿＿＿＿＿＿＿＿。

二、答案

一、1．D　　2．B　　3．对

　　4．双击页标头带区栏，利用打开的"页标头"对话框进行设置

　　5．直接上下拖动细节带区栏即可

任务 9.2　详细了解报表设计器的用法

通过【操作样例 9-2】，想必读者已对报表设计器已经有所了解，在本任务中，我们进一步介绍其用法。

相关知识与技能

一、报表设计器中的带区

使用报表带区可以决定报表的每页、分组及开始与结尾的样式。用户可以调整报表带区的大小，在报表带区内添加报表控件，然后通过移动、复制、调整大小、设置对齐方式及调整等操作，可以安排报表中的文本和域控件。图 9-11 显示了报表中可能包含的一些带区以及每个带区的典型内容，表 9-1 给出了报表带区的打印结果和创建方法。

表 9-1　报表带区的名称、打印结果和创建方法

带区名称	打印结果	创建方法
标题	每报表一次	从"报表"菜单中选择"标题/总结"带区
页标头	每页面一次	默认可用，主要用来显示字段名
列标头	每列一次	从"文件"菜单中选择"页面设置"，设置"列数">1
组标头	每组一次	从"报表"菜单中选择"数据分组"
细节带区	每记录一次	默认可用，主要用来显示字段内容
组注脚	每组一次	从"报表"菜单中选择"数据分组"
列注脚	每列一次	从"文件"菜单中选择"页面设置"，设置"列数">1
页注脚	每页面一次	默认可用
总结	每报表一次	从"报表"菜单中选择"标题/总结"带区

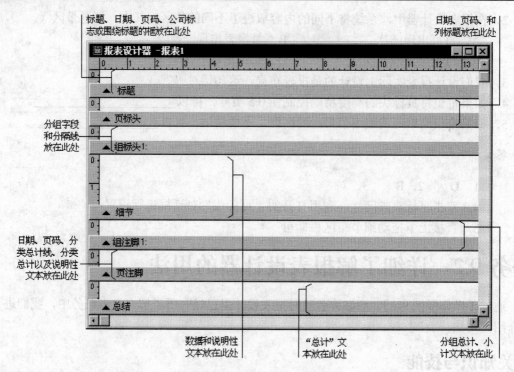

图 9-11　报表设计器中的带区

二、使用数据环境设计器

和使用表单一样，当用户设计报表时也可设置报表的数据环境，即设置报表所引用的表或视图。通过选择"显示"菜单或报表设计器快捷菜单中的"数据环境"选项或，可打开数据环境设计器窗口，如图 9-12 所示。

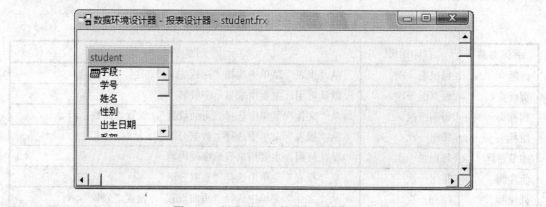

图 9-12　报表设计器的数据环境设计器

数据环境设计器的用法已在前面讲过，在报表设计器中，用户可通过拖动表中字段至报表设计器中的相应带区来创建字段对象。

三、在报表布局中添加报表控件

打开报表设计器后，选择"显示"菜单中的"报表控件工具栏"命令，可打开图 9-13 所示的"报表控件"工具栏。

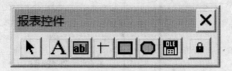

图 9-13　"报表控件"工具栏

利用该工具栏，用户可以向报表布局中添加标签、域控件、线条、矩形、圆角矩形和 ActiveX 绑定控件等。其中，标签的使用很简单，选择该控件后，在报表布局的带区中单击，即可输入文本。输入结束后，可单击"报表控件"工具栏中的"选择对象"工具 确认。

与标签控件类似，线条、矩形和圆角矩形的使用方法也很简单。选定这些控件后，直接在报表布局设计区拖动鼠标绘制线条、矩形、圆角矩形就可以了。

下面重点介绍一下域控件，选择该工具后，在报表布局设计区拖出一个矩形确定控件大小。释放鼠标按钮，此时系统将弹出图 9-14 所示"报表表达式"对话框。

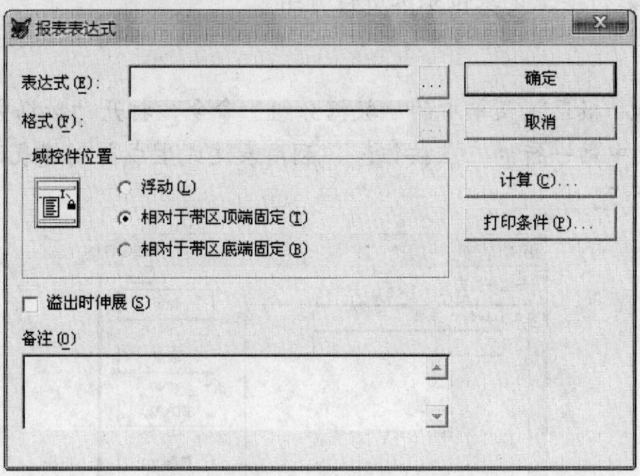

图 9-14　"报表表达式"对话框

单击"表达式"编辑框右侧的三点按钮，可设置域控件的内容，它可以是一个字段，也可以是一个表达式。创建好表达式后，单击"格式"编辑框右侧的三点按钮，可设置表达式的类型（字符型、数值型或日期型）。

在"域控件位置"设置区有 3 个选项，利用这些选项可确定如何控制控件的打印位置。另外，如果希望对所选表达式进行计算（按页或按报表），可单击"计算"按钮，此时系统将打开图 9-15 左图所示"计算条件"对话框；如果希望控制表达式的打印，则可单击"打印条件"按钮，此时系统将打开"打印条件"对话框，如图 9-15 右图所示。

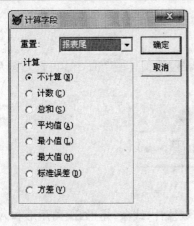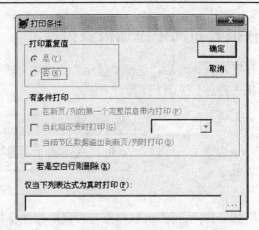

图 9-15　为表达式设置计算条件和打印条件

四、创建组带区

在某些情况下，我们还可根据需要创建组带区，以对不同组记录进行标识。例如，如果希望在报表中按系部进行分组，可执行如下操作。

【操作样例 9-3】将学生记录按系部进行分组。

【操作步骤】

步骤 1▶　选择"报表"菜单中的"数据分组"命令，打开"数据分组"对话框。单击"分组表达式"列表中第一行的三点按钮，利用表达式生成器创建表达式"student.系统"字段，如图 9-16 所示。

图 9-16　设置分组字段

步骤 2▶　单击"确定"按钮，此时系统将自动创建分组带区，如图 9-17 所示。不过，由图 9-17 可以看出，此时组带区中并没有任何内容，因为组带区栏与页标头带区栏紧接在了一起。

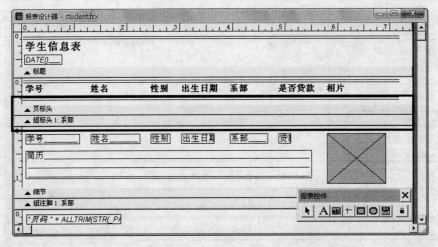

图 9-17　创建组带区后画面

步骤 3▶　向下拖动组带区栏，使它与页标头带区栏离开一定距离。单击"报表控件"工具栏中的"标签"工具**A**，在组带区的靠左位置单击，输入文字"系部："，然后单击"报表控件"工具栏中的"选择对象"工具 进行确认。

步骤 4▶　单击"报表控件"工具栏中的"域控件"工具**abl**，在组带区中标签的右侧拖出一个矩形，释放鼠标按钮，系统将自动打开"报表表达式"对话框。单击表达式编辑框右侧的三点按钮，利用打开的表达式生成器选择"student.系部"字段，结果如图 9-18 所示。

图 9-18　设置域控件内容为"系部"字段

步骤 5▶　单击"确定"按钮，返回报表设计器。单击"报表控件"工具栏中的"矩形"工具**□**，在组带区拖出一个矩形，使它能框住前面创建的标签和域控件，如图 9-19 所示。再次预览报表，结果如图 9-20 所示。

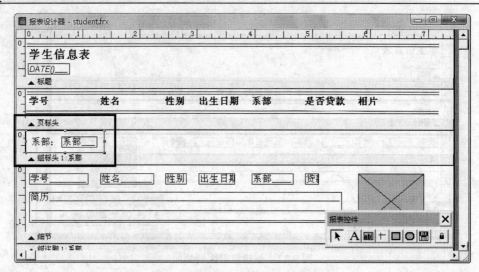

图 9-19　设置好的组带区

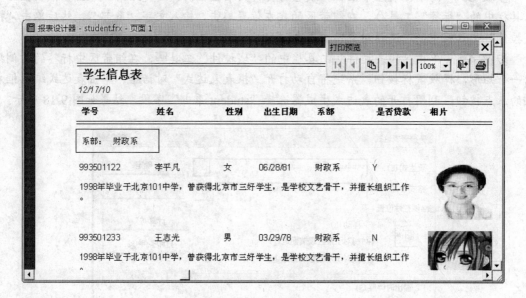

图 9-20　预览分组后的报表

　　如果希望修改分组方式或删除不再需要的分组，可以再次打开"数据分组"对话框，然后修改或删除分组表达式即可。

　　如果希望更好地调整报表中标签、域控件、图形等元素的相对位置和尺寸，可以选择"显示"菜单中的"布局工具栏"，打开"布局"工具栏。此外，还可以通过选择"显示"菜单中的"网格线"在报表设计器中显示网格线，以方便用户调整各种报表元素的位置和尺寸，如图 9-21 所示。

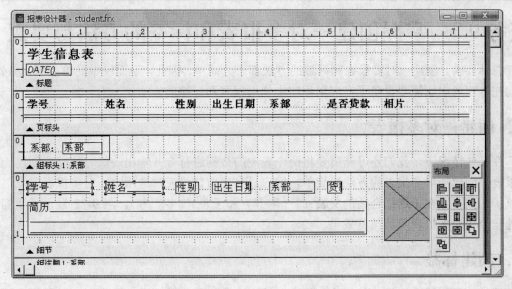

图 9-21　在报表设计器中显示网格线和"布局"工具栏

技能训练

一、全国高等学校计算机二级考试真题训练

1. 使用报表设计器生成的报表文件的默认扩展名是（　　　）。

    A．FMT
    B．FPT

    C．FRM
    D．FRX

2. 关于报表的数据源，下列叙述正确的是（　　　）。

    A．报表的数据源只能是表

    B．报表的数据源不能为视图

    C．设计报表时必须指定数据源

    D．报表的数据源可以是表、视图、查询等数据文件

3. 在报表设计器中可以使用的控件有（　　　）。

    A．域、标签和 ActiveX 绑定控件
    B．域、标签和文本框控件

    C．域、标签和组合框控件
    D．域、标签和微调框绑定控件

4. 报表设计器的默认带区为（　　　）。

    A．标题、细节和总结
    B．标题、细节和页注脚

    C．页表头、细节和页注脚
    D．组表头、细节和页注脚

二、答案

一、1．D　　2．D　　3．A　　4．C

任务 9.3　掌握创建一对多报表和标签的方法与要点

总体而言，创建一对多报表和标签的方法都十分简单，因此，下面仅做简单介绍。另外，我们在本任务中还简要说明了在应用程序中使用报表和标签的方法。

一、创建一对多报表

在某些情况下，我们还可能需要将两个表中的数据进行合并输出，此时就需要创建一对多报表。创建一对多报表的方法很简单，用户只有在新建报表时选用"一对多报表向导"就可以了，其要点在于选择合适的父表（"一"方）和子表（"多"方）。图 9-22 显示了我们创建的一个一对多报表及其预览效果。

二、创建标签

标签与报表极为类似，其创建和修改方法也完全相同。其不同之处在于，无论用户使用哪种方法（标签向导或标签设计器）来创建标签时，均必须指明使用的标签类型，它确定了标签设计器中"细节"区的尺寸。

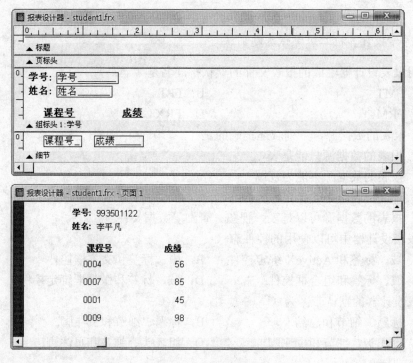

图 9-22　一对多报表

【操作样例 9-4】创建标签。

【操作步骤】

步骤 1▶　在项目管理器中选择"文档"中的"标签"选项，单击"新建"按钮，在"新建标签"对话框中单击"标签向导"。

步骤 2►　　在后续对话框中依次选择要使用的表和标签类型，第 3 步是设置标签布局。此时可首先在"可用字段"列表中选择某个字段，然后在中间分隔符区单击选择某个分隔符，接下来再选择其他字段和分隔符，直至选择全部所需字段，如图 9-23 所示。

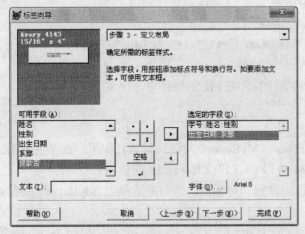

图 9-23　设置标签布局

步骤 3►　　再次单击"下一步"按钮，可选择排序字段。设置完成后，可预览其效果，如图 9-24 所示。

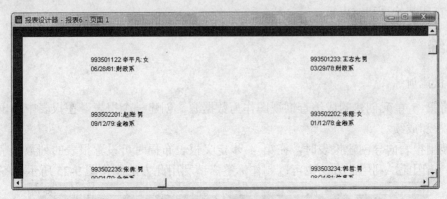

图 9-24　预览标签

步骤 4►　　最后，单击"完成"按钮，保存标签文件（扩展名为.lbx）。

三、报表和标签的输出

我们创建好报表或标签文件后，要打印他们，可以在预览方式下直接单击"打印预览"工具栏中的"打印报表"工具 。如果希望利用程序控制报表和标签的输出，可执行 REPORT FORM 和 LABEL FORM 命令。

两个命令的格式基本一致，其中，REPORT FORM 命令的格式如下：

REPORT FORM 报表布局文件名.frx｜?

[ENVIRONMENT]

[范围] [FOR 表达式 1] [WHILE 表达式 2]

[HEADING 标题文本]

[NOCONSOLE]

[NOOPTIMIZE]

[PLAIN]

[RANGE 起始页 [, 结束页]]

[PREVIEW [[IN] WINDOW 窗口名 | IN SCREEN]

[NOWAIT]]

[TO PRINTER [PROMPT] | TO FILE 文件名 2 [ASCII]]

[NAME 对象名]

[SUMMARY]

例如，以下代码把报表 MyReport 发送到默认打印机，而不在屏幕上输出：

REPORT FORM MYREPORT.FRX TO PRINTER NOCONSOLE

以下代码显示"打印设置"对话框，然后发送报表 MyReport 到默认打印机，而不在活动窗口中显示：

REPORT FORM MYREPORT.FRX TO PRINTER PROMPT NOCONSOLE

下面的代码可以将报表在一个模式窗口中显示出来：

REPORT FORM MYREPORT.FRX PREVIEW

此外，用户还可以利用"范围"、"FOR"、"WHILE"子句设置打印哪些记录，利用 RANGE 子句设置打印起始页和结束页。

技能训练

一、基本技能训练

1. 将第 5 单元创建的成绩查询视图作为数据源，创建一个报表，在报表中输出学号、姓名、课程和成绩。

2. 使用报表向导创建报表时，在第 4 步定义报表布局时可设置报表的列数和字段布局（列或行），因此，利用此方法也可以制作标签。请利用此方法制作图 9-25 所示标签。

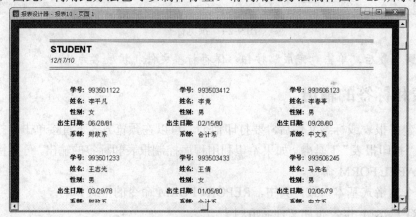

图 9-25 以报表方式创建标签

二、全国高等学校计算机二级考试真题训练

1．调用报表格式文件 PP1 预览报表的命令是（　　）。

A．REPORT　FORM　PP1　PREVIEW

B．REPORT　FORM　PP1　PROMPT

C．REPORT　FORM　PP1　PLAIN

D．REPORT　FORM　PP1

三、答案

一、1．略

2．在第 4 步定义报表布局时设置"列数"为 3，"字段布局"为"行"

二、1．A

单元小结

总体而言，创建报表的方法非常简单，读者只要了解每个带区的意义，掌握调整带区高度和编辑报表元素的方法就可以了。

第 **10** 单元　菜单设计与应用

在 Windows 应用程序中，菜单是一种必不可少的交互式操作界面工具，它可将一个应用程序的功能有效地按类别组织起来，并以列表的方式显示。一个良好的菜单系统会给用户一个友好的操作界面，从而方便用户使用应用程序的各项功能。

【学习任务】

◈　了解菜单的特点和组成
◈　了解规划菜单时通常要遵循的准则
◈　熟悉菜单设计器的用法

【掌握技能】

◈　掌握制作和使用下拉菜单的方法
◈　掌握制作与使用 SDI 菜单与快捷菜单的方法

任务 10.1　认识与规划菜单

在 Windows 环境下，常见的菜单类型有两种，分别是下拉式菜单（即主菜单）和快捷菜单。下面我们先来看看菜单有什么特点。

相关知识与技能

一、认识菜单

图 10-1 显示了 VFP 的"编辑"菜单，下面我们就结合该菜单简要说明菜单的一些特点：

➤　"文件"、"编辑"、"显示"等菜单项组成了 VFP 的主菜单。
➤　菜单项有黑色和浅灰色之分，如果菜单项呈浅灰色，说明该菜单项在当前状态下不可用。
➤　为了对菜单项按功能进行归类，菜单项可以进行分组，各菜单组之间有横线分隔。
➤　为了便于快速选择某些常用菜单项，可以为这些菜单项定义快捷键。例如，"剪切"菜单项的快捷键为 Ctrl+X，它说明用户无需打开下拉菜单，直接按 Ctrl+X 即可执行该菜单项所代表的功能。
➤　大部分菜单名后都有"（带下划线的字母）"，其中，该字母是该菜单项的访问键。对于主菜单项来说，可以按【Alt+字母】打开其下拉菜单；打开下拉菜单后，按某个字母可以选择某个子菜单项。

> 如果菜单名后跟省略号…，表示选择该菜单项将打开一个对话框。
> 如果菜单名后跟一个黑色的小三角▶，表示该菜单项下还有子菜单。

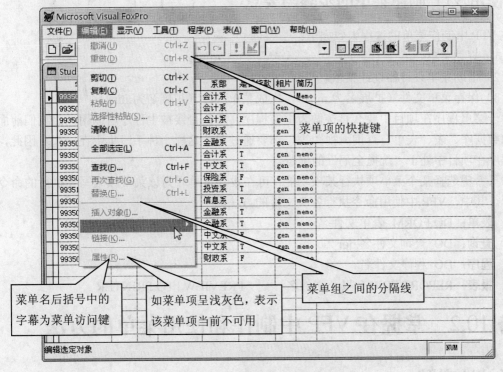

图 10-1　VFP 的"编辑"菜单

二、规划菜单应遵循的准则

应用程序的实用性一定程度上取决于菜单系统的质量。花费一定时间规划菜单，有助于用户接受这些菜单，同时也有助于用户对这些菜单的学习。因此，在设计菜单系统时通常应遵循一定的准则，这些准则主要包括：

（1）按照用户所要执行的任务组织系统，而不要按应用程序的层次组织系统。

（2）只要查看菜单和菜单项，用户就应该可以对应用程序的组织方法有一个感性认识。因此，要设计好这些菜单和菜单项，设计者必须清楚用户思考问题的方法和完成任务的方法。

（3）给每个菜单一个有意义的菜单标题，并设置合适的访问键或键盘快捷键。例如，ALT+F 通常被作为"文件"菜单的访问键，Ctrl+S 通常被作为"保存"菜单的快捷键"等。

（4）为没个菜单项配上简短的能够准确描述菜单项功能的文字，以方便用户快速了解菜单项的功能。描述菜单项时，请使用日常用语而不要使用计算机术语。

（5）按照估计的菜单项使用频率、逻辑顺序或字母顺序组织菜单项。如果不能预计频率，也无法确定逻辑顺序，则可以按字母顺序组织菜单项。当菜单中包含有八个以上的菜单项时，按字母顺序特别有效。太多的菜单项需要用户花费一定的时间才能浏览一遍，而按字母顺序则便于查看菜单项。

（6）在菜单项的逻辑组之间应放置分隔线，且将主菜单栏和下拉菜单中菜单项的数目限制在一个屏幕之内。如果菜单项的数目超过了一屏，则应为其中的一些菜单项创建子菜单。

三、使用 VFP 制作菜单的步骤与要点

在 VFP 中制作菜单的过程大致如下：

（1）规划菜单。

（2）借助菜单设计器设计菜单。

（3）保存菜单文件（扩展名为.mnx），生成菜单程序（扩展名为.mpr）。

由于菜单程序在项目中要么直接做为主控程序，要么直接被主程序所调用，而我们前面设计的数据库、表、表单、查询、视图等，都要通过菜单这样一种手段集中在一起。因此，菜单程序在项目中处于"统揽全局"的地位。

如果希望选择某个菜单项执行某项功能，可在设计菜单时为该菜单项编写要执行的命令或过程。其中，VFP 中使用命令执行各类文件的方法如下：

➤ **表单：**DO FORM 表单文件名

➤ **查询：**DO 查询文件名.qpr

➤ **程序：**DO 程序文件名

➤ **报表：**REPORT FORM 报表文件名 …… PREVIEW | TO PRINTER

任务 10.2　掌握在 VFP 中制作和使用菜单的方法

相关知识与技能

一、制作和使用下拉菜单

下面首先通过制作一个如图 10-2 所示菜单来具体说明在 VFP 中制作下拉菜单的方法。

数据输入	数据修改	数据查询	退出
输入学生信息	修改学生信息	查询学生信息	
输入考试成绩	修改考试成绩	查询考试成绩	
输入开课信息	修改开课信息		

图 10-2　菜单示例

【操作样例 9-1】制作下拉菜单。

步骤 1▶　在项目管理器中打开"其他"选项卡，选择"菜单"项目，单击"新建"按钮，打开"新建菜单"对话框。单击"菜单"按钮，打开菜单设计器对话框，如图 10-3 所示。

步骤 2▶　参照图 10-4 所示定义 4 个主菜单项。其中，"\<字母"用来定义菜单访问键。

步骤 3▶　单击最上面的"数据输入"菜单，单击在"选项"列出现的矩形按钮，打开"提示选项"对话框，如图 10-5 所示。

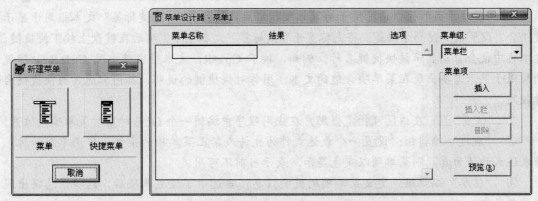

图 10-3 "新建菜单"对话框和菜单设计器

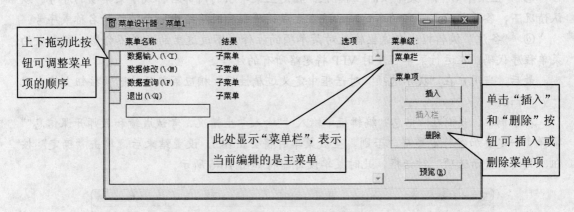

图 10-4 定义 4 个主菜单项

图 10-5 "提示选项"对话框

利用"提示选项"对话框可以设置菜单项的属性,比如定义菜单项的快捷键,控制如何禁止或允许使用菜单项等。该对话框各选项的意义如下:

① "快捷方式"区：该区用于为菜单项指定快捷键。其中，"键标签"文本框用于显示键组合。设置快捷键的方法是：将光标置于"键标签"文本框中，然后在键盘上按下快捷键，文本框中便会自动显示该快捷键名称。例如，按下 Ctrl+R，文本框中就出现 Ctrl+R。"键说明"用于显示需要出现在菜单项旁边的文本，用作对快捷键的说明，其内容通常与快捷键名称相同。

② "位置"区：在该区可指定当用户在应用程序中编辑一个 OLE 对象时菜单项的位置。

③ "跳过"编辑框：设置一个表达式作为允许或禁止菜单项的条件。当菜单激活时，若表达式的值为真，则菜单项以灰色显示，表示当前不可用。

④ "信息"编辑框：定义菜单项的说明信息。当选中了该菜单项后，这些信息将出现在状态条中。

⑤ "主菜单名" / "菜单项#"编辑框：指定主菜单项的内部名称或子菜单项的序号。默认情况下，各菜单项无固定的名称，系统在生成菜单程序时将给出一个随机的名称或序号。

⑥ "备注"编辑框：在这里输入对菜单项的注释。不过这里的注释不会影响到生成的菜单程序代码，在运行菜单程序时 VFP 将忽略所有的注释。

最后，当用户在"提示选项"对话框中定义过属性后，相应菜单项的选项按钮上将出现"√"标记。

在本例中，我们在"信息"编辑框中输入""输入学生情况、考试成绩和教师开课信息""字样（一定要加字符定界符，否则，生成菜单时将会出错）。设置结束后，单击"确定"按钮，关闭"提示选项"对话框，此时菜单设计器将如图 10-6 所示。

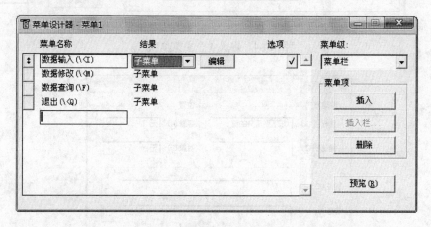

图 10-6　为"数据输入"菜单项设置提示选项后的菜单设计器

步骤 4▶　单击"数据输入"行第 3 列出现的"创建"按钮，准备为"数据输入"主菜单项创建子菜单，此时菜单设计器将如图 10-7 所示。

步骤 5▶　再次创建 3 个菜单项，分别为"输入学生信息"、"输入考试成绩"和"输入开课情况"，并在中间插入两个"\-"菜单项（"\-"表示菜单分隔线）。单击第一个子菜单项，打开"结果"下拉列表，从中选择"过程"，表示将为该子菜单项定义一个过程，如图 10-8 所示。

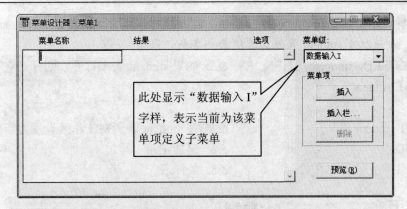

图 10-7　准备为"数据输入"主菜单项创建子菜单

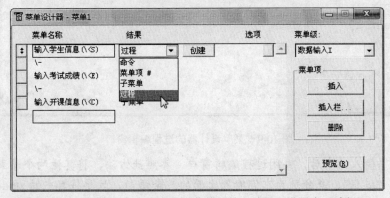

图 10-8　将"输入学生信息"子菜单项的"结果"设置为"过程"

　　"结果"列用于指定激活菜单项时的动作，有以下 4 个选项：

　　① 子菜单：如果用户所定义的当前菜单项还有子菜单的话，应选择这一项。当选中该项后，在其右侧将出现一"创建"按钮，单击"创建"按钮后将进入新的一屏来设计子菜单（菜单的级别可从设计窗口右侧的"菜单级"弹出列表中看出）。

　　② 命令：如果当前菜单项的功能是执行某种动作的话，应选择这一项。当选中该项后，在其右侧出现一文本框，在这个文本框中输入要执行的命令。这个选项仅对应于执行一条命令或调用其他程序的情况。如果所要执行的动作需多条命令完成，而又无相应的程序可用，那么在这里应该选择"过程"。

　　③ 主菜单名/菜单项#：主菜单名项出现在定义主菜单时，菜单项#出现在定义子菜单项时。当选中这一项时，在其右侧出现一文本框，用户可在文本框中输入一个名字。选择这一项的目的主要是为了在程序中引用它。例如，利用它来设计动态菜单。如果用户不选择这一项，系统也会为各个主菜单和子菜单项指定一个名称，只是用户不知道而已。

　　④ 过程：用于定义一个与菜单项相关联的过程，当用户选择了该菜单项后将执行这个过程。如果选择了这项，在其右侧将出现一"创建"按钮，按下该按钮将调出编辑窗口供用户输入过程代码。

步骤 6▶ 单击第一行的"创建"按钮，打开过程编辑窗口，在其中输入如下语句（参见图 10-9），表示打开 student 表并为其追加一条新记录：

```
IF .NOT.USED("student") THEN          && 如果 student 表未打开，则打开它
    USE student
ENDIF
SELECT student                        && 将 student 表所在工作区设置为当前工作区
APPEND                                && 追加记录
USE                                   && 关闭表
```

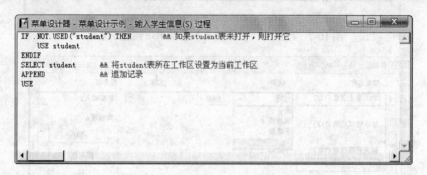

图 10-9　菜单设计器的过程编辑窗口

步骤 7▶ 输入结束后，关闭过程编辑窗口。参照此方法，将其他两个子菜单项的"结果"也设置为"过程"，并分别为它们输入上面的几条语句，只要将其中的 student 分别改为 score 和 course 就可以了。另外，如果读者有兴趣的的话，还可参照前面介绍的方法为子菜单项设置快捷键和信息。

步骤 8▶ 单击"预览"按钮，此时 VFP 主菜单将被所创建的菜单取代，用户可以查看菜单效果。查看结束后，可单击"预览"提示对话框中的"确定"按钮，退出预览模式。如图 10-10 所示。

图 10-10　预览菜单设置

实际上，用户在创建菜单的过程中可以经常预览菜单效果，以便及时对自己的一些设置进行验证。

步骤 9▶ 打开菜单设计器右上角的"菜单级"下拉列表，从中选择"菜单栏"，返回主菜单编辑画面。然后参照上述方法分别为"数据修改"和"数据查询"主菜单项创建子菜单项，并为子菜单项编写过程或命令。其中，为"数据修改"中"修改学生信息"子菜单项编写的过程分别为：

```
IF .NOT.USED("student") THEN        && 如果 student 表未打开，则打开它
    USE student
ENDIF
SELECT student                      && 将 student 表所在工作区设置为当前工作区
BROWSE                              && 浏览记录
USE                                && 关闭表
```

对于"数据修改"的其他两个子菜单，只要将上面程序中的 student 分别换成 score 和 course 就可以了。

步骤 10▶ 为"学生信息查询"编写如下命令：

```
DO FORM 表格测试表单
```

为"学生成绩查询"编写如下命令：

```
DO FORM 学生信息与成绩表单
```

这两个表单都是我们在前面例子中创建的。

步骤 11▶ 将"退出"主菜单项的"结果"也设置为"过程"，并为其编写如下过程：

```
CLEAR READS        && 终止使用 READ EVENTS 命令启动的事件处理
QUIT              && 退出系统
```

如果用户希望为带有子菜单的菜单项编写过程，可在选择菜单项后选择"显示"菜单中的"菜单选项"，打开"菜单选项"对话框，然后编写过程代码，如图 10-11 所示。

步骤 12▶ 如果希望将菜单程序作为项目的主控程序，我们还必须在菜单的清理代码中加上 READ EVENTS 这么一条语句。为此，选择"显示"菜单中的"常规选项"命令，打开"常规选项"对话框，如图 10-12 左图所示。

步骤 13▶ 在"常规选项"对话框中单击"菜单代码"区中的"清理"复选框，打开清理代码编辑窗口。单击"常规选项"对话框中的"确定"按钮，关闭该对话框，然后在清理代码编辑窗口中输入 READ EVENTS 语句，如图 10-12 右图所示。

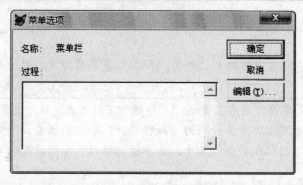

图 10-11　为带子菜单的菜单项编写过程

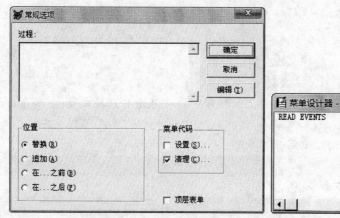

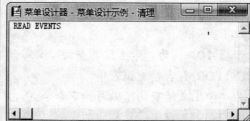

图 10-12　为菜单编写清理代码

　　在"常规选项"对话框的"菜单代码"设置区分别单击"设置"和"清理"复选框，可分别为菜单程序设置"设置代码"和"清理代码"，这两类代码的特点如下：

　　（1）设置代码：用来为定义的菜单系统加入一段初始化代码。初始化代码通常包含创建环境的代码、定义内存变量的代码、打开所需文件的代码，以及使用 PUSH MENU 和 POP MENU 保存或还原菜单系统的代码，这段代码将在运行显示菜单的命令之前执行。

　　（2）清理代码：典型的清理代码包含初始时启用或废止菜单及菜单项的代码。在生成的菜单程序中，清理代码放置在初始化代码及菜单定义代码之后，为菜单项指定的过程代码之前。清理代码将在运行显示菜单的命令之后执行，而不是在使用完菜单之后执行。

　　另外，"位置"区的四个单选按钮用于指定当前定义的菜单与系统菜单的关系。各选项的意义如下：

　　（1）替换：将当前的系统菜单替换为用户自定义的菜单系统。

　　（2）追加：将用户定义的菜单附加在当前系统菜单内容的后面。

　　（3）在…之前：将用户定义的菜单插入到当前系统菜单中某个指定菜单项的前面。

选中该项后将出现下拉列表，列出了当前系统菜单的主菜单名。可从中选择一个菜单名，则用户定义的菜单将出现在该菜单的前面。

（4）在…之后：将用户定义的菜单插入到当前系统菜单中某个指定菜单项的后面。选中这一选项将出现一弹出下拉列表，列出了当前系统菜单的主菜单名。可从中选择一个菜单名，用户定义的菜单将出现在该菜单的后面。

步骤 14▶ 设计完成后，按 Ctrl+S 组合键，将菜单文件以"菜单设计示例.mnx"名称保存。不过，这个文件仅供设计使用，要使菜单可执行，我们还必须选择"菜单"菜单中的"生成"命令，在打开的"生成菜单"对话框中单击"生成"按钮，生成"菜单设计示例.mpr"程菜单序文件，如图 10-13 所示。

图 10-13　生成菜单程序

步骤 15▶ 关闭菜单设计器，在项目管理器中单击选中创建的菜单文件名，单击"运行"按钮，即可运行生成的菜单程序，此时所创建的各主菜单项被加在 VFP 系统菜单之前，如图 10-14 所示。

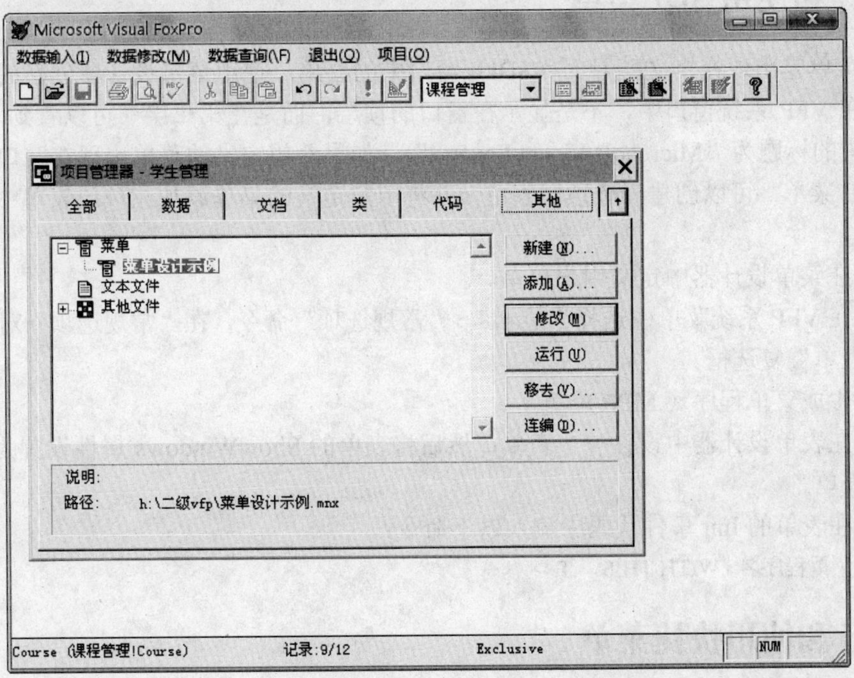

图 10-14　运行菜单

提示

> 也可使用命令来执行菜单程序，其格式如下：
> DO 菜单程序名.mpr

步骤 16▶ 测试一下各菜单项功能，看看是否满足要求。测试结束后，单击主菜单栏中的"退出"，退出 VFP。

当我们在菜单的清理代码中添加了 READ EVENTS 语句后，执行菜单程序时，命令窗口将被隐藏。如果要显示命令窗口，必须执行 CLEAR EVENTS 命令。但是，由于此时命令窗口被隐藏，因此，我们此时无法执行 CLEAR EVENTS 命令。故只能单击"退出"主菜单项，先退出 VFP。

还有一种方法，就是在"退出"的"过程"中删除 QUIT 命令。如此一来，单击"退出"主菜单项，将只是重新显示命令窗口，而不用退出 VFP。

此外，要恢复 VFP 默认的菜单系统，可执行如下命令：

SET SYSMENU TO DEFAULT

因此，如果将"退出"菜单项的过程代码修改为：

CLEAR EVENTS
SET SYSMENU TO DEFAULT

如此一来，则单击"退出"主菜单项可恢复 VFP 的系统菜单。

二、设计和使用 SDI 菜单

SDI 菜单是出现在单文档界面（SDI）窗口中的菜单。使用菜单设计器创建的用户菜单默认显示在 VFP 系统窗口中，不是显示在窗口的顶层，而是在第二层（可以看到 VFP 主窗口标题栏中的标题为"Microsoft Visual FoxPro"），如果希望定义的菜单出现在窗口的顶层，即设计 SDI 菜单，可以创建一个顶层表单，并将用户定义的菜单添加在顶层表单中。具体方法是：

（1）在菜单设计器中定义用户菜单。

（2）在 VFP 系统菜单中选择"显示" > "常规选项"命令，在"常规选项"对话框中选中"顶层表单"复选框。

（3）生成菜单程序（.MPR）。

（4）在表单设计器中设计一个表单，然后将表单的 ShowWindows 属性设置为 2，使其成为顶层表单。

（5）在表单的 Init 事件代码中输入以下命令：

DO <菜单程序名> WITH THIS，.T.

三、设计和使用快捷菜单

当鼠标在窗口的某个对象上右击时，将显示一快捷菜单，快捷菜单通常列出与相应对象有关的功能命令。与下拉菜单相比较，快捷菜单没有条形菜单栏，只有一个弹出式菜单。

利用菜单设计器可以创建快捷菜单，并可以将这些菜单附加在控件上。例如，创建一个包含"剪切"、"复制"和"粘贴"命令的快捷菜单，当用户在表格控件所包含的数据上右击时，出现此快捷菜单。

创建快捷菜单的具体步骤是：

（1）选择项目管理器中的"其他"选项卡，选定"菜单"选项，并单击"新建"按钮。在"新建菜单"对话框中单击"快捷菜单"按钮，打开"快捷菜单设计器"窗口。

（2）在"快捷菜单设计器"中添加菜单项，其过程与创建下拉菜单完全相同。

（3）保存快捷菜单文件并生成快捷菜单程序。

要使用创建的快捷菜单，可以在表单设计器环境下选定需要调用快捷菜单的对象，在该对象的 RightClick 事件过程中添加调用快捷菜单程序的代码：

DO <快捷菜单程序文件名.mpr>

技能训练

一、全国高等学校计算机二级考试真题训练

1．在 Visual Foxpro 中，菜单设计的结果被保存在（ ）。

　　A．扩展名为.MNX 的文件中　　　　　　B．扩展名为.MNX 和.MNT 的文件中

　　C．扩展名为.MNT 的文件中　　　　　　D．扩展名为.MPR 的文件中

2．假设已经生成了名为 mymenu 的菜单文件，执行该菜单文件的命令是（ ）。

　　A．DO mymenu　　　　　　　　　　　B．DO MENU mymenu

　　C．DO mymenu.mnx　　　　　　　　　D．DO mymenu.mpr

3．要为表单设计下拉式菜单，需要在菜单设计时，选中"顶层表单"复选框，用于进行该设置的对话框是（ ）。

　　A．常规选项　　　　B．菜单选项　　　　C．选项　　　　D．生成

三、答案

一、1．B　　2．．D　　　3．A

单元小结

与报表类似，菜单的制作方法也很简单。通过本单元的学习，读者应了解菜单的特点、规划菜单时通常应遵循的规则，以及在 VFP 中制作菜单的步骤和要点。

第 *11* 单元　应用程序开发入门

Visual FoxPro 既是数据库管理系统，又是一种面向对象的程序设计语言，利用它可以开发出一个完整的数据库管理系统。本章重点介绍开发数据库应用程序的方法和步骤，以及如何使用应用程序生成器。

【学习任务】

◆　了解应用程序开发的一般过程
◆　熟悉 VFP 的应用程序向导和应用程序生成器

【掌握技能】

◆　掌握使用项目管理器组织应用程序的方法
◆　掌握设置主程序和连编应用程序的方法
◆　掌握主程序设计的特点
◆　掌握应用程序向导和应用程序生成器的用法

任务 11.1　了解应用程序的开发过程

在开发数据库管理系统之前，应对整个系统进行认真细致的规划，并且在规划时应该让最终用户更多地参与进来。许多问题都应在深入开发之前加以考虑，例如，这个应用程序的用户是谁，用户的主要操作是什么，要处理的数据集合有多大，是否要使用后台数据服务器，以及是单用户还是网络上的多用户，等等。

相关知识与技能

一、VFP 应用系统的组成

利用 Visual FoxPro 开发的系统一般都包括以下几个基本组成部分：

➤　**一个或多个数据库：**是数据处理的来源。
➤　**用户界面：**用户处理数据的人机接口，包括启动界面、输入表单、显示表单、工具和菜单等。
➤　**数据处理：**包括数据计算、统计、查询和修改等，允许用户检索或输出自己需要的数据。
➤　**输出形式与界面：**数据处理的最终目的是把处理结果反馈给用户，包括浏览、排序、报表、标签等。
➤　**主程序：**除了考虑以上的整体过程外，还需要仔细推敲应用程序中应包含哪些功能，涉及到哪些数据以及如何构造数据库的结构等问题。我们现在的任务是如何把这些内容进行组装，并生成一个应用程序。这就好比汽车的各个零部件已经生产出来了，如何把它们组装成能够驾驶的汽车。

二、建立应用程序目录结构

一个完整的数据库管理系统，不管规模有多大，都会涉及很多种类型的文件，如数据库文件、表文件、表单文件、菜单文件、图片文件等等。如果把这些文件都放在一个文件夹下，将会给以后的修改、维护工作带来很大的不便。因此，需要建立一个层次清晰的目录结构。把同类文件放到一个文件夹中，有利于管理。

三、用项目管理器组织应用系统

使用 VFP 开发应用程序时，可以利用项目管理器组织和管理项目中的文件。在设计应用程序时，应仔细设计每个组件应提供的功能以及与其他组件之间的关系。经过良好组织的应用程序一般需要为用户提供一个菜单、一个或多个表单供数据输入和显示输出之用；同时还要考虑数据的完整性和安全性；此外，还需要提供查询和报表输出功能，允许用户从数据库中选取信息。

使用 Visual FoxPro 创建面向对象的事件驱动应用程序时，可以每次只建立一部分组件。这种模块化结构应用程序的方法可以使开发者在每完成一个组件后，就对其进行检验。在完成了所有的功能组件后，就可进行应用程序的连编了。

四、设置项目信息

从"项目"菜单下选择"项目信息"项，或者在项目管理上单击右键，从弹出的快捷菜单上选择"项目信息"项，打开 "项目信息"对话框，如图 11-1 所示。在此对话框中，允许用户查看和编辑有关项目和项目文件的信息。

在"项目"选项卡中可以输入以下信息：

（1）开发者的信息，如姓名、单位、地址等

（2）定位项目的主目录。

（3）通过选中或取消"调试信息"复选框可确定在应用程序文件里是否包含调试信息。如选中此选项，将对程序的调试有很大的帮助，但是会增加程序的大小。因此，在交付用户之前进行最后连编时，应清除此复选框。

（4）是否对应用程序进行加密。Visual FoxPro 可以对应用程序加密，如果加了密，要想对应用程序反求原程序是非常困难的。

（5）通过附加图表复选框指定是否为生成的文件选择自己的图标。如果选中该复选框，则可以按"图标"按钮，指定当应用程序处于最小化状态时使用什么图标。

在"项目信息"的"文件"选项卡中可以查看项目管理器管理的所有文件，而不论文件处于什么位置。

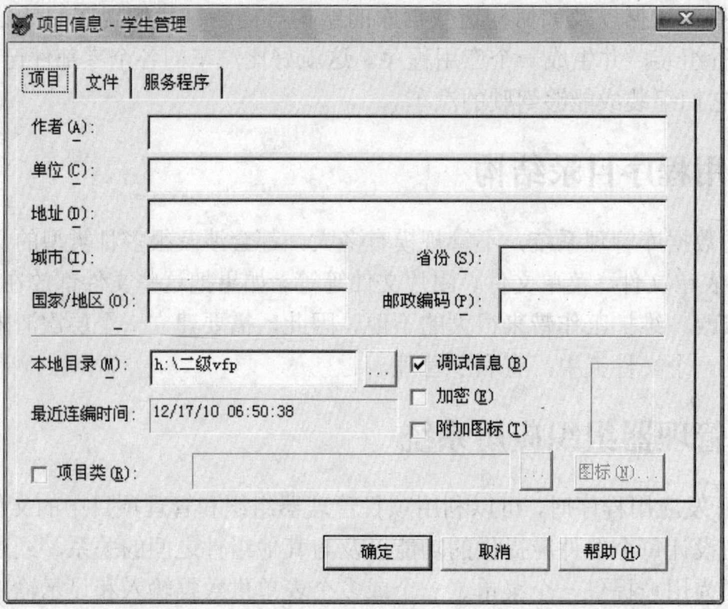

图 11-1 "项目信息"对话框

五、连编应用程序

对各个模块分别调试之后，需要对整个项目进行联合调试并编译，在 Visual FoxPro 中称为连编项目。连编项目的一般步骤如下：

（一）设置文件的"排除"与"包含"

刚刚添加的数据库文件左侧有一个排除符号 Q，表示此项目从项目中排除。数据库里的表也带有排除符号。Visual FoxPro 假设表在应用程序中可以被修改（事实也是这样），所以默认表为"排除"。

"排除"与"包含"相对。将一个项目编译成一个应用程序时，所有项目包含的文件将组合成一个单一的应用程序文件。在项目连编之后，那些在项目中标记为"包含"的文件将变为只读文件。如果应用程序中包含需要用户修改的文件，必须将该文件标记为"排除"。排除文件仍然是应用程序的一部分，因此 Visual FoxPro 仍可跟踪，将它们看成项目的一部分。但是这些文件没有在应用程序的文件中编译，所以用户可以更新它们。有时用户可能不小心把数据库设为包含，在编译的时候不会出现问题，当应用程序一旦运行，就提示错误（对表操作的时候），其中的原因就是我们刚刚介绍的，这一点应当引起我们的注意。

作为通用的准则，可执行文件，例如表单、报表、查询、菜单和程序文件应该在应用程序文件中为"包含"，而数据文件则为"排除"。

在项目管理器中，要设置项目被包含还是被排除，可右击该项目，从弹出的快捷菜单中选择"包含"或"排除"，如图 11-2 所示。

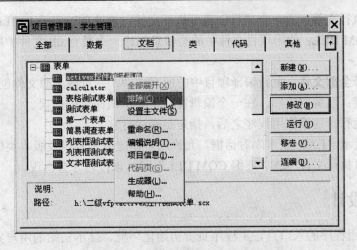

图 11-2　设置项目的包含或排除

（二）设置主程序

主程序是整个应用程序的入口点，主程序的任务是设置应用程序的起始点、初始化环境、显示初始的用户界面、控制事件循环，当退出应用程序时，恢复原始的开发环境。

要在项目管理器中设置主程序，可在项目管理器中右击某个文件，从弹出的快捷菜单中选择"设置主文件"，如图 11-2 所示。

（三）连编项目

要在项目管理器中进行项目连编，可单击"连编"按钮，此时系统将打开图 11-3 所示"连编选项"对话框。

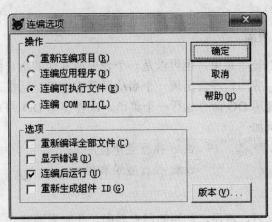

图 11-3　"连编选项"对话框

该对话框中一些主要选项的意义如下：

> **重新连编项目：** 创建和连编项目文件，该选项对应于 BUILD PROJECT 命令。
> **连编应用程序：** 连编项目，编译过时的文件，并创建单个.app 文件。该选项对应于 BUILD APP 命令。

- ➢ **连编可执行文件**：由一个项目创建可执行文件，该选项对应于 BUILD EXE 命令。
- ➢ **连编 COM DLL**：使用项目文件中的类信息创建一个具有.dll 文件扩展名的动态链接库。
- ➢ **重新编译全部文件**：重新编译项目中的所有文件，并对每个源文件创建其对象文件。
- ➢ **显示错误**：连编完成后，在一个编辑窗口中显示编译时的错误。
- ➢ **连编后运行**：连编应用程序之后，指定是否运行它。
- ➢ **版本**：显示"EXE 版本"对话框，允许用户指定版本号以及版本类型。只有在选中"连编可执行文件"或"连编 COM DLL"时，该按钮才会出现。

六、主程序设计

作为整个应用程序的入口点，主程序负责初始化环境、显示初始的用户界面、控制事件循环。当退出应用程序时，恢复初始的开发环境。

1．初始化环境

主文件或者主应用程序对象必须做的第一件事情就是对应用程序的环境进行初始化，它主要包括使用 SET 命令设置系统变量、声明公共变量、打开数据库等，如下例所示：

```
SET DEFALT TO c:\myxsgl
SET CENTURY ON
CLOSE ALL
PUBIC msupervisor
msupervisor=.T.
IF ! DBUSED（"学生库"）
        OPEN DATABASE sxxgldata EXCLUSIVE
ENDIF
```

2．显示初始的用户界面

初始的用户界面可以是个菜单，也可以是一个表单或其他的用户组件。通常，在显示已打开的菜单或表单之前，应用程序会出现一个启动屏幕或注册对话框。

在主程序中，可以使用 DO 命令运行一个菜单，或者使用 DO　FORM 命令运行一个表单以初始化用户界面。例如：

```
DO main.mpr              && 执行菜单程序
DO FORM load             && 执行登录表单
```

3．控制事件循环

应用程序的环境建立后，将显示初始的用户界面，此时需要建立一个事件循环来等待用户的交互动作。控制事件循环的方法是执行 READ EVENTS 命令，该命令使 Visual FoxPro 开始处理诸如鼠标单击、键击等用户事件。

从执行 READ EVENTS 命令开始，到相应的 CLEAR EVENTS 命令执行期间，由于主文件中所有的处理过程全部挂起，因此，将 READ EVENTS 命令正确地放在主文件中十分重要。例如，在一个初始过程中，可以将 READ EVENTS 作为最后一个命令，在初始化环境并显示了用户界面后执行。如果在初始过程中没有 READ EVENTS 命令，应用程序运行后将返回到操作系统中。此外，在主文件中没有必要直接包含执行所有任务的命令。如下例所示：

```
DO   setup.prg              && 调用程序建立环境设置（在公有变量中保存值）
DO   mainmenu.mpr           && 将菜单作为初始的用户界面显示
READ   EVENTS               && 建立事件循环
***   另外一个程序（mainmenu.mpr）必须执行一个 CLEAR   EVENTS 命令***
DO   cleanup.prg            && 在退出之前，恢复环境设置
****   cleanup.prg   ****
SET   SYSMENU   TO   DEFAULT   && 恢复系统菜单
SET   TALK   ON             && 恢复 VFP 操作环境
CLOSE   ALL                 && 关闭所有打开的数据库、表等
CLEAR   ALL                 && 释放所有变量、数组等
CLEAR   EVENTS             && 停止由 READ EVENTS 启动的事件处理
```

技能训练

一、全国高等学校计算机二级考试真题训练

1. 有关连编应用程序，下面叙述中正确的是（　　）。
   A. 一个项目可以有多个主文件　　　　B. 一个项目有且只有一个主文件
   C. 一个项目可以没有主文件　　　　　D. 项目的主文件可设置为排除状态

2. 关于连编项目，下列叙述正确的是（　　）。
   A. 连编生成的可执行文件只能是.APP 文件
   B. 连编生成的可执行文件只能是.EXE 文件
   C. 连编生成的可执行文件.APP 文件只能在 Visual FoxPro 环境下运行
   D. 连编生成的可执行文件.APP 文件可以脱离 Visual FoxPro 环境而在 Windows 环境中单独运行

3. 在连编项目时，可将项目中的文件设置为"包含"或"排除"状态，关于"包含"或"排除"，下列叙述正确的是（　　）。
   A. 具有"包含"状态的文件，在运行连编后生成的应用程序中是只读的
   B. 具有"包含"状态的文件，在运行连编后生成的应用程序中是可读写的
   C. 具有"排除"状态的文件，在运行连编后生成的应用程序中是只读的
   D. 无论具有何种状态的文件，在运行连编后生成的应用程序中均可读写的

三、答案

一、1. B　　2.. C　　　3. A

任务 11.2　掌握应用程序向导和生成器的用法

"应用程序向导"和"应用程序生成器"是 Visual FoxPro 为开发人员提供的两个非常有

用的工具，借助于它们，无需编写代码便可创建完整的应用程序，从而大大简化了开发工作。但是，使用它们仅能创建一些比较简单的应用程序，对于稍微复杂的应用程序来说，应用程序向导和应用程序生成器就显得力不从心了。

相关知识与技能

一、应用程序向导

应用程序向导生成了一个项目和一个 Visual FoxPro 应用程序框架，然后打开应用程序生成器让用户可以添加已生成的数据库、表、表单和报表。用户也可以在"应用程序生成器"中使用数据库或表模板生成应用程序。当用户使用"应用程序向导"生成了一个框架后，就可以在以后使用"应用程序生成器"向框架中添加组件了。

使用"应用程序向导"的具体操作如下：

（1）从"文件"菜单中选择"新建"菜单项，或单击"常用"工具栏中的"新建"图工具，选中"项目"单选钮。

（2）单击"向导"按钮，打开"应用程序向导"对话框，选中"创建项目目录结构"复选框，如图 11-4 所示。

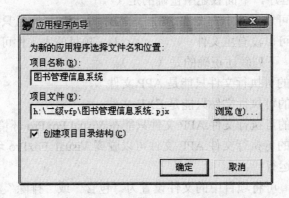

图 11-4　"应用程序向导"对话框

（3）输入项目名称，设置项目文件所在目录。

（4）单击"确定"按钮，系统将自动规划项目目录结构、创建项目文件和其他一些文件，并打开图 11-5 所示"应用程序生成器"对话框。

二、应用程序生成器

通过"应用程序向导"创建并在"项目管理器"中打开一个项目的同时打开应用程序生成器。它的设计目标是使开发者轻而易举地将所有必需的元素以及许多可选的元素包含在应用程序中，从而使其功能强大而易于使用。生成器与"应用程序向导"所生成的应用程序框架结合在一起，帮助开发者完成以下工作：

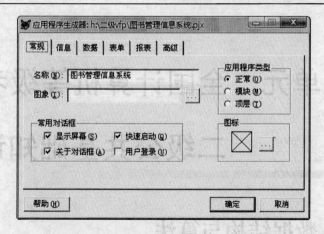

图 11-5　"应用程序生成器"对话框

> 添加、编辑或删除与应用程序相关的组件，如表、表单和报表。
> 设定表单和报表的外观样式。
> 加入常用的应用程序元素，包括启动画面、"关于"对话框、"收藏夹"菜单、"用户登录"对话框和"标准"工具栏。
> 提供应用程序的作者和版本等信息。

与其他的 Visual FoxPro 生成器一样，"应用程序生成器"是可重入的，即在关闭生成器之后，可以将其重新打开并对其中的任何设置进行修改。如果要重新打开"应用程序生成器"，请在项目中单击鼠标右键，再选择快捷菜单中的"生成器"菜单项即可。

单元小结

本单元主要向读者介绍了一些应用程序开发方面的知识，如 VFP 应用系统的组成，连编应用程序的方法，主程序应包含的基本内容等。

第12单元 全国计算机等级考试二级公共基础知识解析

任务 12.1 数据结构与算法

一、算法

1. 算法的基本概念

利用计算机算法为计算机解题的过程实际上是在实施某种算法。

（1）算法的基本特征

算法一般具有 4 个基本特征：可行性、确定性、有穷性、拥有足够的情报。

（2）算法的基本运算和操作

算法的基本运算和操作包括：算术运算、逻辑运算、关系运算、数据传输。

（3）算法的 3 种基本控制结构

算法的 3 种基本控制结构是：顺序结构、选择结构、循环结构。

（4）算法基本设计方法

算法基本设计方法：列举法、归纳法、递推、递归、减半递推技术、回溯法。

（5）指令系统

所谓指令系统指的是一个计算机系统能执行的所有指令的集合。

2. 算法复杂度

算法复杂度包括时间复杂度和空间复杂度。其中，时间复杂度是指执行算法所需要的计算工作量，空间复杂度是指执行这个算法所需要的内存空间。

二、数据结构的基本概念

1. 数据结构的基本概念

（1）数据结构

指相互有关联的数据元素的集合。

（2）数据结构研究的 3 个方面

➤ 数据集合中各数据元素之间所固有的逻辑关系，即数据的逻辑结构；

➤ 在对数据进行处理时，各数据元素在计算机中的存储关系，即数据的存储结构；

> 对各种数据结构进行的运算。

2. 逻辑结构

数据的逻辑结构是对数据元素之间的逻辑关系的描述，它可以用一个数据元素的集合和定义在此集合中的若干关系来表示。数据的逻辑结构有两个要素：一是数据元素的集合，通常记为 D；二是 D 上的关系，它反映了数据元素之间的前后件关系，通常记为 R。一个数据结构可以表示成：B =（D，R）其中，B 表示数据结构。为了反映 D 中各数据元素之间的前后件关系，一般用二元组来表示。

例如，如果把一年四季看作一个数据结构，则可表示成：B：（D，R）

D={春季，夏季，秋季，冬季}

R={（春季，夏季），（夏季，秋季），（秋季，冬季）}

3. 存储结构

数据的逻辑结构在计算机存储空间中的存放形式称为数据的存储结构（也称数据的物理结构）。

由于数据元素在计算机存储空间中的位置关系可能与逻辑关系不同，因此，为了表示存放在计算机存储空间中的各数据元素之间的逻辑关系（即前后件关系），在数据的存储结构中，不仅要存放各数据元素的信息，还需要存放各数据元素之间的前后件关系的信息。

一种数据的逻辑结构根据需要可以表示成多种存储结构，常用的存储结构有顺序、链接等。

顺序存储方式主要用于线性的数据结构，它把逻辑上相邻的数据元素存储在物理上相邻的存储单元里，结点之间的关系由存储单元的邻接关系来体现。链式存储结构就是在每个结点中至少包含一个指针域，用指针来体现数据元素之间逻辑上的联系。

三、线性表及其顺序存储结构

根据数据结构中各数据元素之间前后件关系的复杂程度，一般将数据结构分为两大类型：线性结构与非线性结构。

（1）如果一个非空的数据结构满足下列两个条件：

① 有且只有一个根结点；

② 每一个结点最多有一个前件，也最多有一个后件。

则称该数据结构为线性结构。线性结构又称线性表。在一个线性结构中插入或删除任何一个结点后还应是线性结构。栈、队列、串等都为线性结构。如果一个数据结构不是线性结构，则称之为非线性结构。数组、广义表、树和图等数据结构都是非线性结构。

（2）线性表的顺序存储结构具有以下两个基本特点：

① 线性表中所有元素所占的存储空间是连续的；

② 线性表中各数据元素在存储空间中是按逻辑顺序依次存放的。

元素 a_i 的存储地址为：$ADR(a_i) = ADR(a_1) + (i-1)k$，$ADR(a_1)$ 为第一个元素的地址，k 代表每个元素占的字节数。

（3）顺序表的运算有查找、插入、删除 3 种。

四、栈和队列

1．栈

（1）栈的基本概念

栈（stack）是一种特殊的线性表，是限定只在一端进行插入与删除的线性表。在栈中，一端是封闭的，既不允许进行插入元素，也不允许删除元素；另一端是开口的，允许插入和删除元素。通常称插入、删除的这一端为栈顶，另一端为栈底。当表中没有元素时称为空栈。栈顶元素总是最后被插入的元素，从而也是最先被删除的元素；栈底元素总是最先被插入的元素，从而也是最后才能被删除的元素。

栈是按照"先进后出"或"后进先出"的原则组织数据的。例如，枪械的子弹匣就可以用来形象地表示栈结构。子弹匣的一端是完全封闭的，最后被压入弹匣的子弹总是最先弹出，而最先被压入的子弹最后才能被弹出。

（2）栈的顺序存储及其运算栈的基本运算有 3 种：入栈、退栈与读栈顶元素。

➢ **入栈运算**：在栈顶位置插入一个新元素；

➢ **退栈运算**：取出栈顶元素并赋给一个指定的变量；

➢ **读栈顶元素**：将栈顶元素赋给一个指定的变量。

2．队列

（1）队列的基本概念

队列是只允许在一端进行删除，在另一端进行插入的顺序表，通常将允许删除的这一端称为队头，允许插入的这一端称为队尾。当表中没有元素时称为空队列。

队列的修改是依照先进先出的原则进行的，因此队列也称为先进先出的线性表，或者后进后出的线性表。例如：火车进遂道，最先进遂道的是火车头，最后是火车尾，而火车出遂道的时候也是火车头先出，最后出的是火车尾。若有队列：

$$Q=（q_1，q_2，……，q_n）$$

那么，q_1 为队头元素（排头元素），q_n 为队尾元素。队列中的元素是按照 q_1，q_2，……，q_n 的顺序进入的，退出队列也只能按照这个次序依次退出，即只有在 q_1，q_2，……，q_{n-1} 都退队之后，q_n 才能退出队列。因最先进入队列的元素将最先出队，所以队列具有先进先出的特性，体现"先来先服务"的原则。

队头元素 q_1 是最先被插入的元素，也是最先被删除的元素。队尾元素 q_n 是最后被插入的元素，也是最后被删除的元素。因此，与栈相反，队列又称为"先进先出"（Flrst In Flrst Out，简称 FIFO）或"后进后出"（Last In Last Out，简称 LILO）的线性表。

（2）队列运算

入队运算是往队列队尾插入一个数据元素；退队运算是从队列的队头删除一个数据元素。

队列的顺序存储结构一般采用队列循环的形式。循环队列 s=O 表示队列空，s = 1 且 front = rear 表示队列满。计算循环队列的元素个数："尾指针减头指针"，若为负数，再加其容量即可。

3. 链表

在链式存储方式中，要求每个结点由两部分组成：一部分用于存放数据元素值，称为数据域；另一部分用于存放指针，称为指针域。其中指针用于指向该结点的前一个或后一个结点（即前件或后件）。

链式存储方式既可用于表示线性结构，也可用于表示非线性结构。

（1）线性链表

线性表的链式存储结构称为线性链表。

在某些应用中，对线性链表中的每个结点设置两个指针，一个称为左指针，用以指向其前件结点；另一个称为右指针，用以指向其后件结点。这样的表称为双向链表。

在线性链表中，各数据元素结点的存储空间可以是不连续的，且各数据元素的存储顺序与逻辑顺序可以不一致。在线性链表中进行插入与删除，不需要移动链表中的元素。

线性单链表中，HEAD 称为头指针，HEAD＝NULL（或 0）称为空表。如果是双项链表的两指针：左指针（Llink）指向前件结点，右指针（Rlink）指向后件结点。

线性链表的基本运算：查找、插入、删除。

（2）带链的栈

栈也是线性表，也可以采用链式存储结构。带链的栈可以用来收集计算机存储空间中所有空闲的存储结点，这种带链的栈称为可利用栈。

五、树与二叉树

1. 二叉树及其基本概念

二叉树是一种很有用的非线性结构，具有以下两个特点：

① 非空二叉树只有一个根结点；

② 每一个结点最多有两棵子树，且分别称为该结点的左子树和右子树。在二叉树中，每一个结点的度最大为 2，即所有子树（左子树或右子树）也均为二叉树。另外，二叉树中的每个结点的子树被明显地分为左子树和右子树。在二叉树中，一个结点可以只有左子树而没有右子树，也可以只有右子树而没有左子树。当一个结点既没有左子树也没有右子树时，该结点即为叶子结点。例如，一个家族中的族谱关系如图 12-1 所示：

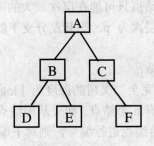

图 12-1　二叉树

A 有后代 B，C；

B 有后代 D，E；

C 有后代 F。

二叉树的基本概念如表 12-1 所示。

表 12-1　二叉树的基本概念

父结点（根）	在树结构中，每一个结点只有一个前件，称为父结点。没有前件的结点只有一个，称为树的根结点，简称树的根。例如，在图 12-1 中，结点 A 是树的根结点
子结点和叶子结点	在树结构中，每一个结点可以有多个后件，称为该结点的子结点；没有后件的结点称为叶子结点．例如，在图 12-1 中，结点 D、E、F 均为叶子结点
度	在树结构中，一个结点所拥有的后件的个数称为该结点的度，所有结点中最大的度称为树的度。例如，在图 12-1 中，根结点 A 和结点 B 的度为 2，结点 C 的度为 1，叶子结点 D、E、F 的度为 0。所以，该树的度为 2
深度	定义一棵树的根结点所在的层次为 1，其他结点所在的层次等于它的父结点所在的层次加 1。树的最大层次称为树的深度。例如，在图 12-1 中，根结点 A 在第 1 层，结点 B、C 在第 2 层，结点 D、E、F 在第 3 层。该树的深度为 3
子树	在树中，以某结点的一个子结点为根构成的树称为该结点的一棵子树

2．二叉树基本性质

二叉树具有以下几个性质：

➢ **性质 1**：在二叉树的第 k 层上，最多有 2^{k-1}（k≥1）个结点。

➢ **性质 2**：深度为 m 的二叉树最多有 2^m-1 个结点。

➢ **性质 3**：在任意一棵二叉树中，度为 0 的结点（即叶子结点）总是比度为 2 的结点多一个。

➢ **性质 4**：具有 n 个结点的二叉树，其深度至少为 $[\log_2^n]+1$，其中 $[\log_2^n]$ 表示取 $\log_2^n$ 的整数部分。

3．满二叉树与完全二叉树

满二叉树是指这样的一种二叉树：除最后一层外，每一层上的所有结点都有两个子结点。在满二叉树中，每一层上的结点数都达到最大值，即在满二叉树的第 k 层上有 2^{k-1} 个结点，且深度为 m 的满二叉树有 2^m-1 个结点。

完全二叉树是指这样的二叉树：除最后一层外，每一层上的结点数均达到最大值；在最后一层上只缺少右边的若干结点。

对于完全二叉树来说，叶子结点只可能在层次最大的两层上出现；对于任何一个结点，若其右分支下的子孙结点的最大层次为 p，则其左分支下的子孙结点的最大层次或为 p，或为 p+1。

完全二叉树具有以下两个性质：

➢ **性质 1**：具有 n 个结点的完全二叉树的深度为 $[\log_2^n]+1$。

➢ **性质 2**：设完全二叉树共有 n 个结点。如果从根结点开始，按层次（每一层从左到右）用自然数 1、2、…、n 给结点进行编号，则对于编号为 k（k=1，2，…，n）的结点有以下结论：

① 若 k=1，则该结点为根结点，它没有父结点；若 k>1，则该结点的父结点编号为 INT（k / 2）；

② 若 $2^k \leqslant n$，则编号为 k 的结点的左子结点编号为 2^k；否则该结点无左子结点（显然也没有右子结点）；

③ 若 $2^k + 1 \leqslant n$，则编号为 k 的结点的右子结点编号为 $2^k + 1$；否则该结点无右子结点。

4．二叉树的遍历

在遍历二叉树的过程中，一般先遍历左子树，再遍历右子树。在先左后右的原则下，根据访问根结点的次序，二叉树的遍历分为三类：前序遍历、中序遍历和后序遍历。

（1）前序遍历

先访问根结点，然后遍历左子树，最后遍历右子树；并且在遍历左、右子树时，仍需先访问根结点，然后遍历左子树，最后遍历右子树。例如，对图 12-1 中的二叉树进行前序遍历的结果（或称为该二叉树的前序序列）为：A，B，D，E，C，F。

（2）中序遍历

先遍历左子树、然后访问根结点，最后遍历右子树；并且，在遍历左、右子树时，仍然先遍历左子树，然后访问根结点，最后遍历右子树。例如，对图 12-1 中的二叉树进行中序遍历的结果（或称为该二叉树的中序序列）为：D，B，E，A，C，F。

（3）后序遍历

先遍历左子树、然后遍历右子树，最后访问根结点；并且，在遍历左、右子树时，仍然先遍历左子树，然后遍历右子树，最后访问根结点。例如，对图 12-1 中的二叉树进行后序遍历的结果（或称为该二叉树的后序序列）为：D，E，B，F，C，A。

六、查找技术

1．顺序查找

查找是指在一个给定的数据结构中查找某个指定的元素。从线性表的第一个元素开始，依次将线性表中的元素与被查找的元素相比较，若相等则表示查找成功；若线性表中所有的元素都与被查找元素进行了比较但都不相等，则表示查找失败。

例如，在一维数组 [21,46,24,99,57,77,86] 中，查找数据元素 99，首先从第 1 个元素 21 开始进行比较，比较结果与要查找的数据不相等，接着与第 2 个元素 46 进行比较，以此类推，当进行到与第 4 个元素比较时，它们相等，所以查找成功。如果查找数据元素 100，则整个线性表扫描完毕，仍未找到与 100 相等的元素，表示线性表中没有要查找的元素。

在下列两种情况下只能采用顺序查找：

① 如果线性表为无序表，则不管是顺序存储结构还是链式存储结构，只能用顺序查找；

② 即使是有序线性表，如果采用链式存储结构，也只能用顺序查找。

2．二分法查找

二分法查找，也称拆半查找，是一种高效的查找方法。能使用二分法查找的线性表必须满足用顺序存储结构和线性表是有序表两个条件。

"有序"是特指元素按非递减排列，即从小到大排列，但允许相邻元素相等。下一节排序中，有序的含义也是如此。

对于长度为 n 的有序线性表，利用二分法查找元素 X 的过程如下：

（1）将 X 与线性表的中间项比较；

（2）如果 X 的值与中间项的值相等，则查找成功，结束查找；

（3）如果 X 小于中间项的值，则在线性表的前半部分以二分法继续查找；

（4）如果 X 大于中间项的值，则在线性表的后半部分以二分法继续查找。

例如，长度为 8 的线性表关键码序列为：[6，13，27，30，38，46，47，70]，被查元素为 38，首先将与线性表的中间项比较，即与第 4 个数据元素 30 相比较，38 大于中间项 30 的值，则在线性表 [38，46，47，70] 中继续查找；接着与中间项比较，即与第 2 个元素 46 相比较，38 小于 46，则在线性表 [38] 中继续查找，最后一次比较相等，查找成功。

顺序查找法每一次比较，只将查找范围减少 1，而二分法查找，每比较一次，可将查找范围减少为原来的一半，效率大大提高。

对于长度为 n 的有序线性表，在最坏情况下，二分法查找只需比较 $\log_2^n$ 次，而顺序查找需要比较 n 次。

七、排序技术

1. 交换类排序法

（1）冒泡排序法

首先，从表头开始往后扫描线性表，逐次比较相邻两个元素的大小，若前面的元素大于后面的元素，则将它们互换，不断地将两个相邻元素中的大者往后移动，最后最大者到了线性表的最后。

然后，从后到前扫描剩下的线性表，逐次比较相邻两个元素的大小，若后面的元素小于前面的元素，则将它们互换，不断地将两个相邻元素中的小者往前移动，最后最小者到了线性表的最前面。

对剩下的线性表重复上述过程，直到剩下的线性表变空为止，此时已经排好序。

在最坏的情况下，冒泡排序需要比较次数为 n（n-1）/2。

（2）快速排序法

任取待排序序列中的某个元素作为基准（一般取第一个元素），通过一次排序，将待排元素分为左右两个子序列，左子序列元素的排序码均小于或等于基准元素的排序码，右子序列的排序码则大于基准元素的排序码，然后分别对两个子序列继续进行排序，直至整个序列有序。

2. 插入类排序法

① 简单插入排序法，最坏情况需要 n（n-1）/2 次比较；

② 希尔排序法，最坏情况需要 O（$n^{1.5}$）次比较。

3. 选择类排序法

① 简单选择排序法，最坏情况需要 n（n-1）/2 次比较；

② 堆排序法，最坏情况需要 O（$n\log_2^n$）次比较。

相比以上几种（除希尔排序法外），堆排序法的时间复杂度最小。

任务 12.2　程序设计基础

一、程序设计方法与风格

养成良好的程序设计风格，主要考虑下述因素：

（1）源程序文档化

- **符号的命名**：符号的命名应具有一定的实际含义，以便于对程序功能的理解；
- **程序注释**：在源程序中添加正确的注释可帮助人们理解程序。程序注释可分为序言性注释和功能性注释。语句结构清晰第一、效率第二；
- **视觉组织**：通过在程序中添加一些空格、空行和缩进等，使人们在视觉上对程序的结构一目了然。

（2）数据说明的方法

为使程序中的数据说明易于理解和维护，可采用下列数据说明风格，如表 12-2 所示。

表 12-2　数据说明风格

数据说明风格	详细说明
次序应规范化	使数据说明次序固定，使数据的属性容易查找，也有利于测试、排错和维护
变量安排有序化	当多个变量出现在同一个说明语句中时，变量名应按字母顺序排序，以便于查找
使用注释	在定义一个复杂的数据结构时，应通过注解来说明该数据结构的特点

（3）语句的结构程序

语句的结构程序应该简单易懂，语句构造应该简单直接。

（4）输入和输出

输入输出比较简单，这里不作介绍。

二、结构化程序设计

1. 结构化程序设计的原则

结构化程序设计方法引入了工程思想和结构化思想，使大型软件的开发和编程得到了极大的改善。结构化程序设计方法的主要原则为：自顶向下、逐步求精、模块化和限制使用 goto 语句。

- **自顶向下**：先考虑整体，再考虑细节；先考虑全局目标，再考虑局部目标；
- **逐步求精**：对复杂问题应设计一些子目标作为过渡，逐步细化；
- **模块化**：把程序要解决的总目标分解为分目标，再进一步分解为具体的小目标，把每个小目标称为一个模块。
- **限制使用 goto 语句**：在程序开发过程中要限制使用 goto 语句。

2. 结构化程序的基本结构

结构化程序的基本结构有三种类型：顺序结构、选择结构和循环结构。

> ➢ **顺序结构**：是最基本、最普通的结构形式，按照程序中语句行的先后顺序逐条执行；
> ➢ **选择结构**：又称为分支结构，它包括简单选择和多分支选择结构；
> ➢ **循环结构**：根据给定的条件，判断是否要重复执行某一相同的或类似的程序段。循环结构对应两类循环语句：先判断后执行的循环体称为当型循环结构；先执行循环体后判断的称为直到型循环结构。

三、面向对象程序设计

面向对象方法涵盖对象及对象属性与方法、类、继承、多态性几个基本要素。

1．对象

对象是运行期的基本实体，它是一个封装了数据和操作这些数据代码的逻辑实体。

对象属性即对象所包含的信息，它在设计对象时确定，一般只能通过执行对象的操作来改变。

操作描述了对象执行的功能，若通过信息的传递，还可以为其他对象使用。

2．类和实例

类是具有共同属性、共同方法的对象的集合。它描述了属于该对象类型的所有对象的性质，而一个对象则是其对应类的一个实例。

类是关于对象性质的描述，它同对象一样，包括一组数据属性和在数据上的一组合法操作。

3．消息

消息是实例之间传递的信息，它请求对象执行某一处理或回答某一要求的信息，它统一了数据流和控制流。

一个消息由三部分组成：接收消息的对象的名称、消息标识符（消息名）和零个或多个参数。

4．继承

广义地说，继承是指能够直接获得已有的性质和特征，而不必重复定义它们。继承分为单继承与多重继承。单继承是指，一个类只允许有一个父类，即类等级为树形结构。多重继承是指，一个类允许有多个父类。

5．多态性

对象根据所接受的消息而做出动作，同样的消息被不同的对象接受时可导致完全不同的行动，该现象称为多态性。

任务 12.3　软件工程基础

一、软件工程基本概念

计算机软件是包括程序、数据及相关文档的完整集合。

1．软件的特点

软件的特点包括：

（1）软件是一种逻辑实体；

（2）软件的生产与硬件不同，它没有明显的制作过程；

（3）软件在运行、使用期间不存在磨损、老化问题；

（4）软件的开发、运行对计算机系统具有依赖性，受计算机系统的限制，这导致了软件移植的问题；

（5）软件复杂性高，成本昂贵；

（6）软件开发涉及诸多的社会因素。

软件按功能分为应用软件、系统软件、支撑软件（或工具软件）。

软件危机主要表现在成本、质量、生产率等问题。

2．软件工程

软件工程是应用于计算机软件的定义、开发和维护的一整套方法、工具、文档、实践标准和工序。

软件工程包括 3 个要素：方法、工具和过程。

软件工程过程是把软件转化为输出的一组彼此相关的资源和活动，包含 4 种基本活动：

（1）P——软件规格说明；　　　　　（2）D——软件开发；

（3）C——软件确认；　　　　　　　（4）A——软件演进。

软件工程的理论和技术性研究的内容主要包括：软件开发技术和软件工程管理。

软件开发技术包括：软件开发方法学、开发过程、开发工具和软件工程环境。

软件工程管理包括：软件管理学、软件工程经济学、软件心理学等内容。

软件管理学包括人员组织、进度安排、质量保证、配置管理、项目计划等。

3．软件周期

软件周期：软件产品从提出、实现、使用维护到停止使用退役的过程。

软件生命周期三个阶段：软件定义、软件开发、运行维护，主要活动阶段是：

（1）可行性研究与计划制定；　　　　（2）需求分析；

（3）软件设计；　　　　　　　　　　（4）软件实现；

（5）软件测试；　　　　　　　　　　（6）运行和维护。

4．软件工程的目标和与原则

（1）目标

在给定成本、进度的前提下，开发出具有有效性、可靠性、可理解性、可维护性、可重用性、可适应性、可移植性、可追踪性和可互操作性且满足用户需求的产品。

基本目标：付出较低的开发成本；达到要求的软件功能；取得较好的软件性能；开发软件易于移植；需要较低的费用；能按时完成开发，及时交付使用。

（2）原则

软件工程原则包括抽象、信息隐蔽、模块化、局部化、确定性、一致性、完备性和可验证性。

> **抽象**：件设计中考虑模块化解决方案时，可以定出多个抽象级别。抽象的层次从概要设计到详细设计逐步降低。

> **模块化**：模块是指把一个待开发的软件分解成若干小的简单的部分。模块化是指解决一个复杂问题时自顶向下逐层把软件系统划分成若干模块的过程。

> **信息隐蔽**：信息隐蔽是指在一个模块内包含的信息（过程或数据），对于不需要这些信息的其他模块来说是不能访问的。

二、结构化分析方法

1. 结构化分析基本概念

结构化方法的核心和基础是结构化程序设计理论。

（1）需求分析方法有结构化需求分析方法和面向对象的分析的方法。

（2）从需求分析建立的模型的特性来分：静态分析和动态分析。

（3）结构化分析方法的实质：着眼于数据流，自顶向下，逐层分解，建立系统的处理流程，以数据流图和数据字典为主要工具，建立系统的逻辑模型。

2. 结构化分析的常用工具

（1）数据流图（DFD）：描述数据处理过程的工具，是需求理解的逻辑模型的图形表示，它直接支持系统功能建模。

（2）数据字典（DD）：对所有与系统相关的数据元素的一个有组织的列表，以及精确的、严格的定义，使得用户和系统分析员对于输入、输出、存储成分和中间计算结果有共同的理解。

（3）判定树：从问题定义的文字描述中分清哪些是判定的条件，哪些是判定的结论，根据描述材料中的连接词找出判定条件之间的从属关系、并列关系、选择关系，根据它们构造判定树。

（4）判定表：与判定树相似，当数据流图中的加工要依赖于多个逻辑条件的取值，即完成该加工的一组动作是由于某一组条件取值的组合而引发的，使用判定表描述比较适宜。

数据字典是结构化分析的核心。

3. 软件需求规格说明书的特点：

（1）正确性；

（2）无岐义性；

（3）完整性；

（4）可验证性；

（5）一致性；

（6）可理解性；

（7）可追踪性。

三、结构化设计方法

1. 软件设计基本概念

软件设计的基本目标是用比较抽象概括的方式确定目标系统如何完成预定的任务，软件设计是确定系统的物理模型。

软件设计是开发阶段最重要的步骤，是将需求准确地转化为完整的软件产品或系统的唯一途径。

2. 软件设计的划分

（1）从技术观点分

从技术观点来看，软件设计包括软件结构设计、数据设计、接口设计、过程设计。

- ➤ **结构设计：** 定义软件系统各主要部件之间的关系。
- ➤ **数据设计：** 将分析时创建的模型转化为数据结构的定义。
- ➤ **接口设计：** 描述软件内部、软件和协作系统之间以及软件与人之间如何通信。
- ➤ **过程设计：** 把系统结构部件转换成软件的过程描述。
- ➤ **软件设计的一般过程：** 软件设计是一个迭代的过程；先进行高层次的结构设计；后进行低层次的过程设计；穿插进行数据设计和接口设计。

（2）从工程管理角度分

从工程管理角度来看：概要设计和详细设计。

软件概要设计的基本任务是：

（1）设计软件系统结构；　　　　（2）数据结构及数据库设计；

（3）编写概要设计文档；　　　　（4）概要设计文档评审。

详细设计：是为软件结构图中的每一个模块确定实现算法和局部数据结构，用某种选定的表达工具表示算法和数据结构的细节。

3. 软件结构图

模块用一个矩形表示，箭头表示模块间的调用关系。

在结构图中还可以用带注释的箭头表示模块调用过程中来回传递的信息。还可用带实心圆的箭头表示传递的是控制信息，空心圆箭心表示传递的是数据。

- ➤ **结构图的基本形式：** 基本形式、顺序形式、重复形式、选择形式。
- ➤ **结构图有四种模块类型：** 传入模块、传出模块、变换模块和协调模块。
- ➤ 典型的数据流类型有两种：变换型和事务型。

变换型系统结构图由输入、中心变换、输出三部分组成。

- ➤ **事务型数据流的特点是：** 接受一项事务，根据事务处理的特点和性质，选择分派一个适当的处理单元，然后给出结果。
- ➤ **常见的过程设计工具有：** 图形工具（程序流程图）、表格工具（判定表）、语言工具（PDL）。

4. 衡量软件模块独立性的标准

模块独立性是指每个模块只完成系统要求的独立的子功能，并且与其他模块的联系最少且接口简单。模块的独立程度是评价设计好坏的重要度量标准。

衡量软件的模块独立性使用耦合性和内聚性两个定性的度量标准。耦合性是模块之间互相连接的紧密程度的度量。耦合性取决于各个模块之间接口的复杂度、调用方式以及哪些信息通过接口。内聚性是信息隐蔽和局部化概念的自然扩展。内聚性是度量一个模块功能强度的一个相对指标。内聚是从功能角度来衡量模块的联系，它描述的是模块内的功能联系。在程序结构中，各模块的内聚性越强，则耦合性越弱。一般较优秀的软件设计，应尽量做到高内聚，低耦合，即减弱模块之间的耦合性和提高模块内的内聚性，有利于提高模块的独立性。

四、软件测试

1．软件测试的目的

Grenford.J.Myers 给出了软件测试的目的：

（1）测试是为了发现程序中的错误而执行程序的过程；

（2）好的测试用例（test case）能发现迄今为止尚未发现的错误；

（3）一次成功的测试是能发现至今为止尚未发现的错误。

测试的目的是发现软件中的错误，但是，暴露错误并不是软件测试的最终目的，测试的根本目的是尽可能多地发现并排除软件中隐藏的错误。

2．软件测试的准则

根据上述软件测试的目的，为了能设计出有效的测试方案，以及好的测试用例，软件测试人员必须深入理解，并正确运用以下软件测试的基本准则：

（1）所有测试都应追溯到用户需求；

（2）在测试之前制定测试计划，并严格执行；

（3）充分注意测试中的群集现象；

（4）避免由程序的编写者测试自己的程序；

（5）不可能进行穷举测试；

（6）妥善保存测试计划、测试用例、出错统计和最终分析报告，为维护提供方便。

3．软件测试方法

软件测试具有多种方法，依据软件是否需要被执行，可以分为静态测试和动态测试方法。如果依照功能划分，可以分为白盒测试和黑盒测试方法。

（1）静态测试和动态测试

静态测试包括代码检查、静态结构分析、代码质量度量等。其中代码检查分为代码审查、代码走查、桌面检查、静态分析等具体形式；

动态测试。静态测试不实际运行软件，主要通过人工进行分析。动态测试就是通常所说的上机测试，是通过运行软件来检验软件中的动态行为和运行结果的正确性。

动态测试的关键是使用设计高效、合理的测试用例。测试用例就是为测试设计的数据，由测试输入数据和预期的输出结果两部份组成。测试用例的设计方法一般分为两类：黑盒测试方法和白盒测试方法。

（2）黑盒测试和白盒测试

白盒测试。白盒测试是把程序看成装在一只透明的白盒子里，测试者完全了解程序的结构和处理过程。它根据程序的内部逻辑来设计测试用例，检查程序中的逻辑通路是否都按预定的要求正确地工作；

黑盒测试。黑盒测试是把程序看成一只黑盒子，测试者完全不了解，或不考虑程序的结构和处理过程。它根据规格说明书的功能来设计测试用例，检查程序的功能是否符合规格说明的要求。

4．软件测试的实施

软件测试过程分 4 个步骤，即单元测试、集成测试、验收测试和系统测试。

单元测试是对软件设计的最小单位——模块（程序单元）进行正确性检验测试。单元测试的技术可以采用静态分析和动态测试。

集成测试是测试和组装软件的过程，主要目的是发现与接口有关的错误，主要依据是概要设计说明书。集成测试所设计的内容包括：软件单元的接口测试、全局数据结构测试、边界条件和非法输入的测试等。集成测试时将模块组装成程序，通常采用两种方式：非增量方式组装和增量方式组装。

确认测试的任务是验证软件的功能和性能，以及其他特性是否满足了需求规格说明中确定的各种需求，包括软件配置是否完全、正确。确认测试的实施首先运用黑盒测试方法，对软件进行有效性测试，即验证被测软件是否满足需求规格说明确认的标准。

系统测试是通过测试确认的软件，作为整个基于计算机系统的一个元素，与计算机硬件、外设、支撑软件、数据和人员等其他系统元素组合在一起，在实际运行（使用）环境下对计算机系统进行一系列的集成测试和确认测试。系统测试的具体实施一般包括：功能测试、性能测试、操作测试、配置测试、外部接口测试、安全性测试等。

五、程序的调试

在对程序进行了成功的测试之后将进入程序调试（通常称 Debug，即排错）。程序的调试任务是诊断和改正程序中的错误。调试主要在开发阶段进行。程序调试活动由两部分组成，一是根据错误的迹象确定程序中错误的确切性质、原因和位置；二是对程序进行修改，排除这个错误。

程序调试的基本步骤：

步骤 1▶　错误定位。从错误的外部表现形式入手，研究有关部分的程序，确定程序中出错位置，找出错误的内在原因；

步骤 2▶　修改设计和代码，以排除错误；

步骤 3▶　进行回归测试，防止引进新的错误。

软件调试可分为静态调试和动态调试。静态调试主要是指通过人的思维来分析源程序代码和排错，是主要的设计手段，而动态调试是辅助静态调试的。主要的调试方法有：强行排错法、回溯法和原因排除法 3 种。

任务 12.4　数据库设计基础

一、数据库系统的基本概念

数据是数据库中存储的基本对象，它是描述事物的符号记录。

数据库是长期储存在计算机内、有组织的、可共享的大量数据的集合，它具有统一的结构形式并存放于统一的存储介质内，是多种应用数据的集成，并可被各个应用程序所共享，所以数据库技术的根本目标是解决数据共享问题。

数据库管理系统（DBMS，Database Management System）是数据库的机构，它是一种系统软件，负责数据库中的数据组织、数据操作、数据维护、控制及保护和数据服务等。数据库管理系统是数据系统的核心。

为完成数据库管理系统的功能，数据库管理系统提供相应的数据语言：数据定义语言、数据操纵语言、数据控制语言。

1．数据库系统的发展

数据管理技术的发展经历了 3 个阶段：人工管理阶段、文件系统阶段和数据库系统阶段。关于数据管理三个阶段中的软硬件背景及处理特点，简单概括可见表 12-3。

表 12-3　数据管理三个阶段的比较

		人工管理阶段	文件管理阶段	数据库系统管理阶段
背景特点	应用目的	科学计算	科学计算、管理	大规模管理
	硬件背景	无直接存取设备	磁盘、磁鼓	大容量磁盘
	软件背景	无操作系统	有文件系统	有数据库管理系统
	处理方式	批处理	联机实时处理、批处理	分布处理、联机实时处理和批处理
	数据管理者	人	文件系统	数据库管理系统
	数据面向的对象	某个应用程序	某个应用程序	现实世界
	数据共享程度	无共享，冗余度大	共享性差，冗余度大	共享性大，冗余度小
	数据的独立性	不独立，完全依赖于程序	独立性差	具有高度的物理独立性和一定的逻辑独立性
	数据的结构化	无结构	记录内有结构，整体无结构	整体结构化，用数据模型描述
	数据控制能力	由应用程序控制	应用程序控制	由 DBMS 提供数据安全性、完整性、并发控制和恢复

2．数据库系统的特点

数据独立性是数据与程序间的互不依赖性，即数据库中的数据独立于应用程序而不依赖于应用程序。

数据的独立性一般分为物理独立性与逻辑独立性两种。

> **物理独立性：** 当数据的物理结构（包括存储结构、存取方式等）改变时，如存储设备的更换、物理存储的更换、存取方式改变等，应用程序都不用改变。
> **逻辑独立性：** 数据的逻辑结构改变了，如修改数据模式、增加新的数据类型、改变数据间联系等，用户程序都可以不变。

3．数据库系统的内部体系结构

（1）数据统系统的 3 级模式

> **概念模式：** 也称逻辑模式，是对数据库系统中全局数据逻辑结构的描述，是全体用户（应用）公共数据视图。一个数据库只有一个概念模式；
> **外模式：** 外模式也称子模式，它是数据库用户能够看见和使用的局部数据的逻辑结构和特征的描述，它是由概念模式推导而出来的，是数据库用户的数据视图，是与某一应用有关的数据的逻辑表示。一个概念模式可以有若干个外模式；
> **内模式：** 内模式又称物理模式，它给出了数据库物理存储结构与物理存取方法。

内模式处于最底层，它反映了数据在计算机物理结构中的实际存储形式，概念模式处于中间层，它反映了设计者的数据全局逻辑要求，而外模式处于最外层，它反映了用户对数据的要求。

（2）数据库系统的两级映射

两级映射保证了数据库系统中数据的独立性。

> **概念模式到内模式的映射：** 该映射给出了概念模式中数据的全局逻辑结构到数据的物理存储结构间的对应关系；
> **外模式到概念模式的映射：** 概念模式是一个全局模式而外模式是用户的局部模式。

一个概念模式中可以定义多个外模式，而每个外模式是概念模式的一个基本视图。

二、数据模型

1．数据模型的基本概念

数据模型从抽象层次上描述了数据库系统的静态特征、动态行为和约束条件，因此数据模型通常由数据结构、数据操作及数据约束三部分组成。数据库管理系统所支持的数据模型分为 3 种：层次模型、网状模型和关系模型。数据模型特点见表 12-4。

表 12-4　各种数据模型的特点

发展阶段	特　点
层次模型	用树形结构表示实体及其之间联系的模型称为层次模型，上级结点与下级结点之间为一对多的联系
网状模型	用网状结构表示实体及其之间联系的模型称为网状模型，网中的每一个结点代表一个实体类型，允许结点有多于一个的父结点，可以有一个以上的结点没有父结点
关系模型	用二维表结构来表示实体以及实体之间联系的模型称为关系模型，在关系模型中把数据看成是二维表中的元素，一张二维表就是一个关系

2. E-R 模型

（1）E-R 模型的基本概念

➢ **实体：**现实世界中的事物可以抽象成为实体，实体是概念世界中的基本单位，它们是客观存在的且又能相互区别的事物；

➢ **属性：**现实世界中事物均有一些特性，这些特性可以用属性来表示；

➢ **码：**唯一标识实体的属性集称为码；

➢ **域：**属性的取值范围称为该属性的域；

➢ **联系：**在现实世界中事物间的关联称为联系。

两个实体集间的联系实际上是实体集间的函数关系，这种函数关系可以有下面几种：一对一的关系、一对多或多对一关系、多对多关系。

（2）E-R 模型的的图示法

E-R 模型用 E-R 图来表示。

➢ **实体表示法：**在 E-R 图中用矩形表示实体集，在矩形内写上该实体集的名字；

➢ **属性表示法：**在 E-R 图中用椭圆形表示属性，在椭圆形内写上该属性的名称；

➢ **联系表示法：**在 E-R 图中用菱形表示联系，菱形内写上联系名。

3. 关系模型

关系模式采用二维表来表示，一个关系对应一张二维表。可以这么说，一个关系就是一个二维表，但是一个二维表不一定是一个关系。

➢ **元组：**在一个二维表（一个具体关系）中，水平方向的行称为元组。元组对应存储文件中的一个具体记录；

➢ **属性：**二维表中垂直方向的列称为属性，每一列有一个属性名；

➢ **域：**属性的取值范围，也就是不同元组对同一属性的取值所限定的范围。

在二维表中唯一标识元组的最小属性值称为该表的键或码。二维表中可能有若干个健，它们称为表的侯选码或侯选健。从二维表的所有侯选键选取一个作为用户使用的键称为主键或主码。表 A 中的某属性集是某表 B 的键，则称该属性值为 A 的外键或外码。

关系模型采用二维表来表示，二维表一般满足下面 7 个性质：

① 二维表中元组个数是有限的——元组个数有限性；

② 二维表中元组均不相同——元组的唯一性；

③ 二维表中元组的次序可以任意交换——元组的次序无关性；

④ 二维表中元组的分量是不可分隔的基本数据项——元组分量的原子性；

⑤ 二维表中属性名各不相同——属性名唯一性；

⑥ 二维表中属性与次序无关，可任意交换——属性的次序无关性；

⑦ 二维表属性的分量具有与该属性相同的值域——分量值域的统一性。

➢ **关系操纵：**数据查询、数据删除、数据插入和数据修改。

关系模型允许定义三类数据约束，它们是实体完整性约束、参照完整性约束以及用户定义的完整性约束。

三、关系代数

1．传统的集合运算

（1）投影运算

从关系模式中指定若干个属性组成新的关系称为投影。

投影是从列的角度进行的运算，相当于对关系进行垂直分解。经过投影运算可以得到一个新的关系，其关系模式所包含的属性个数往往比原关系少，或者属性的排列顺序不同。

（2）选择运算

从关系中找出满足给定条件的元组的操作称为选择。

选择是从行的角度进行的运算，即水平方向抽取记录。经过选择运算得到的结果可以形成新的关系，其关系模式不变，但其中的元组是原关系的一个子集。

（3）迪卡尔积

设有 n 元关系 R 和 m 元关系 S，它们分别有 p 和 q 个元组，则 R 与 S 的笛卡儿积记为：R×S 。它是一个 m+n 元关系，元组个数是 p×q。

2．关系代数的扩充运算

（1）交

假设有 n 元关系 R 和 n 元关系 S，它们的交仍然是一个 n 元关系，它由属于关系 R 且由属于关系 S 的元组组成，并记为 R∩S，它可由基本运算推导而得：R∩S = R-（R-S）

四、数据库设计与管理

数据库设计中有两种方法，面向数据的方法和面向过程的方法：

面向数据的方法是以信息需求为主，兼顾处理需求；面向过程的方法是以处理需求为主，兼顾信息需求。由于数据在系统中稳定性高，数据已成为系统的核心，因此面向数据的设计方法已成为主流。

数据库设计目前一般采用生命周期法，即将整个数据库应用系统的开发分解成目标独立的若干阶段。它们是：需求分析阶段、概念设计阶段、逻辑设计阶段、物理设计阶段、编码阶段、测试阶段、运行阶段和进一步修改阶段。在数据库设计中采用前 4 个阶段。

任务 12.5　公共基础知识核心点提示

1．算法的 4 个特性是：确定性，可行性，有穷性，拥有足够的情报。

2．一个算法通常由两种基本要素组成：一是对数据对象的运算和操作，二是算法的控制结构。

3．算法设计的基本方法主要有：列举法，归纳法，递推，递归和减半递推技术。

4．常用的存储结构有：顺序，链接，索引。

5．堆排序：$n\log 2^n$；快速排序：$n/2$ 最坏。

6．数据流程图中：箭头　数据流。

程序流程图中：箭头 事物流。

7. 数据库系统在其内部三级模式：概念模式，内部模式，外部模式；

8. 过程设计语言（PDL）是结构化的英语和伪码，是一种混合语言。

9. 用户参与物理设计的内容有索引设计、集簇设计和分区设计等三种。

10. 衡量模块独立程度的度量标准：耦合和内聚。

11. 程序设计主要经过了结构化的程序设计和面向对象的程序设计。

12. 数据库设计包括：概念设计和逻辑设计。

13. 数据库的物理结构主要指数据库的存储记录格式，存储记录安排和存取方法。

14. 数据库的建立包括数据模式的建立与数据加载。

15. 数据库设计一般采用生命周期法。

16. 源程序文档化时程序应加注释。注释一般分为序言性注释和功能性注释。

17. 结构化程序设计的主要特点是每个控制结构只有一个入口和一个出口。

18. 结构化程序设计的主要方法是自顶向下、逐步求精、模块化和限制使用 GOTO 语句。

19. 在面向对象的方法中，类的实例成为对象。

20. 在面向对象的方法中，直接反映了用户对目标系统要求的模型是功能模型。

21. 对象有三种成分：标识，属性和方法。

22. 软件工程研究的主要内容：软件开发技术和软件工程治理。

23. 软件工程的三要素：方法、工具和过程。

24. 软件是程序、数据和文档的集合。

25. 软件工程的原则包括：抽象，隐蔽，模块化，局部化，确定性，一致性，完备性和可验证性。

26. 结构化方法的核心和基础是结构化程序设计理论。

27. 软件需求分析阶段的工作：需求获取，需求分析，编写需求规格说明书，需求评审。

28. 在结构化分析方法中，用于描述系统中所用到的全部数据和文件的文档称为数据字典。

29. 软件需求规格说明书是需求分析阶段的最后成果。

30. 软件设计的基本原则：抽象，模块化，隐蔽，模块独立性。

31. 数据流程图的类型：变换型和事务型。

32. 好的软件设计结构通常顶层高扇出，中间扇出较少，底层高扇出。

33. 具体设计的方法主要是结构化程序设计。

34. 常用图形描述工具有程序流程图和问题分析图。

35. 具体设计的典型语言描述工具是 PDL。

36. 结构化程序设计主要强调的是程序的易读性。

37. 在软件生命周期中，能准确确定软件系统必须做什么和必须具备哪些功能的阶段是需求分析

38. 关系表中每一个横行称为一个元组。

39. 对象是属性和方法的封装体，操作是对象的动态属性。

40. 在数据库技术的发展过程中，经历了人工处理阶段、文件系统阶段和数据库系统阶段，其中数据独立性最高的阶段是数据库系统阶段。

41．用树形结构来表示实体之间联系的模型称为层次模型。

42．关系数据库管理系统能使用的专门关系运算包括选择、投影和连接。

43．数据的存储结构是指数据的逻辑结构在计算机中的表示。

44．检查软件产品是否符合需求定义的过程称为确认测试。

45．需求分析常用工具 DFD。

46．索引属于内模式。

47．在关系数据库中，用来表示实体之间关系的是二维表、

48．将 E-R 图转换到关系模式时，实体与联系都可以表示成关系。

49．希尔排序法属于插入类排序法。

50．诊断和改正程序中错误的工作通常称为程序调试。

51．问题处理方案的正确而完整的描述称为算法。

52．白盒测试一般适用于单元测试。

53．数据就是描述事物的符号记录。

54．数据库应用系统由数据库系统、应用软件和应用界面组成。

55．数据模型所描述的内容：数据结构、数据操作和数据约束。

第 12 章

附录 A 2009 年国家计算机二级（VFP）等级考试大纲

基本要求

1. 具有数据库系统的基础知识。
2. 基本了解面向对象的概念。
3. 掌握关系数据库的基本原理。
4. 掌握数据库程序设计方法。
5. 能够使用 Visual FoxPro 建立一个小型数据库应用系统。

基础知识

1. 基本概念

数据库、数据模型、数据库管理系统、类和对象、事件、方法。

2. 关系数据库

（1）**关系数据库**：关系模型、关系模式、关系、元组、属性、域、主关键字和外部关键字。

（2）**关系运算**：选择、投影、连接。

（3）**数据的一致性和完整性**：实体完整性、域完整性、参照完整性。

3. Visual FoxPro 系统特点与工作方式

（1）Windows 版本数据库的特点。

（2）数据类型和主要文件类型。

（3）各种设计器和向导。

（4）工作方式：交互方式（命令方式、可视化方式）和程序运行方式。

4. Visual FoxPro 的基本数据元素

（1）常量、变量、表达式。

（2）**常用函数**：字符处理函数、数值计算函数、日期时间函数、数据类型转换函数、测试函数。

一、Visual FoxPro 数据库的基本操作

1. 数据库和表的建立、修改与有效性检验

（1）表结构的建立与修改。

（2）表记录的浏览、增加、删除与修改。

（3）创建数据库，向数据库添加或移出表。

（4）设定字段级规则和记录规则。

（5）表的索引：主索引、候选索引、普通索引、唯一索引。

2. 多表使用

（1）选择工作区。

（2）建立表之间的关联：一对一的关联、一对多的关联。

（3）设置参照完整性。

（4）建立表间临时关联。

3. 建立视图与数据查询

（1）查询的建立、执行与修改。

（2）视图的建立、查看与修改。

（3）建立多表查询。

（4）建立多表视图。

二、关系数据库标准语言 SQL

1. SQL 的数据定义功能

（1）CREATE TABLE

（2）ALTER TABLE

2. SQL 的数据修改功能

（1）DELETE FROM

（2）INSERT INTO

（3）UPDATE

3. SQL 的数据查询功能

（1）简单查询。

（2）嵌套查询。

（3）连接查询，包括内联接、左联接、右联接和完全连接。

（4）分组与计算查询。

（5）集合的并运算。

三、项目管理器、设计器和向导的使用

1. 使用项目管理器

（1）使用"数据"选项卡。

（2）使用"文档"选项卡。

2. 使用表单设计器

（1）在表单中加入和修改控件对象。

（2）设定数据环境。

3. 使用菜单设计器

（1）建立主选项。

（2）设计子菜单。

（3）设定菜单选项程序代码。

4. 使用报表设计器

（1）生成快速报表。

（2）修改报表布局。

（3）设计分组报表。

（4）设计多栏报表。

5. 使用应用程序向导。

6. 应用程序生成器与连编应用程序。

四、Visual FoxPro 程序设计

1. 命令文件的建立与运行

（1）程序文件的建立。

（2）简单的交互式输入、输出命令。

（3）应用程序的调试与执行。

2. 结构化程序设计

（1）顺序结构程序设计。

（2）选择结构程序设计。

（3）循环结构程序设计。

3. 过程与过程调用

（1）子程序设计与调用。

（2）过程与过程文件。

（3）局部变量和全局变量、过程调用中的参数传递。

4. 用户定义对话框（MESSAGEBOX）的使用。

附录 B　参考文献

[1] 史济名，汤观全. Visual FoxPro 及其应用系统开发. 清华大学出版社，2000.

[2] 卢湘鸿. Visual FoxPro 程序设计基础. 清华大学出版社，2006.

[3] 邵静　张鹏. Visual FoxPro 程序设计. 中国铁道出版社，2004.